全国高等农林院校"十三五"规划教材

动物福利概论

第二版

中国兽医协会　组编
贾幼陵　主编

中国农业出版社

图书在版编目（CIP）数据

动物福利概论/贾幼陵主编.—2版.—北京：中国农业出版社.2017.1（2024.7重印）
全国高等农林院校"十三五"规划教材
ISBN 978-7-109-22423-0

Ⅰ.①动… Ⅱ.①贾… Ⅲ.①动物福利－高等学校－教材 Ⅳ.①S815

中国版本图书馆 CIP 数据核字（2016）第 285120 号

中国农业出版社出版
（北京市朝阳区麦子店街 18 号楼）
（邮政编码 100125）
责任编辑　何　微
文字编辑　何　微

中农印务有限公司印刷　新华书店北京发行所发行
2014 年 10 月第 1 版　2017 年 1 月第 2 版
2024 年 7 月第 2 版北京第 8 次印刷

开本：787mm×1092mm 1/16　印张：15.75
字数：395 千字
定价：42.00 元

（凡本版图书出现印刷、装订错误，请向出版社发行部调换）

世界动物保护协会对本书的出版给予资助,特此感谢!

编纂委员会

主　　任　贾幼陵
副 主 任　才学鹏
委　　员　孙　研　　王金洛　　黄向阳　　袁蕾磊　　常志刚
　　　　　赵中华　　孙金娟　　张萍萍　　李　琦　　仲子仪
　　　　　李　婧

编审委员会

主　　编　贾幼陵
副 主 编　常志刚　　汪　明　　柴同杰　　费荣梅
参　　编　顾宪红　　孙忠超　　董　轶　　吴国娟
　　　　　滕小华　　贾自力　　张　玉　　熊家军
　　　　　王　志　　刘　朗　　孙全辉
主　　审　汪　明　　张乃生　　柴同杰　　黄向阳

序 一

世界动物卫生组织（OIE）将动物福利标准纳入《陆生动物卫生法典》，强调保障动物福利是兽医的基本职责和任务，要求各成员国执行法典的动物福利标准。良好的动物福利，对促进我国畜牧生产的可持续发展，提高畜牧业整体的生产水平，有效控制预防动物疫病，保障动物产品质量安全具有重要意义。

我国在动物福利领域相对于欧美发达国家还存在许多不足，主要反映在动物福利法律和动物福利评价标准缺失、动物福利科学研究滞后等方面，特别是当前广大民众对动物福利认知度还很低，这些都成为中国在推进动物福利工作的极大障碍。为此，我们组织编写了《动物福利概论》一书，旨在较全面地介绍动物福利概念、动物福利评价标准和评价体系、动物福利立法、动物福利与公共安全，以及猪、牛、羊、禽、水产动物、实验动物、工作动物、马、犬、猫和圈养野生动物福利，希望为我国兽医专业学生提供最新的研究成果，为我国开展动物福利相关科学研究提供参考和思路。《动物福利概论》一书的出版，不仅为兽医专业的学生提供一部教材，而且对促进我国动物福利科学发展、普及其相关科学研究，具有重要的理论和现实意义。

《动物福利概论》一书的编者查阅和引用了大量的国内外参考资料，内容较为丰富，不仅阐述了最基本的动物福利相关的畜牧兽医理论知识，同时，提供了大量的研究成果和案例分析，以及各类动物福利的特点和改进其福利状况的具体措施。该书适用于从事畜牧兽医管理部门的政府官员、从事畜牧兽医科学研究教学的教师和学生、从事畜牧业生产的企业家及技术人员、从事动物疫病诊疗的执业兽医，以及关心动物福利的其他行业学者和广大消费者阅读。

该书的编者都是较为年轻的中青年科研工作者，他们凭借专业的学识和对动物福利事业的热爱，克服了诸多困难，完成了本书的编写，值得我们尊敬。由于编写组专家研究领域不是很全面，书中不足之处在所难免，希望社会和业界同行给予支持和帮助，使之在推动我国动物福利的科学发展发挥一定作用。

序 二
XUER

Veterinarians have a vital role to play in changing the ways animals are cared for and treated worldwide. Whether working hands-on with animals and owners, or using their expertise to advise governments and international organisations, veterinarians are catalysts. They inspire and guide changes that improve the welfare of billions of animals and people's lives for the better.

World Animal Protection has more than 25 years' experience working in animal welfare education worldwide, and we are delighted to be working with the Chinese Veterinary Medical Association (CVMA), through our 2013 Memorandum of Understanding.

Our Concepts in Animal Welfare teaching materials have been shared with more than 850 veterinary schools in 27 countries - including China - across Latin America, Africa and Asia. We also collaborate with the World Organisation for Animal Health (OIE), the World Veterinary Association, and other leading global veterinary organisations.

With CVMA we are dedicated to making animal welfare an integral part of the academic curriculum across China. This is an exciting initiative for us all as the Chinese education system does not yet fully address animal welfare. Animal welfare research and practice also needs further development.

Consequently, Chinese veterinarians are in a unique position. As respected ambassadors they can press for the establishment of animal welfare science and ethics, both as academic disciplines and within veterinary education. This is important to fulfil OIE guidelines, which state that all veterinary graduates must have a good understanding of animal welfare as a day one competency.

At World Animal Protection we are looking forward to our continued collaboration with the CVMA, and other key partners, to progress veterinary animal welfare education in China. We are certain this will not only enhance veterinary education standards and the global profile of Chinese veterinarians, but move the nation to improve the lives of millions of animals.

Steve McIvor
CEO
World Animal Protection

目 录
MULU

序一
序二

第一章 动物福利概念与意义 ………………………………………………… 1

第一节 动物福利概念与范畴 ………………………………………………… 1
一、动物福利及其基本原则 ………………………………………………… 1
二、动物福利与其他相关概念的异同点 …………………………………… 4

第二节 动物福利涉及的学科领域 …………………………………………… 11
一、动物福利与畜牧学 ……………………………………………………… 11
二、动物福利与兽医学 ……………………………………………………… 12
三、动物福利与环境科学 …………………………………………………… 13
四、动物福利与食品科学 …………………………………………………… 13
五、动物福利与心理学 ……………………………………………………… 13
六、动物福利与伦理学和法学 ……………………………………………… 14
七、动物福利与经济学 ……………………………………………………… 14

第三节 动物福利起源与发展 ………………………………………………… 14
一、动物福利起源 …………………………………………………………… 14
二、动物福利发展历程 ……………………………………………………… 15
三、动物福利未来趋势 ……………………………………………………… 16

第四节 动物福利意义 ………………………………………………………… 16
一、经济效益 ………………………………………………………………… 17
二、生态效益 ………………………………………………………………… 17
三、社会效益 ………………………………………………………………… 18

思考题 …………………………………………………………………………… 19
参考文献 ………………………………………………………………………… 19

第二章 动物福利评价基础 …………………………………………………… 21

第一节 动物福利评价概要 …………………………………………………… 21
一、动物福利评价常见术语与实例 ………………………………………… 21
二、动物福利评价目的与意义 ……………………………………………… 22

第二节 动物福利评价指标 …………………………………………………… 23
一、生理学指标 ……………………………………………………………… 23

二、行为学指标 ·· 28
第三节　动物福利评价体系 ·· 33
　　一、TGI 动物福利评价体系 ·· 33
　　二、基于兽医临床观察和诊断的因素分析评价体系 ···················· 35
　　三、畜舍生产系统评价体系 ·· 35
　　四、危害分析关键点评价体系 ······································ 35
　　五、欧盟"福利质量"计划评估体系 ·································· 36
思考题 ·· 37
参考文献 ·· 38

第三章　动物福利与公共卫生 ·· 39

第一节　兽医与动物福利 ·· 40
　　一、兽医职业与动物福利 ·· 40
　　二、兽医在动物福利中的角色 ······································ 43
第二节　动物福利与公共卫生管理 ······································ 44
　　一、动物福利与动物健康 ·· 44
　　二、动物福利与环境安全 ·· 48
第三节　动物福利与畜产品质量安全 ···································· 49
　　一、动物福利与畜产品质量安全的关系 ······························ 50
　　二、不良动物福利引起的畜产品安全 ································ 51
第四节　动物福利与人畜共患病 ·· 54
　　一、良好的动物福利能减少人畜共患病发生 ·························· 55
　　二、不良的动物福利可能导致人畜共患病发生 ························ 56
第五节　动物福利与国际贸易 ·· 58
　　一、动物福利能减少贸易争端 ······································ 59
　　二、动物福利能提高市场竞争力 ···································· 59
思考题 ·· 61
参考文献 ·· 62

第四章　动物福利立法与规范 ·· 63

第一节　OIE 动物福利立法 ·· 63
　　一、OIE 动物福利立法的历程 ······································ 63
　　二、OIE 动物福利法规的基本要求 ·································· 64
第二节　其他国际组织的动物福利要求 ·································· 67
　　一、联合国粮农组织的动物福利要求 ································ 67
　　二、世界动物保护协会的动物福利要求 ······························ 67
　　三、皇家防止虐待动物协会的动物福利要求 ·························· 68
第三节　国内外动物福利立法实践 ······································ 68
　　一、欧美等国家动物福利立法 ······································ 68

二、我国动物保护与福利立法 … 73
　　三、动物福利立法的重要性与原则 … 77
　思考题 … 82
　参考文献 … 82

第五章　实验动物福利 … 85
　第一节　实验动物福利 … 85
　　一、实验动物的概念 … 85
　　二、"3Rs"原则 … 86
　第二节　饲养环节的福利问题与改善 … 90
　　一、实验动物的饲养环境与福利 … 90
　　二、实验动物饲养与福利 … 94
　　三、实验动物管理与福利 … 96
　第三节　试验环节中的福利问题与改善 … 98
　　一、试验环节中存在的福利问题 … 98
　　二、试验环节中福利的改善 … 99
　第四节　安乐死中的福利问题与改善 … 102
　　一、安乐死中存在的福利问题 … 102
　　二、安乐死中福利的改善 … 103
　思考题 … 107
　参考文献 … 107

第六章　猪的福利 … 108
　第一节　哺乳仔猪的福利问题与改善 … 108
　　一、哺乳仔猪的福利问题 … 108
　　二、哺乳仔猪福利的改善 … 109
　第二节　生长育肥猪的福利问题与改善 … 111
　　一、生长育肥猪的福利问题 … 111
　　二、生长育肥猪福利的改善 … 113
　第三节　母猪的福利问题与改善 … 115
　　一、妊娠母猪的福利问题与改善 … 115
　　二、哺乳母猪的福利问题与改善 … 122
　第四节　装卸、运输和屠宰环节的福利问题与改善 … 123
　　一、装卸、运输和屠宰环节的福利问题 … 123
　　二、装卸、运输和屠宰环节福利的改善 … 127
　第五节　其他共性福利问题与改善 … 130
　　一、其他共性的福利问题 … 130
　　二、其他共性福利问题的改善 … 132
　思考题 … 132

参考文献 132

第七章　家禽的福利 133

第一节　养殖环节的福利问题与改善 133
一、肉鸡饲养环节的福利问题与改善 133
二、蛋鸡饲养环节的福利问题与改善 136
三、鸭、鹅饲养环节的福利问题与改善 140

第二节　运输、屠宰环节的福利问题与改善 142
一、运输环节的福利问题与改善 142
二、屠宰环节的福利问题与改善 145

思考题 148
参考文献 148

第八章　牛、羊的福利 149

第一节　牛常见的福利问题与改善 149
一、牛饲养环节的福利问题与改善 149
二、牛运输环节的福利问题与改善 156
三、牛屠宰环节的福利问题与改善 159

第二节　羊常见的福利问题与改善 160
一、羊饲养环节的福利问题与改善 160
二、羊运输环节的福利问题与改善 163
三、羊屠宰环节的福利问题与改善 165

思考题 165
参考文献 166

第九章　水产动物福利 167

第一节　水产动物种类及其动物福利 167
一、水产动物的种类 167
二、水产动物福利 168

第二节　养殖环节的动物福利问题与改善 168
一、水产动物对环境的要求与适应 168
二、水产养殖环节的主要福利问题与改善 172

第三节　运输与屠宰环节的动物福利问题与改善 176
一、运输环节的福利问题与改善 176
二、屠宰环节的福利问题与改善 177

思考题 178
参考文献 178

第十章 工作动物福利 ········· 180

第一节 工作动物的概念及其种类 ········· 180
一、工作动物的概念 ········· 180
二、工作动物的种类 ········· 180

第二节 工作动物常见的福利问题 ········· 181
一、工作动物饲养方面的福利问题 ········· 182
二、工作动物生活舒适方面的福利问题 ········· 184
三、工作动物健康方面的福利问题 ········· 185
四、工作动物天性表达方面的福利问题 ········· 187
五、工作动物精神方面的福利问题 ········· 188

第三节 解决工作动物福利问题的方法 ········· 189
一、改善工作动物饲养方面福利的常用方法 ········· 189
二、改善工作动物生活舒适性方面福利的方法 ········· 189
三、改善工作动物健康方面福利的方法 ········· 191
四、改善工作动物天性表达方面福利的方法 ········· 191
五、改善工作动物精神方面福利的方法 ········· 192

思考题 ········· 193

第十一章 马的福利 ········· 194

第一节 马的福利原则 ········· 194
一、保障马福利的基本条件 ········· 194
二、饲养过程中的福利原则 ········· 195

第二节 竞技马的福利问题与改善 ········· 200
一、饲养过程中的福利问题与改善 ········· 200
二、竞技过程中的福利问题与改善 ········· 201

第三节 宠物马的福利问题与改善 ········· 202
一、宠物马的福利问题 ········· 203
二、宠物马的福利改善 ········· 203

第四节 工作马的福利问题与改善 ········· 203
一、饲养过程中的福利问题与改善 ········· 204
二、工作过程中的福利问题与改善 ········· 205

思考题 ········· 206
参考文献 ········· 206

第十二章 犬、猫的福利 ········· 207

第一节 犬、猫常见的福利问题 ········· 207
一、饲主忽视引发的福利问题 ········· 207
二、选择育种带来的福利问题 ········· 208

三、行为问题带来的福利问题 ·· 209
　　四、错误的饲养方式伴发的福利问题 ·· 210
　　五、虐待 ·· 210
　　六、诊疗过程中的福利问题 ··· 210
　　七、宠物贸易引发的福利问题 ·· 212
　　八、遗弃带来的福利问题 ·· 212
　第二节　犬、猫福利问题的改善 ··· 215
　　一、兽医 ·· 215
　　二、饲主 ·· 221
　　三、动物收容所 ·· 222
　思考题 ·· 225
　参考文献 ·· 225

第十三章　圈养野生动物的福利 ·· 227
　第一节　圈养野生动物的概念与分类 ··· 227
　第二节　圈养野生动物的福利问题与改善 ··· 227
　　一、圈养野生动物的福利问题 ·· 227
　　二、圈养野生动物福利的改善 ·· 233
　第三节　环境丰容 ·· 235
　　一、环境丰容的重要性 ··· 235
　　二、环境丰容的操作原则 ·· 235
　思考题 ·· 236
　参考文献 ·· 236

第一章
动物福利概念与意义

动物福利（animal welfare）已成为人们越来越关注的话题。动物福利核心理念是要从满足动物的基本生理、心理需要的角度，科学合理地饲养动物和对待动物，保障动物的健康和快乐，减少动物的痛苦，使动物和人类和谐共处。动物福利与动物权利有本质的区别，它强调在利用过程中对动物个体的保护，与动物伦理、动物需求、动物健康、动物应激有着密切的联系。发展到现阶段，动物福利已成为一门由多学科渗透、交叉形成的综合性新兴学科，不但与畜牧学、兽医学、环境科学等自然科学有关，而且与伦理学、法学等社会科学也有密切关系。从动物福利的起源及发展来看，基本完成了从单一地反对虐待动物到全面地提高动物生存质量的变化历程。对于各种用途的养殖动物，最受关注的是农场动物，其次为实验动物、伴侣动物。动物福利主张的是人与动物协调发展，因此，在利用动物的过程中，实施良好的动物福利具有广泛的经济、社会和生态效益。

第一节 动物福利概念与范畴

一、动物福利及其基本原则

（一）动物福利概念

动物福利的概念在科学家当中讨论得非常广泛，大家都在努力地从不同角度进行定义。Brambell（1965）认为，动物福利是一个比较广泛的概念，包括动物生理上和精神上两方面的康乐。Lorz（1973）认为，动物福利是指动物从身体上、心理上与环境的协调一致。Hughes（1976）将饲养于农场的动物福利定义为动物与其所处环境协调一致、精神和生理完全健康的状态。Broom（1986）认为，动物个体的福利是其企图适应环境的一种状态，动物的状态有好有坏，但不管如何，通常均与动物的感觉有关。Duncan 和 Petherick（1989）认为，动物福利只依赖于动物的感觉。Dawkins（1990）则认为，动物福利主要依赖于动物的感觉。Webster（1994）认为，动物福利状况由动物避免痛苦或保持舒适的能力决定。Ewbank（1999）认为，用健康和愉快代替福利更具有实际意义。可见，这些描述动物福利的概念涉及动物生活质量的各个方面，特别强调动物本身的感受和身心健康。英国皇家反虐待动物协会（Royal Society for the Prevention of Cruelty to Animals，RSPCA）强调，动物福利就是要反对虐待动物并减少动物痛苦。

2004年，世界动物卫生组织（World Organization for Animal Health，OIE）将动物福利指导原则纳入世界动物卫生组织《陆生动物卫生法典》中，并不断完善。在其第7.1章《动物福利规则导言》中明确指出，动物福利是指动物的状态，即动物适应其所处环境的状态。良好的动物福利，就是要让动物生活健康、舒适、安全、得到良好饲喂、能表达天生的行为，免受痛苦和恐惧，并能得到兽医治疗、疾病预防和适当的兽医处理、庇护、管理、营养、人道处置以及人道屠宰，这些要求需要涵盖动物保健、饲养和人道处理等各个环节。作为旨在促进和保障动物卫生和健康工作的政府间国际组织，OIE对动物福利的意义被广泛认可接受。

尽管各国学者或组织对动物福利的定义不尽相同，但核心理念基本一致，就是要从满足动物的基本生理、心理需要的角度，科学合理地饲养和对待动物，保障动物的健康和快乐，减少动物的痛苦，使动物和人类和谐共处。动物活着本身就具有维持其生命、健康甚至舒适的需要，这种需要的满足度越高，动物福利水平就越高。因此，提高动物福利的实质即是更好地满足动物的需要。广义上讲，动物福利是指让动物在舒适的环境中健康快乐地生活；狭义上讲，动物福利是指满足动物个体的最适生存条件。从人道或生物伦理的角度看，要使动物获得良好的福利，必须善待动物，减少动物的痛苦。

提倡动物福利的目的就是人类在利用动物的同时，要关注和改善动物的生存状况。一是从以人为本的思想出发，改善动物福利可充分发挥动物的作用，让动物更好地为人类服务；二是从人道主义出发，重视动物福利，改善动物的康乐程度，可以使动物免受不必要的痛苦。具体地讲，提倡动物福利，就要为动物提供适合的营养、环境条件，善待动物，正确地处置动物，减少动物的痛苦和应激反应，提高动物的生存质量和健康水平，实现人类在合理地利用动物时能获得可持续的最大利益。这种动物福利的理念，是在人与动物之间的关系不断变化、演变过程中缓慢形成的，也是社会进步和经济发展到一定阶段的必然产物，体现了人与动物协调发展的客观需求。

本教材涉及的动物，是指人类为了各种目的所保有的家养动物，包括农场动物、实验动物、伴侣动物、工作动物、娱乐动物和圈养的野生动物。对很少受到或不受人类活动影响的野生动物，不在本教材关注之列。其中，农场动物饲养数量庞大，对人类的食品安全和生存环境影响较大，且在农场动物的饲养、运输、屠宰过程中存在着许多过度追求经济效益的生产方式，对动物造成极大的痛苦，因此，人们对农场动物福利越来越关注。作为生命科学、医学的必需材料，实验动物用于动物生长、发育、免疫、繁育等基本规律及调控机制的研究，药物和化妆品的致畸、致癌、致突变等药理毒理学与药效学等方面的研究以及人类疾病模型的研究，用途非常广泛，科学实验过程中对动物的处置不可避免地会引起动物的痛苦。因此，本章把农场动物福利和实验动物福利作为讨论重点。

农场动物福利就是要根据畜禽的生物学特性，合理运用各种现代生产技术，满足它们的生理和行为需要，确保它们的健康和快乐。这里的现代生产技术，是指现代育种繁殖技术、养殖设施环境控制技术、动物疾病防治技术、营养与饲料配制技术、工业化生产管理技术等，与动物福利"五项基本原则"达到理论与实践上的对应。没有科学技术和良好生产实践的进步和支撑，实现动物福利是不可能的。通俗地讲，就是要根据畜禽需要来提供使其健康生长或生产的环境条件，加强应激因素管理，减少畜牧业生产中不恰当的人为操作，力求得到优质安全的畜产品。这种强调生产系统中以动物需要为核心的观念，不但丰富了动物福利实用主义的内涵，还可促进生产工艺的改进，使动物和环境更加协调，生产过程更趋合理，减少动物不必要的痛苦，提高动物的健康水平，从源头上避免疾病频发、药物滥用、产品质量低下等诸多问题的出现，从而提高整体生产力水平，获得更大的经济效益。

具体到实验动物,应根据试验的需要,严格优化试验步骤,遵循"3Rs 原则";应避免开展对人类健康和生活意义不大的动物试验;动物试验应在后果可控的条件下实施;应对动物实施麻醉以减轻痛苦、伤害;对于因伤病不能治愈的动物,应予以安乐死。给予实验动物必要的福利,既是人道主义的要求,又是科学实验可靠性的必要保障。

(二)五项基本原则

动物福利的五项基本原则,最早由英国农场动物福利委员会(Farm Animal Welfare Council,FAWC)提出,具体内容是:①为动物提供保持健康和精力所需的清洁饮水和食物,使动物免受饥渴(freedom from hunger and thirst - by ready access to fresh water and a diet to maintain full health and vigour);②为动物提供适当的庇护和舒适的栖息场所,使动物免受不适(freedom from discomfort - by providing an appropriate environment including shelter and a comfortable resting area);③为动物做好疾病预防,并给患病动物及时诊治,使动物免受疼痛和伤病(freedom from pain, injury or disease - by prevention or rapid diagnosis and treatment);④确保动物拥有避免精神痛苦的条件和处置方式,使动物免于恐惧和悲痛(freedom from fear and distress - by ensuring conditions and treatment which avoid mental suffering);⑤为动物提供足够的空间、适当的设施和同种动物伙伴,使动物自由表达正常的行为(freedom to express normal behaviour - by providing sufficient space, proper facilities and company of the animal's own kind)。FAWC 提出的这五项基本原则,实际上对应着动物的生理福利、环境福利、卫生福利、心理福利和行为福利,是一种整体的参考框架,主要出于研究和评估的目的,完全实现五项基本原则是极其理想化的目标。

1. 生理福利　动物的生理福利是指按照科学、合适的饲喂程序,给动物提供充足、安全、清洁的食物和饮水。动物的食物应当符合营养需要。不洁净、有毒的食物和水会引起动物消化道损伤,产生腹泻、生长停滞、中毒症,严重时可危及生命。长期采食、饮水不足,会引起动物生长受阻、繁殖能力降低、免疫力下降,动物表现为消瘦、虚弱、没有活力。

1998 年欧洲联盟(以下简称欧盟)《关于保护农畜的理事会指令》规定,饲喂动物的食物应当是与其年龄、品种相适应的有益食物,这种食物应当充分,以保证动物的健康和营养需要;不得以引起动物不必要痛苦和伤害的方式,给动物喂养食物或者流体物质;喂养的间隔应当符合动物生理学的需要;应当给动物提供饮水的便利,并以其他方式满足动物获取流食的需要;动物的喂养和饮水设施的设计、建造和安装,应当保证食物和水污染最小化,保证不同动物之间的竞争最小化。

2. 环境福利　动物的环境福利是指根据动物的习性与生理特点,科学地设计动物的饲养场所,以及设定饲养场所的具体环境参数,目的是使动物在舒适的环境下生存。众多研究表明,动物所处的环境条件对动物的生理和心理具有巨大的影响,环境条件的异常会导致动物健康状况受损,生产性能下降,严重时甚至会危及动物生命。

1998 年欧盟《关于保护农畜的理事会指令》规定,动物栖息处的光照、温度、湿度、空气流通、通风和有害气体浓度、噪声强度等环境条件,应当符合动物的品种特点、发育程度、适应程度和驯化程度。欧盟还通过《集约化养猪福利兽医科学委员会报告》《肉鸡福利》《蛋鸡福利》等研究报告,向生产者推广具体的环境参数。

3. 卫生福利　动物的饲养场所应保持清洁卫生,以利于动物的健康。污浊环境中,气溶胶、动物皮肤直接接触到的地面和墙壁均带有大量致病微生物，动物在这种环境下易感染疾病。微生物活动所产生的氨气和恶臭，也会对动物呼吸道造成损害。欧盟《猪的最低保护标准》规定，必须经常清洗和消毒猪舍、栅栏等设备，以防止交叉污染和致病微生物滋生；粪尿和剩料必须得到及时清理，以减少臭味散发，引来鼠类、苍蝇。

同时，对动物应进行及时的疾病预防、疾病诊治，可以有效降低动物因疾病导致的痛苦和生产者的经济损失。对于疾病的预防，应做到控制病源、隔离带病动物、疫苗免疫等。对于发病动物的诊治，应该做到早期诊断要准确，并实施有效的治疗。疾病的有效治疗，需要综合考虑药物治疗、管理和环境因素。不及时的诊治会大大提高动物死亡率，加大因疾病带来的痛苦，以及给生产者带来更大的经济损失。

4. 心理福利 动物天生具有较强的感官能力和警惕心理，能感受到疼痛、恐惧。在饲养、运输、屠宰过程中，不当的人为操作会给动物带来疼痛与恐惧，直接影响动物的健康和动物产品品质。

动物的心理应激主要来源于人类的虐待，以及饲养、运输、试验、屠宰过程中的不合理、非人道的处置。世界各国的动物福利法，均明文禁止虐待动物。1998年修订的德国《动物福利法》规定，任何人都不得无故使动物遭受疼痛、痛苦或伤害。我国台湾地区《动物保护法》规定，任何人不得恶意或无故骚扰、虐待或伤害动物。我国1988年《实验动物管理条例》规定，从事实验动物工作的人员必须爱护实验动物，不得戏弄或虐待。于2010年施行的《广东省实验动物管理条例》规定，从事实验动物工作的人员在生产、使用和运输过程中，应当维护实验动物福利，关爱实验动物，不得虐待实验动物。对实验动物进行手术时，应当进行有效的麻醉；需要处死实验动物时，应当实施安乐死。

除了一些原则性的规定，西方的动物福利法针对动物的饲养、运输、试验、屠宰等环节还提出了具体而又详细的要求，以最大限度减少动物的痛苦。如动物屠宰中，传统的宰杀是在动物清醒状态下完成的，故动物会承受巨大的痛苦。1979年《保护屠宰用动物的欧洲公约》规定，为了使动物免受不必要的痛苦，必须采用"击晕"的方法使动物在死前失去知觉。

5. 行为福利 无论是农场动物、实验动物、工作动物还是伴侣动物，均是由野生动物驯化而来，其必定带有该种动物特有的习性。比如，鸡有刨土、啄食、搜食、梳理羽毛、沙浴、筑巢、在隐蔽的场所产蛋等习性。由于鸡笼严重限制了鸡的活动，鸡无法自由移动、拍打翅膀以及表达其他本能行为，持续处于受挫状态中。在单调和压抑的环境中，它们会把啄食行为转变为啄击其他同伴的行为。为了避免这种现象，工业化养殖采用断喙的方法。这种手术给鸡带来巨大痛苦，不符合福利要求。由于过度产蛋，鸡的骨质疏松症极为普遍。由于缺乏运动，体型较大，鸡腿难以承受体重负荷，加上骨质不好，很容易出现腿部骨折。为此，欧盟发布了从2012年取消使用旧式层架式鸡笼的指令。实践证明，用替代方法生产出的鸡蛋比使用旧式层架式鸡笼生产出的鸡蛋质量更好，鸡蛋污染和破碎得也少。给予动物一定的行为福利，对动物的身心健康和人类的经济利益均有裨益。

二、动物福利与其他相关概念的异同点

（一）动物福利与动物权利

19世纪以后，西方社会出现了一种看法，即动物拥有与人类相似的生理、记忆力和情

感，人类应该给予动物平等的道德关怀，动物应该具备这样的权利。动物权利（animal rights）可概括地定义为，动物作为一种自然存在，享有获得人类从道义上给予尊重的权利。

围绕动物权利的实现，学术界出现了两种不同的看法。一种是"动物权利论"，主张将动物的地位提升至和人一样，动物按照自己的意愿去生活，人类应该停止任何形式的屠杀、虐待和利用动物，包括猎杀、生产、试验、囚禁、观赏以及使用动物产品作为原料的化妆品和服饰；另一种是"动物福利论"，支持人类对动物的合理利用，人类应当停止对动物的虐待，可通过改进生产工艺和改变人类对待动物的态度而减少动物的痛苦。在他们看来，"动物福利"是依据"动物福利论"实现"动物权利"的手段。

动物对人类的社会、经济、文化有着巨大影响，是人类文明的重要组成部分，人类对动物的利用无法停止。"动物福利论"既考虑了人的情感和利益，又考虑了动物本身的价值和感受；而"动物权利论"主张禁止人类对动物的利用，这与人类社会的现实相悖。倘若人类停止利用动物，与动物产品相关的食品、皮革、化工行业就会全部消失，人类社会将出现巨大的失业问题；倘若停止对动物源性食品的摄入，人类的营养水平和健康水平将受到影响；倘若禁止使用取材于动物的医药产品及试验材料，人类医疗水平将会倒退。综上所述，"动物权利论"过于激进，难以全面推广；而"动物福利论"却具有很强的现实意义。

（二）动物福利与动物保护

在善待动物的理念得到人类社会普遍关注和认可以前，动物被当做一种重要的自然资源，成为人类随意猎杀、捕捞、驯养、观赏的对象，或者作为试验材料和动物源性产品的原料等被随意利用。工业革命以后，人类对动物的过度利用，导致了动物资源的严重透支。由于宗教、习俗等因素，人类对弱势的动物缺乏怜悯，残酷虐待动物的事件屡见不鲜。在这种背景下，人类逐渐认识到，动物不是取之不尽、用之不竭的普通资源，而是与人一样有血有肉的生命体，具有会感知痛苦或快乐的能力。因此，人类在饲养、利用动物的时候，要有博爱的情怀，善待动物。在这种思潮影响下，越来越多的人投入到动物保护事业。动物保护（animal protection）不仅是保障人类经济利益的手段，还是维护生态平衡的重要环节，更是社会伦理道德程度提高的表现。

动物保护的概念涉及种群保护和个体保护两个层面。

1. 种群保护 目的是为了保存物种资源或保护生物多样性。这是以物种资源或种群为对象的保护，包括野生动物、实验动物、伴侣动物、农场动物等的品种保护，重点关注的是动物种群的延续。动物的遗传资源具有不可再生性，一旦动物物种或品种灭绝就再也无法恢复。据国际自然和自然资源保护联盟（IUCN）《红皮书》统计，20世纪有110个种和亚种的哺乳动物以及139种和亚种的鸟类灭绝，约有20%的脊椎动物面临灭绝的危险；目前，世界上已经有超过1 000个品种的家养动物灭绝，世界畜禽基因库面临枯竭的窘境。保护动物种群，对于维护生态平衡和畜禽品种改良以促进畜牧业发展有着巨大而深远的意义。

2. 个体保护 目的是为了保护动物免受身体损伤、疾病折磨和精神痛苦，减少人类活动对动物造成的伤害。这个层面就是我们常说的动物福利，强调利用过程中对动物个体的保护，即要善待动物，满足动物的基本需要，避免任意虐待动物。对动物个体保护涉及所有与人类活动有直接联系的家养动物，以及受到人类活动影响的野生动物。

动物保护的渊源，可以追溯到距今4 000多年的中国夏朝。《逸周书·大聚篇》中有

"夏三月，川泽不入网，以成鱼鳖之长"的内容，意为不要在鱼鳖的幼年时期去捕捞。距今3 000多年的西周王朝的《伐崇令》，规定"毋坏屋，毋填井，毋伐树木，毋动六畜，有不如令者，死无赦"。其中的"六畜"，指当时的农场动物。"勿动六畜……死无赦"指不能伤害家畜，违反就是死罪。在中国古代，农场动物是极其重要的生产工具，是农业生产中最主要的动力来源，所以被视为重点保护的对象。中国周、秦、汉、唐、宋、元、明、清等时期，均有类似的动物保护法规出台。

西方最早的国家动物保护法出现在爱尔兰。1635年，爱尔兰议会通过了一项禁止从活羊身上拔毛、禁止拽马尾巴进行耕作的禁令。1822年，英国出现了西方世界第一部真正意义上的动物保护法律。西方国家从19世纪初开始，用了约一个世纪的时间，完成了"反虐待"性质的立法。从第二次世界大战以后至21世纪初，又完成了"动物福利"性质的立法。目前，西方国家的动物保护理论、技术标准、评估方法和法律法规均趋于成熟。动物保护被西方社会广泛接受。

现在东方各国和地区的动物保护法律，是以现代西方动物保护理论为基础，根据各国实际情况各自制定的。

（三）动物福利与动物伦理

动物伦理（animal ethics）是人类与动物的关系观，以及人类对待动物的行为和标准。

古代东西方动物伦理有着很大的不同。古代东方的动物伦理主张尊重动物、有节制地利用动物。例如，受到宗教的影响，印度素有善待动物、敬畏动物的传统氛围。古代中国的先民认为"竭泽而渔"的发展模式不正确，不要只顾眼前，而要捕捞有度，确保人和动物的长期共存。孔子说"钓而不纲，弋不射宿"，意为只用竹竿钓鱼，而不用网捕鱼；只射飞着的鸟，不射夜宿的鸟。孟子认为"数罟不入洿池，鱼鳖不可胜食也"，意为不用细密的渔网捕鱼，鱼和鳖就怎么也吃不完。19世纪以前，古代西方认为动物是人类的附庸，作为食物和工具而存在。传统的基督教观念认为，动物仅仅是人类的食物来源。Aristotle（前384—前322年，亚里士多德，古希腊哲学家）认为，动物地位低贱。Rene Descartes（1596—1650，勒内·笛卡尔，法国哲学家）甚至认为，动物不过是机器。19世纪以来，西方社会逐渐认识到，动物并非仅仅是人类的工具和食物，动物与人类甚至还有工作关系和伴侣关系；动物与人类有类似的生理、感觉和情感，人类与动物共处时应该避免或减少给动物造成痛苦。经历了两个世纪的伦理学讨论，最终形成了"人有善待动物的义务"的社会共识。

动物福利是在善待动物的生物伦理下，人类根据慈悲情怀和人道主义精神，为动物提供必要的基本生存条件，以保障动物的生存质量。动物福利和动物伦理的关系是，动物伦理阐释了人与动物是何种关系，动物福利阐释了在善待动物的生物伦理下，人类应当如何善待动物。动物福利是动物伦理的具体实践。

尽管对动物福利的研究以及动物福利标准的建立都建立在自然科学的基础上，但如果没有伦理上的考虑，动物福利科学这门学科就不可能获得突飞猛进的发展。实际上，涉及动物使用和动物福利的话题，多半都需要通过社会的伦理讨论才能获得理性认知。特别是在实用伦理学领域，人类与动物的利益相互冲突时，如集约化畜牧业、动物试验、基因工程等问题，都需要根据伦理学和合理的现实需要加以考虑，这可以促进对人与动物关系及相关伦理原则的理解。这些讨论及其结果也将对动物所受待遇产生深远的影响。

人类的发展史也是驯化、利用动物的历史，动物为我们提供饱暖之需、精神安慰和身心享受。可以说，动物改变了人类生活，所以我们应怀敬畏之心、感恩之情对待动物。伦理不仅与人有关，还与动物有关。动物和我们一样渴求幸福、感受痛苦和畏惧死亡。我们不仅要关心人与人之间的关系，还要关心人类与其他所有生命的关系。面对动物伦理引发的社会问题，应该运用人类的智慧，站在更高的层面来处理好人与动物的各种关系。重视动物福利，保障动物作为一个生命体所应享有的基本权利，许多动物伦理问题就能有效遏止，阐明人与动物和谐关系的伦理观是实现动物福利的必要条件。

但是，一个国家的动物伦理与历史传统和习俗有很大的关系。我们应该汲取各种动物伦理观的合理成分，同时，结合我国古代先民利用动物的朴素情怀以及中国的现状，正确地定位人与动物的伦理关系。

（四）动物福利与动物需求

动物需求（animal needs）是动物的生物学需要量，即需要获取特定的资源。动物需求由动物的生物学基础决定，因为这些需求与动物机体不同的功能系统相关。动物需求可从不同的角度进行划分。从对个体生存的重要性来看，动物需求可分为生存需求和非生存需求；从动物生理和心理上不同角度看，动物需求可分为物质需求和精神需求；从需求随时间变化的角度看，动物需求分为持续性需求和阶段性需求；从个体和整体角度看，动物需求可分为个体需求和种群需求。

动物的生存需求是动物维持个体生命活动的基本条件。生存需求不能得到满足，动物会出现疾病和死亡。生存需求包括获取充足的食物和水、适宜的栖息地环境，免于天敌威胁等。在满足动物个体生存需求的基础上，动物可以进行正常的繁殖及其他活动，如筑巢、求偶、交配、哺育幼崽、占据领地、嬉戏、群居等。动物对以上非个体生存必需行为的需求，属于非生存需求。

动物的物质需求包括充足、适宜的食物，充足、洁净的饮用水和洗浴用水，符合动物生理特点的环境条件，充足的居住空间等。精神需求包括免于虐待、免于疼痛、免于恐惧以及获得关怀与保护、群居生活等需求。

动物的持续性需求指动物在生命的全过程都必须获得的需求，如采食、饮水、睡眠等。阶段性需求指动物在特定阶段才出现的需求，如繁殖期的繁殖需求、成年动物的领地需求、幼年动物的哺乳需求、动物在不同阶段的特定营养需求等。

动物的个体需求指动物个体维持正常生理和心理活动的需求。动物的种群需求指维持动物种群延续的需求，如遗传多样性、种群数量、种群结构、栖息地环境条件等。

动物的个体生存需求有不同层次。在基本需求即生存需求满足后，动物还具有确保其健康和舒适的需求，即健康需求和舒适需求。健康需求高于生存需求，而舒适需求又高于健康需求。在一定范围内，动物需求被满足的充分程度越高，动物福利水平越高；反之则越低。

动物福利主要针对动物的个体需求，特别关注与动物生存和健康相关的需求，并非涵盖了动物的所有需求。例如，家养动物的繁殖行为受人类调控，常采用人工授精；动物的居住空间并非像自然条件下那么宽广、可以自由活动；为保护新生仔猪受压，人类使用限位栏限制哺乳阶段母猪的活动等，所有这些并没有完全满足动物的需求。值得一提的是，人类给动物提供的养殖环境，在营养平衡、抵抗异常气候条件方面有时会优于自然环境下动物所能获得的条件，因此，人工饲养的动物生长速度、繁殖率和种群数量，常常高于或大于野生状态下动物的生长速度、繁殖率和种群数量。

（五）动物福利与动物健康

谈到动物健康（animal health），首先要界定健康的含义。在一些词典中，"健康"通常被简单扼要地定义为"机体处于正常运作状态，没有疾病"，这是较为传统的健康概念。1946年，世界卫生组织（WHO）成立时在它的宪章中明确指出，健康乃是一种在身体上、心理上和社会上的完满状态，而不仅仅是没有疾病和虚弱的状态，这就是现代关于健康的较为完整的科学概念。从这一定义可以得出，健康的含义是多元的、广泛的，包括生理、心理和社会适应性三个方面。

将健康这种多元的现代概念应用到动物上，则需要缩小它的内涵。一般认为，动物健康是指动物身心处于良好的状态，即包括生理健康和心理健康。这两部分都可以用一系列可测量的生理和行为指标，如动物的体况、生理参数、生长状态、应激状态、精神面貌等，来客观地衡量，但其标准很难掌握。在各种利用动物的实践中，人们提到动物健康，更多地是指动物的身体健康，没有患上疾病，精神状态良好。

《OIE陆生动物卫生法典》（简称《陆生法典》），旨在建立全球范围内改善陆生动物健康和福利以及兽医公共卫生的标准。2004年《陆生法典》纳入了世界动物卫生组织动物福利指导原则，其中列出的第一个原则就是"动物健康和福利之间具有非常重要的关系"（that there is a critical relationship between animal health and animal welfare）。可见，动物健康不健康是衡量动物福利状况的重要内容。只有处于健康状态的动物才能正常发挥各种生理功能，表达正常的种属行为，才能高效地生长和繁殖子代。因此，动物的健康状况越好，动物福利水平则越高；反之，动物福利状况就会受到影响。

在进行动物健康评价时，往往只评价动物当时的身体状况。而对动物福利评价时，不但要了解动物当时的健康状况，还要了解动物是否受到过或正在受到虐待、伤痛和恐惧，过往或现在所处的环境是否满足动物的需要。由此，相比较而言，动物健康的内涵较窄，而动物福利涵盖的内容则更广。也可以说，动物健康只涉及动物福利的一部分内容，是实现动物福利的必要条件；反过来，只有良好的动物福利，才能确保动物健康。因此，在改善动物福利时，首先应考虑能否确保或改善动物健康。

（六）动物福利与健康养殖

健康养殖（healthy feeding）是中国独有的概念，是伴随着我国养殖业（水产、畜产）环境污染、疫病频发、产品质量安全得不到保障三大问题日益严重的背景而出现的，最先应用于海水养殖，以后陆续向淡水养殖、生猪养殖和家禽养殖拓展，并不断完善。1997年，《科学养鱼》期刊上最早开辟了健康养殖专栏，连续刊载了30多期，阐明健康养殖是一种科学防治疾病的养殖模式。石文雷（2000）认为，健康养殖是指根据养殖对象的生物学特性，运用生态学、营养学原理来指导养殖生产。卢德勋（2005）认为，健康养殖即坚持科学发展观，以优化生产效率为中心，将养殖效益、动物健康、环境保护以及畜产品品质安全四个方面统筹考虑，实现动物养殖的全面、协调、可持续发展。可见，健康养殖是一种以优质、安全、高效、无公害为主要目标，数量、质量和生态并重的可持续发展的养殖方式。

健康养殖着眼于养殖生产过程的整体性（整个养殖行业）、系统性（养殖系统的所有组成部分）和生态性（环境的可持续发展），关注动物健康、环境健康、人类健康和产业链健康，确保生产系统内外物质和能量流动的良性循环、养殖对象的正常生长以及产出的产品优质、安全。随着时间的推移，健康养殖的概念正好迎合了人们急于想改变养殖业污染严重、疫病频发、畜产品重大安全事件多发的现状。因此，健康养殖一词已成为热点词汇，得到了大量运用，只要与养殖有关的管理技术、环境控制技术、养殖方式等，大家都喜欢归纳为健康养殖。2007年，甚至在中央1号文件中都明确提出，要积极推广健康养殖模式，改变传统养殖方法。本质上讲，健康养殖的核心就是科学饲养。

动物福利强调的是动物的康乐以及使动物获得康乐的外部环境条件，更多的是一种理念和理论上的表述，偏重于个体关怀。而健康养殖是一种确保整个养殖系统健康、可持续发展的养殖模式，偏重于整个养殖系统及其所有的组成部分，强调的是运用各种先进的养殖技术组合，促进养殖业的健康发展，更侧重生产实践和技术上的运用。动物福利的目的是减少动物的痛苦；健康养殖的目的是生产系统运转正常。尽管动物福利和健康养殖的内涵不同，但它们有一个共同的交集，即都强调动物的健康。

养殖生产上存在着许多应激因素。对这些应激因素进行适当调控，减少畜禽的应激反应，使畜禽从应激状态过渡到健康状态，不但可以提高畜禽的福利水平，而且可以让畜禽将更多的营养物质和能量用于增重和繁殖，获得更好的生产效益。因此，动物福利是健康养殖的核心内容。

健康的动物是养出来的，只有在饲养的过程中，全面贯彻善待动物、"养"重于"防"、"防"重于"治"的经营理念，从舍饲环境和应激管理上下功夫，才能提高畜禽自身的健康水平和免疫功能，从源头上解决畜禽疫病频发的诱因。因此，健康养殖涵盖了饲养环节中动物福利的基本要求，同时，兼顾了科学性和经济上的考量。

当然，不健康的动物也是养出来的。人类在利用动物过程中采用的方法或提供的条件不适当，是造成动物患病、健康出现问题的主要因素。这些因素包括高密度养殖、唯高产选育、引种混乱而不有效隔离、多重超强免疫、对于疾病的不及时和错误处置、投入品（饲料、药物、饮水）质量低劣或短缺以及恶劣的饲养环境，甚至还涉及养殖企业的员工对动物的残酷虐待。提倡动物福利或福利养殖，就是要消除这些影响动物健康和福利的因素，或将它们的影响降低到最低程度。

（七）动物福利与有机畜牧业

有机畜牧业（organic livestock）是指动物在饲养过程中只使用有机饲料，饲养的动物能到户外活动，呼吸新鲜空气和享受阳光，当动物生病时也尽量不使用滞留性有毒药品的一种畜牧业饲养方式。对于严格的有机生产，所使用的有机饲料必须经过有关认证机构认证，且不得含有化学合成的农药、化肥、生长调节剂、饲料添加剂等物质以及基因工程生物及其产物。同时，有机畜牧业动物饲养应具有满足动物行为需要的活动条件和居住条件，能满足动物生理和习性的需求。

有机畜牧业的真正内涵是在提供有机畜产品的同时，按照系统工程的原理，遵循可持续发展原则，努力促进畜牧业在农业生产系统内部的生物多样性和物质良性循环，延长能量流动的生态链，生产合格的畜禽产品，实现畜牧业的持续发展。在有机畜牧业的生产中，首要有机畜牧业生产非常重视遵循自然形成的生物学生存法则，从满足农场动物生理和行为需要出发，强调饲养的农场动物与环境的持续协调发展，以确保农场动物良好的福利水平和健康状况，达到少用药甚至不用药的目的，从而生产出安全、优质的畜产品。尊重自然、善待动物、关爱生命这些有机畜牧业的基本要求是其区别于其他生产方式的显著特征，也是保障有机农场动物及其产品高质量、高安全性的具体表现。可见，保持动物较高的福利水平，是有机畜牧业生产的基本要求之一。

因此，有机畜牧业的动物福利，是指在自然的环境（或具有相应关键特征）下提升农场动物的健康和生理功能，允许农场动物充分表现其物种特异性行为，且要求按照物种特异性需求来饲养它们。

有机畜牧业与动物福利有着非常紧密的联系。要发展有机畜牧业，必须考虑饲养其中的动物福利；而反过来，动物福利不只是在有机畜牧业生产方式中需要考虑，在非有机畜牧生产中也同样需要重视。有机畜牧业和动物福利概念的提出及发展，都体现了人类对自然和动物的关注，表现了社会的进步、人类文明素质的提高。所有这些都是为了满足人类生活质量日益提高的需要，最终为人类的利益服务。

（八）动物福利与动物应激

应激（stress）这个词在生物学领域使用得非常广泛。动物应激（animal stress）是指在外界和内在环境中，一些具有损伤性的生物、物理、化学或心理刺激作用于动物体后，动物体产生的一系列非特异性全身性反应的总和，主要包括以交感神经兴奋和垂体-肾上腺皮质分泌增多为主的一系列神经内分泌反应，以及由此而引起的各种机能和代谢的改变。按照动物对刺激因素是否能够适应，可将应激分为"生理性应激"和"病理性应激"。"生理性应激"是指动物机体适应了外界刺激，并维持了机体的生理平衡，有时甚至使动物感到愉快，如动物在玩耍时的奔跑行为和交配行为，在生理性应激条件下，动物也有一些典型的应激反应，如心率加速、糖皮质激素和儿茶酚胺激素浓度增加等，但是这些变化对动物无害。"病理性应激"是指由于应激因素而导致机体出现一系列机能、代谢紊乱和机体损伤，甚至发病，危及动物福利和健康。

任何对动物机体或情绪的刺激，只要达到一定的强度，都可以成为应激源（stressor）。现代绝大多数集约化畜禽生产系统中，恶劣的饲养环境和不当的饲养管理，都不可避免地给动物带来各种应激，其中，常见的应激源包括环境温度过高或过低、噪声太大、饲养密度过大、硫化氢和氨气等有害气体浓度过高、病原微生物感染、内外寄生虫侵袭、疫苗和药物接种注射、突然换料、饲料营养不平衡、饲料和饮水缺乏、饲料适口性差、水不洁净、饲养员突然更换并粗暴对待动物以及在转群、去势、抓捕、手术治疗、运输、屠宰等过程中不当的生产操作。

应激反应时的生物学物质消耗是决定应激是否影响动物福利的关键。在抵抗应激反应时，如果机体需要动用其他功能系统的物质和能量（如用于维持免疫、繁殖或生长）来参与体内的应激调控，则动物会产生应激负荷。应激期间，各种生物功能的减弱使得动物体处于一种亚病理状况，且易于转化为病理变化。

以往大量的研究集中在各种畜禽生产管理系统或条件是否引起应激，从而形成这样的观点：任何造成应激的情形必须避免或禁止。但动物自身有复杂的行为和生理学机制来对付应激，只有应激引起动物某些生理状况的显著变化，威胁到动物的健康，才能影响到动物福利。不幸的是，很多用于评估动物应激的行为学和生理学测定，并没有告诉我们是否存在着这种有意义的生物学变化。

可见，动物存在应激并不一定说明该动物福利水平低下。当然，也不能否认强烈的或过于持久的应激源作用有时会给动物带来严重的伤害，如过度而持久的精神紧张、各种意外的躯体性的严重伤害等。实际的动物饲养和利用过程中，应激因素不可能完全消除。适度的应激可提高动物体总体抵抗力，有助于动物适应环境，如合理的疫苗免疫等。故提高动物福利并不是完全消除动物应激，而是消除或减少动物应激中的病理性应激。认识动物应激和动物福利之间的这种关系，及时处理好伴有严重应激的事件，采取一些针对应激本身所造成损害的措施，以尽量防止或减轻对机体的不利影响，可更好地做好动物福利工作。

第二节 动物福利涉及的学科领域

动物福利以动物需求为研究对象，用科学手段评价动物需求（如身体健康、精神康乐以及天性表达等）以及研究如何保障这些需求。由于动物福利的主要研究内容是对动物健康、行为和环境因素进行科学观测与评估，以及动物福利水平对动物产品安全和质量的影响，因此，在如何对待动物、如何科学地评价动物福利和改善动物福利方面不可避免地与畜牧学、兽医学、环境科学、食品科学、心理学、伦理学和法学、经济学产生了密切的联系，这些学科不但为动物福利科学的发展提供基础知识和研究方法，有的还能为建立人与动物的关系方面提供伦理解释和法律依据。

就现阶段看，动物福利是一门由多学科渗透、交叉形成的新兴科学，同时，还是自然科学与社会科学相结合的学科，学科涉及面广，研究领域和研究方法众多。

一、动物福利与畜牧学

动物福利越来越成为人们的关注热点，与畜牧业生产目前广泛采用集约化生产方式有直接的关系。集约化畜牧业的发展，为满足人类对肉、蛋、乳以及其他工业的需求做出了巨大贡献，但在其成功提高劳动生产效率和畜牧业生产力的同时，逐渐凸显出一系列动物福利问题，如动物没有活动空间、养殖场内外环境质量不断恶化、动物体质和抗病力大幅下降、各种疫病和高产代谢病时有发生，不但给动物带来痛苦，而且直接影响到动物源性食品的质量安全，给畜牧业走向可持续发展道路投下了阴影。这引起了社会广泛的关注，尤其是发达国家及其动物保护组织更是如此，呼吁人类在使用动物为人类创造动物源性产品的同时，应该考虑动物的福利，善待动物，改进饲养管理方式，以期解决集约化畜牧业生产存在的大量福利问题。

畜牧学是研究畜禽育种、繁殖、饲养、管理、防病防疫，以及草地建设、畜产品加工和畜牧经营管理等相关领域的综合性学科。畜牧学大体包括基础理论和各论两大部分。前者是以畜禽生理、生化、解剖、遗传、行为等学科为基础，研究家畜良种繁育、营养需要、饲养管理、环境卫生和牧场设计等基本原理；后者则在上列学科的基础上，分别研究牛、羊、兔、猪、禽等畜禽的具体饲养技术、饲料生产技术、畜产品深加工与产品开发技术，以及经营管理方法等。可见，畜牧学涉及的基础学科如畜禽应用行为学、家畜生理学、动物神经生物学、动物免疫学、动物遗传学以及应用学科如动物营养与饲料学、动物育种与繁殖学、动物生产学、牧场设计学等，都与动物福利有着密切的联系。畜牧学涉及的基础学科，可以为解释动物福利的状况好坏、科学地评价动物福利提供理论基础。畜牧学相关的应用学科，则可为动物福利及良好生产实践的改善提供实施方法和操作手段（图1-1）。

图1-1 动物福利与畜牧学*

畜牧学相关基础学科，是动物福利科学发展的理论基础。例如，应用动物行为学可以很好地解释动物所处的身心状态以及行为需求，家畜生理学可以解释动物生理参数的变化与动物应激状态的关系，动物免疫学可以解释动物免疫机能的变化及对环境的抗逆能力，动物神经生物学能揭示动物感知痛苦的能力及其影响因素，这些学科与动物福利科学的发展密不可分，动物福利科学学科体系的形成得益于这些学科的支撑，而反过来作为高度交叉的动物福利科学的发展，又促进了这些学科的理论研究和广泛应用。

畜牧学相关应用学科，是动物福利科学应用到生产实践的桥梁和纽带。动物营养与饲料学是畜牧科学的应用学科，旨在揭示和阐明动物生存、生产、做功所需要的营养素与饲料养分间的关系，以及动物与饲料养分间的供需平衡规律，直接为动物生产服务。生产上，根据动物的营养需要提供适口的、营养平衡的日粮，也是保障动物免受饥渴的最基本要求。动物遗传育种与繁殖学是研究动物性状的遗传规律和遗传改良的原理与方法、动物生殖活动及其调控规律和调控技术的科学，是加强畜禽品种改良、保证畜牧业快速发展的重要手段。目前，畜牧生产上大量饲养的高产品种都是对其经济性状，如生长速度、瘦肉率、饲料转化效率，经过长期选育而形成的，这些品种对环境的适应性往往较差，容易产生应激反应，对动物福利造成影响，因此开展育种和繁殖工作时，要考虑到动物福利方面的指标或表现。动物生产学和牧场设计学关注重点是如何管理好动物的生产过程以及如何为动物创造适宜的环境条件。这些学科知识的良好应用，都能有力地促进动物福利的改善，为实现动物福利科学的最终目标保驾护航，而动物福利科学则集成应用这些知识，以动物为最主要关注对象，实现人、动物和环境多赢。

二、动物福利与兽医学

根据动物福利的要求，人类应当减少动物在生产、生存过程中遭受的病痛折磨。兽医学是预防与治疗动物疾病的学科。兽医学通过预防或治愈动物疾病，使动物摆脱病痛的折磨，特别

注：*本书插图除特殊标明的外，均由世界动物保护协会提供。

是动物发病前的预防，如果做得得当，则可从源头上彻底改善动物福利状态。所以，兽医学处置的结果与动物福利的目的高度契合。合理的兽医学处置可减少动物的痛苦，快速治愈疾病，减轻疾病造成的损害，故治疗过后动物的生存质量可用来衡量兽医学处置及其效果的好坏；反过来，治疗过程和治疗结果也可用来评价动物福利的好坏，故兽医学与动物福利密不可分。

另外，随着临床医学和实验医学的形成和发展，医学比较研究将更为广泛，探讨兽医学、人医学比较研究方法及其应用的比较医学，对揭示动物福利科学原理越来越重要，因为通过比较人与动物的生理、心理、行为状态及调控机制，可以获得动物愉快或痛苦及其状态的科学证据，从而为评价动物福利提供了客观方法。

三、动物福利与环境科学

动物的生存质量与环境条件密切相关，大气、水体、土壤及区域环境的污染，以及恶劣的气候条件均会影响到动物福利，而大规模、高度集约化养殖在有限的土地面积上聚积大量的畜禽粪尿，对畜禽的养殖环境也会造成不良影响。故动物福利与气象学、大气环境学、水体环境学、土壤环境学、环境生态学、粪便管理学等环境科学有直接关联。

四、动物福利与食品科学

生产、运输、屠宰等环节的许多因素都会直接影响到动物源性食品的质量。例如，生产过程中，违规添加药物导致的动物产品药物残留、恶劣的卫生条件导致的致病微生物感染，均会对动物源性食品产生不良影响；长途运输过程中禁水、禁食、疲劳、拥挤、损伤、噪声、温度过冷或过热，以及屠宰过程中的不当操作、噪声、残酷粗暴的宰杀方法，均会使动物产生病理性应激，导致产生大量白肌（PSE）肉或黑干（DFD）肉。故动物产品质量的高低与动物宰前福利状态密切相关，可以用畜禽产品品质来衡量动物宰前的福利状况，也可以根据动物的福利状况来预测其产品的质量品质。

五、动物福利与心理学

在人类心理学研究中，试验人员经常使用实验动物。然而，动物试验对动物身心的摧残违背了动物福利和人道主义精神，故动物福利是心理学试验必须要考虑的因素。

心理学研究证明，人类残暴对待动物的行为会增加人类的暴力倾向。故提高动物福利，禁止虐待动物，对人类的心理健康有重要作用。伴侣动物和观赏动物对缓解人类心理压力以及满足人类情感需求方面也有着重要的作用。提高动物福利水平对人类保持良好的心理状态具有间接的促进作用。

六、动物福利与伦理学和法学

人类是实施动物福利的主体，因此，人类对待动物的认识与态度直接影响动物福利的实践。伦理学解释了人类为什么要善待动物的问题，没有伦理学在人与动物关系方面建立的基本认识，人类从心理上就难以彻底接受善待动物的理念。故伦理学解决了动物福利涉及的人与动物的关系问题。

由于动物没有申诉的能力，故动物福利的实施实际上是人类自身的规范性行为。一定程度上，动物福利的实施对生产者的经济利益有短期减损效果，故没有法律的强制力保障，动物福利难以推动。为了实施动物福利，西方国家进行了动物福利的立法，通过强制性的政策推动其实施。动物福利科学评价了动物的需求，并提出了具体的实施方法，为动物福利法的制定提供了依据。

七、动物福利与经济学

动物福利强调人类对动物的合理利用，即在满足人类需要和经济利益的条件下尽可能地提高动物福利。经济学关注的是动物生产的经济效益，而并不考虑动物的生存状态。动物福利与动物生产的经济效益是直接相关的。一般情况下，动物福利水平高，动物的健康状况、生产、生长状况良好，可提高生产者的经济效益。动物福利水平低，动物的免疫力降低，生长减慢，动物产品质量降低，生产者还需要额外增加医疗及保健支出，故经济效益会降低。实施动物福利，也是需要增加适当的资金、场地投入的，从经济学角度讲，动物福利的具体实施应当与生产者的实际经营能力和经济基础有关。

第三节　动物福利起源与发展

伴随着人们对人类与非人类动物之间关系的思考，经历动物解放和保护运动的不断洗礼，动物福利科学及其概念从极端的、片面的理念逐渐发展到务实的、全面引导人们合理友善地利用动物的行动指南。

一、动物福利起源

动物福利最初产生于人类对动物生存状况的关切。随着生物科学的发展，人们逐渐认识到，动物是活的生命，具有感知痛苦的能力，因此，不应该恶意地虐待和残害动物。1635年，爱尔兰通过了欧洲第一个动物保护立案，随后北美洲马萨诸塞湾殖民地区也通过了保护家养动物的法律，条文规定，人们不应残暴对待为了利用而保有的动物。1822年，英国人道主义者 Colonel Richard Martin（1754—1834）再次提出禁止虐待动物议案，均获得上下两院通过，形成了世界上影响广泛和深远的反对虐待动物的法律，即所谓的"马丁法令"。它首次以法律条文的形式，较全面地规定了动物的利益，被认为是动物福利保护史上的里程碑。因此，在近代，真正从动物利益出发引申出的动物福利概念始于禁止虐待动物。当时，动物福利概念的主要内涵就是要禁止虐待动物，这也是对动物福利的低层次要求。

二、动物福利发展历程

自从20世纪中期以来，尤其是西方国家，人与动物之间的关系发生了很大的改变。改变之一是，第二次世界大战以来，农业产业化和生物医学研究的快速发展，动物遭受的虐待和痛苦越来越多。为此，随着英国动物福利大学联盟于1954年发起资助了提高动物福利的一系列研究项目，任命学校的两位学者William Russell 和 Rex Burch 研究提高实验动物福利的方法。5年后，他们把研究结果出版成书，书名为《人道实验技术原则》(The Principles of Humane Experimental Technique)。这本书详细地介绍了如何用无感知的材料替代有意识的高等动物活体、如何减少实验动物的使用数量又使试验获得的信息数量和精度不受影响、在必须使用动物进行试验时如何优化试验流程减少不人道操作对动物的伤害，这就是实验动物替代（replacement）、减少（reduction）和优化（refinement）使用原则，即3Rs原则的首次提出。这本书很快得到该领域权威学者的认可，书中提到的方法目前已经被全球很多实验动物学者所采用。因此，自这本书出版后，保障试验研究和教学过程中使用的动物福利均以3Rs原则为指导加以推进和实施，即实验动物福利的基本内涵就是尽可能减少动物试验，对必须使用的实验动物要为其创造适宜的生存条件，将试验过程中动物的痛苦减少到最低程度，力求确保实验动物的康乐（well-being）。

人与动物之间关系发生改变之二是，20世纪50年代，农场主为了满足不断增加的动物源性食品需求，同时达到降低生产成本、增加生产量的目的，将外界环境下的动物转移到舍内饲养，并且饲养的数量也以惊人的速度不断增加。这种以快速周转、高饲养密度、高度机械化、低劳动力需求、高饲料转化效率为主要特点的集约化饲养模式在全球得到迅速发展，导致动物所分配到的空间越来越小，其个体福利也越来越差。对英国工业化畜禽养殖进行广泛研究后，Ruth Harrison 在1964年出版了《动物机器：新型工业化养殖》(Animal Machines: The New Factory Farming Industry)。这本书利用翔实的资料和大量的图片，不但详细地描述了人类残酷虐待工厂化养殖动物及动物承受的痛苦，也揭示了工厂化养殖产出的动物源性产品中含有的激素、抗生素以及其他化学物质对消费者健康产生的潜在危害。作者最后指出，为了保护动物健康和人类健康，人们应该完全废除集约化养殖模式，如禁止用限位栏限制动物的饲养方式。这本书出版后立即引起了巨大的轰动，直接促使英国政府成立了Brambell 委员会，调查研究农场动物的生存状况，1年后该委员会发布报告，首次提出良好农场动物福利应该享有"五项基本原则"，后来扩展到人类饲养或受到人类行为影响的所有动物。这就是目前国际上普通认可的良好动物福利的基本要求。

在这期间，也出现了一些很有影响的期刊和书籍。例如，1992年英国动物福利大学联盟（Universities Federation for Animal Welfare）创刊了期刊《Animal Welfare》，主要发表家养动物以及受到人类活动影响的野生动物福利方面的科技研究结果以及综述，涉及农场动物、动物园动物、野生动物、实验动物、伴侣动物等，内容广泛，每年固定出版4期，偶尔也以增刊的形式出版动物福利科学国际会议研究进展。1997年，M. Appleby 和 B. Hughes 主编的《Animal Welfare》得以出版发行，对当时人们关注的众多动物福利问题进行了科学的回应。该书更多内容涉及农场动物，但阐述的基本原则同样适用于所有的动物，适合动物科学、兽医学和应用动物学和心理学的专业和非专业人士阅读，产生了广泛的影响，其第二版已于2011年面世。

至此，经过约200年的时间，动物福利的概念完成了从单一地反对虐待动物到全面地提高动物生存质量的变化历程。可以总结得到，动物福利的核心问题就是避免让动物遭受痛苦，如果无法完全避免动物的痛苦，那么就应该使其降至最低。良好的福利应该完全避免发生虐待动物的情况,能够满足动物对食物、饮水、庇护场所、空间大小、群体交流等的需要,同时,还要给动物提供充分表达本能行为的必要条件,这是对动物福利的高层次要求。

三、动物福利未来趋势

动物福利作为一门学科发展到今天,已经从纯理念上人与动物的关系怎样、如何对待动物的哲学或伦理争论中慢慢地解脱出来,转向人们更多关注的在利用各种用途的动物时如何善待动物,并付诸实践。因此,动物福利学科理论的未来发展有以下4个主要趋势:第一,动物福利越来越强调以科学为依据。例如,评价动物福利水平的高低要有科学数据支撑,某种养殖模式或生产实践是否符合动物的需求或满足动物需求的程度如何,均要以动物的生理和行为反应来科学评价。第二,动物福利与生产实践越来越紧密。例如,OIE在发布动物福利指导原则以后,陆陆续续地将动物陆路运输、动物海上运输、动物空中运输、供人食用的动物屠宰、为控制疾病的动物宰杀、流浪犬的控制、研究和教育方面的动物使用、动物福利和肉牛生产系统、动物福利和肉鸡生产系统共9个动物福利标准纳入《陆生动物卫生标准法典》;将养殖鱼类在运输过程中的福利、供人食用的养殖鱼类致晕和宰杀福利、为控制疾病的养殖鱼类宰杀3个动物福利标准纳入《水生动物卫生法典》。这些标准都为相关产业的良好实践或特定动物的良好管理提供指导原则,将动物福利要求落实到动物生产或管理的各个环节。第三,对各种用途的动物福利差异化要求越来越明显。尽管对于所有的家养动物和受到人类活动影响的野生动物,善待它们、减少它们不必要的痛苦这些基本原则是一致的,但在实际操作上如何实现福利良好的生产规范,则与动物具体的用途有非常大的关系,人们逐渐认识到,对于农场动物,不可能获得像伴侣动物那样的日常照顾和医疗服务,只能分门别类制定各自的动物福利良好操作指南,运用到各自的领域。第四,农场动物福利越来越受到重视。粗略估算,目前全球用于生产肉、乳、蛋的农场动物饲养数约600亿头(只),平均每人占到10头(只),数量非常巨大,而且这个数量还在逐年增加,它们与人类的生活质量息息相关,因为动物生产环节产生的污染对人类生存环境、动物产品质量对人类的食品安全、养殖场不断暴发的动物疫病对人类健康都有很大的影响,而且农场动物生产过程有待向高福利生产方式进行规范和改进,这种需要迫使人们越来越关注农场动物及其福利。

第四节 动物福利意义

动物福利主张的是人与动物协调发展,即在人类需要和动物需要之间寻找一种平衡,建立一种既让动物享有福利,又能提高动物利用价值的共生关系。目前,国际上对动物福利的关注已从日常的伴侣动物逐渐扩展到农场动物、实验动物等各种用途的动物上。

一、经济效益

20世纪60~70年代,西方一些发达国家出于农场动物生产和经济效益方面的考虑,发展了一系列集约化、工厂化的养殖模式,导致动物没有活动空间,正常生理行为得不到满足,进而出现动物的体质和抗病力大幅下降、畜禽疾病频发、牧场以及周边环境污染等问题。这些问题在粗放式管理条件下并不突出，却在集约化生产系统频频出现，并随着集约化程度的提高及其普及而加剧。如果对这些问题进行综合分析、判断，可以得出结论，这不是动物的品种问题，也不是营养问题，更不是繁殖问题，而是集约化生产方式本身的问题，是畜禽根本无法适应这一新的生产方式的结果，是动物福利低下的后果。

可见，农场动物的经济效益与动物的健康状况、福利水平密切相关。农场动物处于亚健康或疾病状态下，会导致生产性能下降、个体损伤过多、使用寿命短、死亡率高、用药量大、动物产品质量和安全性下降等一系列棘手的问题。在饲养、运输和屠宰环节提高动物福利，有助于改善动物的健康状况，更大程度地发挥动物的遗传潜力，提高动物的生产性能，减少动物患病及药物的使用，促进动物源性产品质量和安全性的提高，从而提高动物养殖的经济效益。尽管提高动物福利需要增加一定投入，但提升动物福利可以提高动物产品质量，增加优质产品带来的收益。但过高的动物福利会使设备投资大幅增加，并不适合所有生产者。故应在生产和福利之间找到一个最适的平衡点，以达到最佳的经济效益。

改善伴侣动物和观赏动物的福利水平，可直接带动相关行业的发展，如宠物饲养场、宠物医疗、宠物美容、宠物摄影、宠物寄养、宠物服饰、宠物食品、宠物卧具、宠物玩具以及其他宠物用品业等。改善观赏动物的福利，可改善其体色、体态、精神状态、声音等，提高观赏性，促使人们更多地饲养观赏动物。

在一些机械化程度不高的发展中国家，工作动物仍具有不可低估的作用，改善工作动物的营养水平、饲养条件和工作条件，有助于其提供更多的畜力。

此外，提高动物福利水平是适应出口贸易和经济发展的要求。世界贸易组织以及一些西方国家对动物福利有较高的要求，这使得动物福利成为一项贸易壁垒。如欧盟要求其成员国在进口第三国动物产品之前，要求供货方必须提供畜禽或水产品在饲养、宰杀过程中没有受到虐待的证明；欧盟对动物产品的药物残留和疫病有严格的检查，如发现严重问题则停止从特定的出口国、地区或企业进口该类动物产品。我国目前的饲养、运输、屠宰等环节的动物福利，与西方国家相比还有很大差距，这制约了我国对西方国家的动物产品出口。例如，黑龙江某实业有限公司由于鸡舍没有达到欧盟现有的动物福利标准，使得原定每年出口5 000万只活鸡到欧盟的计划搁浅。在2003年1月欧盟通过了一项法令，要求在2009年以后，化妆品的研制过程中禁止使用动物来做试验，并禁止进口用动物进行试验的化妆品。我国也是世界上重要的化妆品出口大国之一，这项措施将直接影响了我国化妆品的对外贸易和经济利益。因此，提高动物福利水平，有助于促进我国动物及其产品的对外贸易。

二、生态效益

随着养殖业的蓬勃发展，规模化养殖场的数量和规模迅速增多，生产中产生的废弃物，如动物排泄物和动物尸体等，对生态环境造成严重威胁。废弃物中含有高浓度的氮、磷，进入水体后可引起水体富营养化、土壤板结。废弃物中的重金属离子，如 Fe、Cu、Mn、Zn、As，会造成难以被环境降解的污染。污水中的抗生素等药物，会破坏正常的微生物生态系统，并导致大量耐药菌株的出现。

提高动物福利，一可改善动物的生存环境，降低动物的发病率，减少抗生素及其他药物用量；二可提高生产效率，在出栏量相近的情况下使饲养量减少，降低污染物总排放量；三可降低动物的死亡率，减少动物尸体对环境的污染；四可提高饲料报酬率和利用率，减少饲料用量并降低污染物中营养物质浓度（图1-2）。

此外，城市野生动物对城市的物质循环起到一定作用，同时又是城市生态系统的晴雨表。城市野生动物的种类、数量及其个体行为上的变化，可以用作环境监测的工具。提高城市野生动物的福利，为其提供生存场所和必要的生存条件，对城市的生态环境有良性的作用。

图1-2 生态效益

三、社会效益

人类尊重动物、关心动物、善待动物的态度，是社会文明进步的标志。Mohandas Karamchand Gandhi（1869—1948，莫罕达斯·卡拉姆昌德·甘地，尊称圣雄甘地，印度民族解放运动的领导人）也曾说过，一个民族的伟大之处和他们得到的进步，可以用他们对待动物的态度来衡量。Immanuel Kant（1724—1804，康德，德国思想家、哲学家）认为，人类对待动物的凶残，会使人类养成凶残的本性。因此保护动物，悲悯生命，有助于培养爱护弱者、珍惜生命的社会风气。培养动物福利意识，有助于使人类从妄自尊大、自我为尊的意识中解脱出来，转向以自然为中心，热爱自然，敬畏自然。

伴侣动物在人类生活中扮演了不可或缺的角色。伴侣动物具有降低人类心理压力的作用。研究结果表明，饲养伴侣动物后，人的心理压力可得到一定程度的舒缓。对于独居老人，犬是最好的伴侣。独居老人通过与犬的交流，排解心理压力。独居老人出现意外，如中风、突发心脏病，经过训练的伴侣犬能起到报警作用。美国《神经心理内分泌学》研究发现，让自闭症患儿与特训宠物犬玩耍并照顾宠物犬，可以使患者压力水平明显下降，行为问题大大改善。此外还有研究认为，伴侣动物能够减少独生子女的孤独感，有利于独生子女的身心健康。

改善动物福利，对于人类食品安全和公共卫生安全有重要的作用。动物产品中残留的药物、毒素对于人类的健康有负面效应，如抗生素、肾上腺激素等；很多疾病是人畜共患传染病，如H5N1禽流感、狂犬病、流行性乙型脑炎、口蹄疫等，对人类的生命安全造成巨大的威胁。在动物生长、繁殖、生产阶段提高福利水平，根据畜禽营养、生理和行为等方面的需求改善它们的生存环境，并进行合理规范的管理，能减少它们的应激反应，极大地提高畜禽自身的抗病能力和免疫能力，减少各种疫病的发生和蔓延，从而减少抗生素等药物的使用，提高畜禽产品品质，保障人类健康，同时也可节约医疗费用，有助于社会的和谐和稳定。

实验动物为人类医学等生命科学研究做出了无法替代的贡献。从Thomas Hunt Morgan（1866—1945，摩尔根，美国实验胚胎学家、遗传学家）把果蝇作为研究遗传规律的材料，到现代科学家应用动物进行转基因克隆，都是揭示生命本质、提高人类健康水平和满足人类对动物源性产品数量和质量方面日益增长的需求。可以毫不夸张地说,如果没有实验动物,就没有动物试验,我们可能至今对生命现象的本质仍一无所知,也没有严格意义上人工合成的新药,更没有各种高产、优质的畜禽品种。动物试验离不开实验动物。实验动物具有与人类相似的感情和心理活动。在饥饿、恐惧、不适宜的环境下,实验动物的生理和心理状态都有可能处于异常。无论是心理上的还是生理上的异常,都将影响试验结果的准确性。改善实验动物福利,有利于改善动物生理和心理状态,提高科学实验的有效性和准确性。

思考题

1. 动物福利的核心理念是什么?
2. 动物福利五项基本原则是什么?
3. 动物福利与动物权利、动物保护、动物伦理的异同点是什么?
4. 动物的物质需求和精神需求各有哪些内容?
5. 动物福利与健康养殖有什么区别?
6. 动物健康和动物应激如何与动物福利产生联系?
7. 动物福利涉及的学科领域有哪些?具体的联系是什么?
8. 动物福利的起源和发展经历了哪些重大事件?
9. 动物福利未来发展有哪些趋势?
10. 动物福利的意义有哪些方面?

参考文献

(澳)彼得·辛格,(美)汤姆·雷根,2010. 动物权利与人类义务 [M]. 2版. 曾建平,代峰,译. 北京:北京大学出版社.
柴同杰,2008. 动物保护及福利 [M]. 北京:中国农业出版社.
常纪文,2006. 动物福利法——中国与欧盟之比较 [M]. 北京:中国环境科学出版社.
常纪文,2008. 动物福利法治——焦点与难点 [M]. 北京:法律出版社.
顾宪红,2005. 畜禽福利与畜产品品质安全 [M]. 北京:中国农业科学技术出版社.
顾宪红,2007. 实行畜禽福利饲养是有机畜牧业的基本要求 [J]. 中国农业科技导报,9(5):63-67.
顾宪红,2011. 概谈动物福利和畜禽健康养殖 [J]. 家畜生态学报,32(6):1-5.
贺争鸣,2011. 实验动物福利与动物实验科学 [M]. 北京:科学出版社.
(加)M.C. 亚普雷拜,等,2010. 长途运输与农场动物福利 [M]. 顾宪红,主译. 北京:中国农业科学技术出版社.
(加)罗伯特·布莱尔,2013. 有机禽营养与饲养 [M]. 顾宪红,宋志刚,邓胜齐,主译. 北京:中国农业大学出版社.
李卫华,2009. 农场动物福利规范 [M]. 北京:中国农业科学技术出版社.
陆承平,2009. 动物保护概论 [M]. 北京:高等教育出版社.
(美)汤姆·雷根,2010. 动物权利研究 [M]. 李曦,译. 北京:北京大学出版社.
(美)戴斯·贾丁斯,2002. 环境伦理学——环境哲学导论 [M]. 3版. 林官明,杨爱民,译. 北京:北京大学出版社.
(美)唐普尔·格兰丁,2014. 提高动物福利——有效的实践方法 [M]. 顾宪红,主译. 北京:中国农业大学出版社.
滕小华,2008. 动物福利科学体系框架的构建 [D]. 哈尔滨:东北农业大学.

畜禽业，2010. 全球家畜家禽种类减少，1000 种已灭绝 [J]. 畜禽业（5）：42.

（英）彼得·辛格，2004. 动物解放 [M]. 祖述宪，译. 山东：青岛出版社.

（英）N. G. 格雷戈里，2008. 动物福利与肉类生产 [M]. 顾宪红，时建忠，主译. 北京：中国农业出版社.

余谋昌，2004. 环境伦理学 [M]. 北京：高等教育出版社.

赵兴波，2011. 动物保护学 [M]. 北京：中国农业大学出版社.

第二章
动物福利评价基础

农场动物福利的好坏，直接关系到畜禽和消费者的健康，因此有必要对畜禽的饲养、运输、屠宰等环节的福利、健康和管理水平进行客观的评价。评价指标的选择通常基于科学的依据，并可用于实践。指标的选择是根据评价目标设定的，因此，在动物福利的评价体系中，包括主观评价和客观评价，需要通过不断完善，尽量做到评价的客观性。对动物福利关注起因于福利较低的畜牧生产系统，既无法满足动物的生理和行为要求，也会给动物带来疼痛和痛苦，进而影响生产性能和畜产品品质。动物福利评价指标的确定，是该领域一直存在的难点问题。近年来，已经开发出多种科学方法来评估动物福利，主要是应用行为学和生理学指标评价畜禽适应饲养环境的能力。

20世纪末至21世纪初，欧美发达国家针对不同的农场动物，依据不同的动物福利指标，建立了多种动物福利评价体系，如动物需求指数评价体系包括TGI-35体系、TGI-200体系；基于临床观察及生产指标的因素分析评价体系；畜禽舍饲基础设施及系统评价体系；危害分析与关键控制点评价体系；欧盟"福利质量"评价体系。

第一节 动物福利评价概要

一、动物福利评价常见术语与实例

（一）疼痛

疼痛是动物无法适应环境时的生理、心理和行为状态，与实际或潜在的组织损伤有关，常由疾病和损伤引起。疼痛条件下，动物常表现为心跳加快，血压、体温升高，性情暴躁，采食和饮水减少，免疫力低下，内分泌代谢紊乱，行为异常。

（二）应激

应激是机体受到体内外非特异的有害因子的刺激所表现的防御反应。应激反应是机体适应、保护机制的重要组成部分，但超过一定限度会引起应激源疾病。当应激反应危及动物福利时，应激就是有害的，称为恶性刺激，以区别于对动物无害的良性应激，应激研究的关键就是对有害应激的判别和测量。从对应激的解释上可以明确应激对机体的积极意义，机体在其生命过程中不断经受着应激，从一个稳定状态向另一个稳定状态，这是生物进化的必要过程。在畜牧领域更加关注的是应激带来的危害，尤其是恶性应激，同时努力寻找解决恶性应激的方法，这对动物生产和动物福利都有重要的意义。

(三) 需求

需求是动物为获取特定资源的生物学表现。一项关于动物生物性的研究表明，每一项需求对动物都是重要的，通过生理和行为的测量更好地说明它们的重要性。首先，频繁的行为表明需要的程度；其次，当需要受到抑制，就可能出现行为和生理的异常。

在动物控制系统不断进化的影响下，实现特定目标的方式对动物个体来说已经变得十分重要了，某些需求是针对特定资源的，如动物需要食物和饮水，而动物可能还需要其他特定的行为，如果无法实施这些行为，即便行为的最终目的已经实现，动物同样会受到严重的影响。例如，鼠在有食物的情况下也会努力觅食，同样猪喜欢拱土，鸡喜欢沙浴，而猪和鸡在分娩或产蛋之前都需要筑巢。在所有这些例子中，需要本身并不是生理或行为上的，而是来源于大脑。生理上的变化或表现特定的行为，是满足这些需要所要求的。

(四) 感觉

近几十年来，动物福利科学的进步提供了强有力的证据，表明农场动物是有感觉的，换言之，动物可以和我们一样体验到快乐和不快乐。基于神经学和行为学的研究，为动物具有感觉的推断提供了坚实的方法和证据。研究发现脑干的不同部位显示了机体当前的状态，大脑皮层接受外界信息，产生更加复杂的核心意识来描述机体与外部的联系。

二、动物福利评价目的与意义

开展动物福利评价的最终目的是，通过评估动物的生存环境、人与动物的关系，进而改善动物福利水平，生产出优质的畜产品，以满足人们的需要。对动物福利评价进行研究并将成果运用到生产实际中，具有深远的社会和经济意义。

(一) 有利于提高畜禽产品品质

畜产品安全问题，已成为影响我国养殖业健康、可持续发展的一个关键问题。农药、兽药、饲料添加剂的大量或违规使用，给动物源性食品的安全带来严重隐患，直接影响到这些产品的质量。将畜禽福利评价的成果应用于生产实践中，则可保证畜禽在良好的环境中进行生产，畜禽的行为和生理得到满足，应激状态大幅度较少，同时可以减少抗生素的使用，从而提高畜产品品质。

(二) 有利于动物健康和卫生防疫

畜禽福利评价，通过对畜禽营养、疾病、生理和行为等方面指标的测量，改善畜禽的生存环境，进行规范管理，必然会减小它们的应激反应，极大提高畜禽的抗病能力和免疫能力，提高畜禽的健康水平，减少各种疫病的发生和蔓延，减轻畜禽养殖场和屠宰场的卫生防疫压力。

(三) 有利于促进畜牧业可持续发展

畜牧业已经成为一个重要的污染源，对我国国民经济的可持续发展和人民生活质量提高造成威胁。人们开始呼唤绿色、健康、有机食品，畜禽福利顺应时代潮流，满足畜禽的生理和行为需要，使人、动物和环境达到和谐统一。

第二节 动物福利评价指标

多年来，国际通用的判定动物福利优劣的做法主要是利用生理学和行为学指标评价畜禽的福利状况。这两类指标比较实用，但也有弊端。使用行为学指标评价福利状况，结果带有一定主观性和不确定性；使用生理学指标评价福利状况，收集数据容易造成二次应激，导致结果不准确。

一、生理学指标

动物生理学是研究健康动物机能活动及其规律性的科学。它的研究对象是动物体的生命活动，包括生长发育、消化、呼吸、循环、排泄、体温调节、繁殖等，即动物体在生命过程中所表现的一切功能活动。

动物生理学是动物科学的重要组成部分。动物科学的每一次重大进步，无一不和动物生理学的发展有关。如养殖技术的发展是以消化生理、营养生理为基础的；胚胎工程及动物克隆有赖于生殖生理学研究的进步；生理学是病理生理学的基础；神经-内分泌-免疫网络学说的建立丰富了免疫学的内容；生理学的试验方法广泛运用于食品检测、临床诊断和外科等学科。随着畜牧业对高科技要求的日益迫切，以及学科交叉的日益广泛和深化，动物生理学得到相应发展，并越来越密切地联系畜牧生产和兽医临床，出现了动物营养生理学、动物生殖生理学、神经内分泌学、神经内分泌免疫等学科。同时，随着对机理研究的深入，分子生物学手段在动物生理学研究中起着越来越重要的作用。

（一）应激与动物福利

应激是动物福利在生理学领域的主要研究方向。生物体的进化和发展正是各种应激源作用的结果。如人们追求各种刺激如滑雪、登山等惊险刺激的运动，都会使人兴奋、快乐。然而，不可否认应激也会导致伤害，使人类产生疾病，甚至死亡。动物应激表现出与人类非常相似的病理变化，严重的刺激将使动物产生疾病、不孕不育或发育障碍。对应激危害的认识反映了应激对动物福利的重要性。

应激反应时的生理机能消耗是决定应激是否影响动物福利的关键，在抵抗应激反应时，如果机体需要动用其他功能系统的力量来参与机体应激免疫调控，则动物会承担应激压力，长时间应激易使动物处于亚病理状态，易引起疾病。以往大量的研究表明，畜禽生产管理系统所产生的应激是有害的，但是动物自身拥有复杂的行为学和生理学机制来对付应激，一定程度上应激反倒会提升动物的抵抗能力。可见，动物存在应激不一定说明动物福利水平低下，当然也不能否认强烈的应激会给动物带来损害。

（二）应激与兽医学

随着我国畜牧业特别是现代养殖业集约化程度的提高及人们对动物保健意识的增强，随着比较医学的迅猛发展，动物应激医学也成为动物医学的重要组成部分。动物应激医学的研究范畴包括应激源与动物应激性疾病；动物应激与应激损伤的发生机制及生物学基础；动物应激性疾病的发生与发展；动物有害应激的预防、监测与治疗；应用动物应激模型开展人类应激性疾病的研究。动物应激是从机体整体器官、组织到细胞及分子的结构与功能发生改变的综合反应，一切破坏或影响机体稳态的刺激因素都可能导致机体发生应激。动物应激医学作为基础兽医学、临床兽医学、预防兽医学的多学科交叉学科，具有研究对象和研究层次的多样性及研究方法的综合性特征，许多现代医学及分子生物学先进技术手段都是开展动物应激医学研究的重要工具。

动物应激医学十分注重在热、冷、断乳、运输等特殊应激源暴露条件下的动物应激反应。群居动物的"内环境"被打乱，同样会发生群体应激。应激对动物机体各系统有广泛的影响，包括物质代谢和能量代谢的改变、神经内分泌的改变、动物免疫功能及生产性能的改变等，并常伴有组织器官的病理性损伤。其中，基本的神经内分泌活动主要是交感-肾上腺髓质轴、下丘脑-垂体-肾上腺皮质轴及下丘脑-垂体-甲状腺轴的激活。人们将肾上腺素、促肾上腺皮质激素、肾上腺皮质激素、甲状腺素、胰高血糖素、生长激素等称为"应激激素"，以此作为评价机体应激反应强度的客观指标。由于多数激素正常条件下随生理周期和机体状态而不断变化，尤其在畜牧业生产条件下，激素的变化很难实时检测，因此，激素水平仅能作为判断应激反应强度的参考指标之一。对动物应激的防治主要是改善动物饲养环境避免不良刺激，同时，加强饲养管理和优良品种的选育、驯化动物，使其适应环境，在一定程度上可提高抗应激能力，缓解应激对动物所带来的不良影响。

（三）应激的生理学基础

当动物应激后，首先由中枢神经系统识别刺激，然后组织发起一系列的生物学反应进行防御，包括行为反应、植物性神经系统反应、神经内分泌系统反应及免疫系统的反应。行为反应是动物最常见的躲避应激的方式，但在集约化养殖生产条件下，动物的饲养环境恶劣、空间狭小，动物的行为调节功能几乎失去作用，同时失去了调节的能力，这是当前现代化大规模生产中广泛存在应激的一个主要原因。动物福利关注的焦点在于饲养方式、饲养密度、畜舍环境、畜舍设施等对动物的影响。植物性神经系统特异性地作用于心血管、胃肠道、外分泌腺及肾上腺髓质等几种功能系统，且作用时间较短，所以在讨论长期应激影响时往往被忽视，同时，利用植物性神经系统来衡量应激反应在实际操作中很难做到。在应激反应中研究最多也是最深入的是神经内分泌系统。神经内分泌系统所分泌的激素对机体的影响是长期、广泛的，是应激改变机体生物学功能的主要通路。免疫系统应激反应的研究反映了应激学说的发展。过去，普遍认为应激时动物免疫系统的变化主要受下丘脑-垂体-肾上腺皮质轴的调节，下丘脑-垂体-肾上腺皮质轴激活使免疫力受到抑制，但事实上免疫系统本身是应激的一个主要防御系统，应激时中枢神经系统可以直接调节免疫系统。

（四）应激的生理学指标

1. 下丘脑-垂体-肾上腺皮质轴 下丘脑-垂体-肾上腺皮质轴激活及由此引起的糖皮质激素分泌增加，是应激反应的最重要特征。其中，起主要调节作用的是促肾上腺皮质激素释放激素和糖皮质激素。

(1) 促肾上腺皮质激素释放激素：其在应激反应中具有重要的调控作用。利用基因重组技术建立促肾上腺皮质激素释放激素过度分泌的动物模型，已成为当前研究慢性应激常用的手段。促肾上腺皮质激素释放激素分泌过多的小鼠处于下丘脑-垂体-肾上腺皮质轴慢性活化的状态，与正常小鼠相比，促肾上腺皮质激素水平提高了3倍，糖皮质激素水平增加了10倍，表现出慢性应激的生理及行为特征。虽然下丘脑-垂体-肾上腺皮质轴具有反馈调节机制，但促肾上腺皮质激素释放激素的连续产生，还是使促肾上腺皮质激素的分泌增加。促肾上腺皮质激素过度分泌的小鼠，不能停止应激反应，随时间的延长表现出病理变化。

(2) 糖皮质激素：机体受到应激源刺激后，糖皮质激素的快速升高标志着应激反应的启动。糖皮质激素还可以增强肾上腺髓质合成儿茶酚胺的功能，进而促进糖异生和脂解作用，为机体的战斗和逃跑做出准备。所以，机体保持充足但不过量的糖皮质激素，是维持机体稳态所必需的。在应激状态下，糖皮质激素维持较高的水平是机体的防御反应，但长期的糖皮质激素过高会使机体产生伤害。

(3) 其他激素：促肾上腺皮质激素释放激素及糖皮质激素的效应是广泛和长期的，这是由于这些激素在进入大脑与其受体结合的过程中引起一些特殊基因的转录发生改变，影响了蛋白质合成、酶的调节、神经递质分泌等生物学功能。应激过程中神经内分泌反应十分复杂。对于不同层次的应激反应，参与调控的激素也不相同，而且激素之间的相互作用也错综复杂。除促肾上腺皮质激素释放激素能调控促肾上腺皮质激素的释放外，肾上腺髓质产生的儿茶酚胺、下丘脑释放的血管加压素及促性腺激素轴产生的催产素等，在特定的条件下也能调控促肾上腺皮质激素的释放。总之，在应激条件下机体的这些变化对于保证机体维持正常生命活动非常重要。内分泌的变化抑制生长、繁殖等功能，从而使机体能适应应激并生存下来。机体的急性应激反应有助于动物调动适应性，而慢性应激引起的机体内分泌变化，则可能会导致动物的发病或死亡。

2. 细胞因子 在应激反应过程中，中枢神经系统、肾上腺激素的循环过程及免疫系统互相影响，对动物的生存和福利产生重大影响，细胞因子在这些系统之间起着重要的信使作用。

应激时，下丘脑-垂体-肾上腺皮质轴激活，导致糖皮质激素释放，迅速降低血液中胸腺依赖性细胞、单核细胞及自然杀伤细胞，表明机体进入警戒状态，白细胞由血液转向皮肤、淋巴结等组织。一旦免疫细胞进入这些组织，细胞因子就会作为局部调节物介入，如干扰素（IFN），调控随后的免疫功能。外周释放的细胞因子通过作用于感染部位的传入神经到达大脑，进而引起其他全身性的机体防御反应。

3. 应激反应中代谢的变化 在应激状态下，机体对能量的需求增加，能量的供应由生产（如生长、泌乳等）转向生存，同时，机体组织积极分解以提供应激所需的能量物质和氨基酸。体内糖皮质激素水平升高及中枢促肾上腺皮质激素释放激素升高，是机体代谢的信号。

应激时机体代谢的一个重要特征就是能量发生重分配。正常状况下，机体利用能量的优先次序为：神经系统＞免疫和淋巴组织＞内脏器官＞骨骼＞肌肉组织＞脂肪组织，应激时这种优先次序发生改变，肝脏和骨骼肌首先被动员，作为提供能源的重要底物。脂肪组织具有特殊的生理功能，其利用能量的优先性有一定弹性，这可能对机体自身的适应性调整有积极作用。应激时机体为了应付应激而调用体内的生物资源，是能量发生重分配的最终原因。

(五) 应激的分类

1. 疼痛应激 疼痛是动物无法适应环境时的生理、心理和行为状态，与实际或潜在的组织损伤有关，常由疾病和损伤引起。在疼痛条件下，动物常表现为心跳加快、血压和体温升高，性情暴躁，采食和饮水减少，造成免疫力低下，内分泌代谢紊乱，行为异常。

（1）疼痛反应：动物遭受伤害性刺激后，在中枢神经系统识别和组织下，机体对刺激产生了一系列有规律的应答反应，包括行为反应、局部反应和反射性反应。行为反应是动物最常见缓解疼痛应激的方式，表现为在面对伤害性刺激时逃跑、反抗、攻击和躲避等。疼痛初始阶段所引起的反应具有保护作用，且反应迅速、明显，容易观察，如跛行的奶牛改变了运动方式，以使患病的肢体得到恢复。另外，声音反应也具有提示意义，急性疼痛的动物发出尖叫声或嚎叫声，慢性疼痛的动物发出叹息和呻吟，声音可以警示其他动物或人类，也可以唤起同类的同情。局部反应无需中枢神经系统参与就可以完成，是身体局部对伤害性刺激做出的一种简单的反应，如皮肤出现红肿、血管扩张等。反射性反应是在中枢神经系统的参与下，机体对伤害性刺激做出的有规律的应答反应。其反应强度与伤害性刺激的持续时间有关，长时间的刺激引起骨骼肌连续收缩，通常牵扯到全身其他部位，还会诱发一系列的生理机能变化，如心率加快、血压升高、瞳孔放大、汗腺和肾上腺髓质分泌物增加，其意义在于尽可能地使动物处于防御和进攻的有利地位。

（2）疼痛的分类：

①急性疼痛：通常由伤害性损伤和炎症反应所致，当损伤痊愈或者炎症消失后，疼痛即可消失，一般情况下急性疼痛需要止痛药物的治疗。生产实践中，断尾、去角、断喙和去势会引起动物急性疼痛。急性疼痛如果不及时治疗，很容易发展成为一种慢性疾病。

②慢性疼痛：多由顽固的慢性疾病或机体的免疫神经系统异常所致，疼痛持续时间长，导致生产和经济效益低下。跛行是最常见的影响奶牛、羊的慢性疾病，临床上多表现为行动迟缓、关节肿大、长期俯卧。肉鸡生长速度过快造成骨骼变形、关节积水，严重影响行走能力。

（3）疼痛应激生理指标变化：动物受到疼痛刺激后，机体需要神经系统、免疫系统、内分泌系统共同发挥免疫调节作用，以适应强烈的应激反应，提高机体在应激状态下适应外界变化的能力，维持器官功能和正常生命活动的进行。以下介绍交感神经-肾上腺髓质（SAM）轴和下丘脑-垂体-肾上腺皮质（HPA）轴的调控机理及相应的生理指标变化。

①交感神经-肾上腺髓质轴（图2-1）：动物感受疼痛时，机体的交感神经系统兴奋，儿茶酚胺类物质分泌增加，交感神经末梢和肾上腺髓质释放的肾上腺素和去甲肾上腺素的血浆浓度迅速升高，并依次对各种靶组织和靶器官发生作用，表现为多种交感神经系统兴奋症状，如心率加快、血压升高、支气管扩张、体温升高等，同时促进糖异生和脂解作用，引起血糖升高，游离脂肪酸增加。当动物受到多种或长时

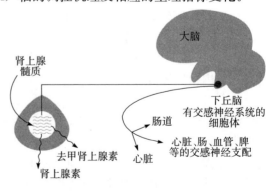

图2-1 交感神经-肾上腺髓质轴

间的疼痛刺激，易产生应激负担，使动物处于亚病理状态，引起动物的食欲和消化功能减退、体重下降、生产率和繁殖率低、肉品质下降。交感神经-肾上腺髓质反应也对机体有不利之处，如组织缺血、耗氧量增加、能量消耗过快。

②下丘脑-垂体-肾上腺皮质轴（图2-2）：动物受到疼痛刺激时，下丘脑-垂体-肾上腺皮质（HPA）轴被激活，促肾上腺皮质激素释放激素（CRH）分泌增加，垂体分泌促肾上腺皮质激素（ACTH），肾上腺皮质分泌大量糖皮质激素，由于糖皮质激素浓度过高会对机体造成损害，易造成高糖血症或免疫抑制，因此，体内类固醇反过来抑制CRH和ACTH的分泌，形成负反馈调节机制。应激时血浆皮质醇的浓度变化最为明显，对评估疼痛具有重要意义。

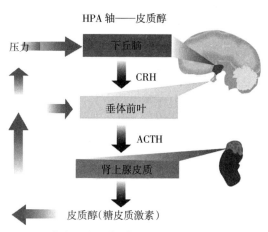

CRH：促肾上腺皮质激素释放激素
ACTH：促肾上腺皮质激素

图2-2 下丘脑-垂体-肾上腺皮质轴

2. 热应激 热应激反应是畜禽克服不利于其自身平衡和稳定的外界高温环境所产生的一种非特异性反应。其对畜禽最直接的影响是降低干物质采食量，干扰内分泌系统，影响免疫功能，进而影响生产和繁殖性能。

（1）热应激的生理学基础：热应激的生理学基础包括以下几方面。

①热应激刺激交感神经-肾上腺髓质轴，使其活动加强，导致肾上腺素和去甲肾上腺素分泌增加。这些激素进入血液作用于中枢神经系统，使畜禽兴奋性增强，引起呼吸和心跳加快，心收缩力增强，血压升高，组织代谢加强，肝糖原分解增强，脂肪分解加速，血液中游离脂肪酸增多，葡萄糖和脂肪酸氧化过程增强，组织耗氧量和产热量增加。

②下丘脑分泌促肾上腺释放激素（CRH）作用于垂体，使之分泌促肾上腺皮质激素（ACTH），经血液循环到肾上腺，使肾上腺皮质激素合成和释放增加，这些激素进入血液到达各器官的靶细胞内，作用于细胞核的信使核糖核酸，从而调节酶和蛋白质的产量，以对抗热应激。ACTH分泌增加的同时又抑制了促性腺激素的分泌，导致母畜卵泡发育受阻和排卵抑制、公畜精子发育受阻，引起畜禽繁殖障碍。另外，热应激可引起畜禽内源糖皮质激素增加，从而使淋巴组织中的糖和蛋白质代谢受到抑制，造成淋巴细胞增殖障碍和淋巴组织退化，降低细胞活力，抑制抗体、淋巴细胞激活因子和T细胞生产因子的产生，造成畜禽免疫力下降。

（2）热应激的生理指标：

①生产性能和生化指标：热应激可降低奶牛的干物质采食量和产乳量，使生长育肥猪的生长速度变慢，产蛋鸡的产蛋率和蛋重降低。热应激还影响畜产品的品质，使肉鸡肌肉pH降低，脂肪和蛋白质氧化，导致肌肉蛋白质溶解度和持水能力下降。

②繁殖性能：热应激对畜禽的繁殖性能危害很大，主要影响母畜卵细胞的分化、发育、受精卵着床、分娩、性机能及第二性征的表现。热应激能够影响畜禽的发情持续时间，使母畜发情期缩短，发情表现不明显或乏情，影响适时配种，进而影响畜禽的受胎率；还影响畜禽的子宫和内分泌功能，影响畜禽卵泡的生长发育和黄体功能的发挥以及早期胚胎发育和胎儿生长，使畜禽在配种后胚胎着床期易出现胚胎吸收和流产等现象。热应激也会影响种公畜

的繁殖能力，使种公畜的睾酮水平、性欲和交配欲降低，并影响精液品质，死精子数和畸形精子数增加，精子密度变小，精子活力和顶体完整率下降，从而造成不育公畜增多和母畜受精率降低。

（六）生理学指标评价的不足和限制

应激研究最大难题是良性应激和恶性应激的判别和测定问题。目前，主要采用内分泌、行为、植物性系统神经以及免疫方面的各种指标的变化来衡量应激反应。但是，没有一种手段能准确无误地对动物的应激进行判断，各种生物学变化很复杂。例如，应激时动物肾上腺糖皮质激素、皮质醇分泌往往增加，研究者多将皮质醇水平增加作为主要的应激判断指标，但皮质醇水平受到诸多因素的影响。就动物福利而言，仅用皮质醇或者其他激素的分泌量，很难区分动物的良性应激和恶性应激。尤其在实验室外进行应激的评定时，血浆皮质醇或其他生理指标的检测更加困难，因为检测本身给动物带来的应激势必影响测试结果的准确性，并且不同动物间的应激反应存在普遍的个体差异。

应激研究中的测定结果易出现不一致的情况。一方面是由于测定的指标不同、使用的动物品种不同、应激模型不同，这样很难对试验结果进行比较。另外，对应激及应激反应的不同理解，也是导致差异的一个重要原因。例如，很多研究发现应激引起生长下降、脂肪沉积减少，但在有些研究中却出现脂肪沉积增加的结果；在有些研究中发现应激使免疫功能增强，但也有研究发现应激使免疫受到抑制。要准确地解释应激结果，在进行有关应激的研究时，一定要明确以下几点。

①应激反应具有特异性，针对不同的应激源会产生不同的生物学反应。所以在特定的应激条件下，要有明确的监测目标。

②应激反应具有阶段性，在不同的阶段具有不同的反应特点，同样的指标在不同阶段测得的生物学效应是不同的。

③应激研究中监测指标的衡量方法对于结果判定有非常重要的影响。

④应激对机体的影响有组织特异性。

二、行为学指标

动物行为学主要研究动物与环境的联系，以及群体内个体间的关系。动物行为学是由生态学、生理学、心理学等学科发展而来的学科，与遗传学、神经学等也有密切关系。其发展的进程中，首先以野生动物为主要研究对象，近年来发展为以所有动物为研究对象，最终形成了动物行为学（图2-3）。它的研究主要包括四个方面：在各种不同环境条件下，观察动物的活动情况、了解动物的习性反应；探求行为习性的神经内分泌机理；在畜牧生产领域中，用动

图2-3 动物行为学指标

物的一些习性来提高其生产能力；利用动物的行为习性，更加合理地利用生态资源。

动物行为学中的行为是指个体行为和种群行为。个体行为是动物在个体水平上对外界环境的变化和内在生理状况的改变所做出的整体性反应，动物只有借助行为才能适应多变的环境。同时，个体不能代表一个种群而独立生存，它必须同本种群的其他个体发生联系并相互作用，所以行为也是一个种群总体特征的组成部分，是维持种群生存的手段。

（一）动物行为与动物健康

福利的好坏可通过多种指标评价。目前，动物福利的客观判断主要依赖生理学指标。由于行为与动物的心理感受有关，且行为易于观察，所以行为学能为动物的各种感受提供证据。动物的行为表现，是福利恶化的最直接的体现。

动物行为与健康之间存在着密切的关系。直接影响生产效率的行为如下。

①人工早期断乳的哺乳仔猪在哺乳动机的作用下，对同伴的拱嘴按摩及腹侧的吸吮和啃咬。这种行为使仔猪消耗能量，生长受阻，同时，使同伴腹部损伤或病菌感染。生产上可推迟断乳，并以窝为单位小群饲养。

②由于环境恶化引起的生长猪及育肥猪的咬尾、咬耳，造成很大的经济损失，生产上可采用断尾措施。

③群体过大或空间太小，造成对群内某一个体的攻击，使被攻击者消耗大量体力，生产性能下降甚至死亡。

④群体过大或空间太小，易造成粪便污染，饲栏引起的动物异常行为使其增重减慢及饲料转化率降低。

集约化生产方式下的限制饲养造成的常见动物异常行为还包括犊牛的舔毛、拴系母猪的啃栏、产蛋鸡的踱步、犊牛的卷舌、小肉牛的假反刍行为、笼养蛋鸡的假沙浴行为、发呆行为、拴系母猪的静立犬坐等。这些异常行为可能有助于动物缓解或满足其行为需求，但常会导致能量大量消耗，因而导致采食量增加而饲料转化效率降低，损害动物健康。

随着对动物产品总量的片面追求，人工饲养环境与动物天性之间的差异越来越大。对幼年动物而言，由于消化系统和免疫系统尚未完全发育，对外界应激敏感，因此对疾病有较大的易感性。成年畜禽在受到外界刺激时会通过增加肾上腺皮质激素分泌、提高其血液浓度和加强分解代谢来调整内在环境的紊乱，而血液中高皮质类固醇含量不仅与低免疫状态相关，还在降低蛋白质合成和瘦肉生长方面起重要作用。因此，如果生产体系产生较多应激，将造成皮质类固醇水平升高，动物的免疫机能降低，生长率、饲料转化率和繁殖性能下降。此外，伴随动物生产体系的巨大变化所出现的畜禽猝死症、疫病暴发，都是动物生存状态恶化的最直接表现。

（二）动物的正常行为

1. 摄食行为　包括采食、饮水、对食物的偏爱、每天的采食形式，以及进食、咀嚼、吞咽及食物储存的机制。摄食行为是由各种相关特征复合而成的，包括：①代谢需要；②对食物量的需要；③采食的昼夜节律；④对食物的选择；⑤饮水量；⑥对食物的竞争；⑦采食的技能等。

2. 维持需要行为　主要有四种类型：①与皮肤卫生有关的行为，像挠痒、抖动、舔舐等被称为修饰行为,即最典型的身体照料行为,当动物生病、营养不良或内环境平衡失调时,动物首先减少或停止其修饰行为;②与温度调节有关的行为,如寻找庇护场所、干燥的趴卧区、阴凉处等这些行为,可以减少在不良环境条件下的不适感;③寻求舒适的行为,如在空间足够的情况下,动物会自由地做出各种姿态来缓解身体的不适或疲劳;④排泄,也与动物身体的舒适和卫生有关,一些家畜有定点排泄的习惯,如猪和马,动物在排泄时都有弓背抬尾的姿势,以免污染身体。

3. 运动行为 运动对自由活动的动物是非常重要的,因为动物需要寻找食物、休息及隐藏的地方。动物自由活动的方式表明运动行为有它的动机存在,如探求行为;还有一些行为属于无目的随机活动,这种活动往往与维持体况或健康有关,如活动骨骼和锻炼肌肉。所以,运动对动物生长来说就更为重要。

4. 探求行为 正常的动物都会表现探求、试探和监测环境强烈的动机,当动物熟悉其所生存的环境时,动物对环境的刺激产生适应,探求动机减弱,探求活动中止。舍饲动物的探求活动低于户外活动的动物,就是因为环境单调的缘故。如果长时间地生活在这种单调的环境中,动物会产生刻板行为。探求行为是幼小的动物后天学习的手段,小动物是在探求中通过尝试同环境刺激建立起条件关系,增强其后天的适应能力。

5. 领地行为 领地行为对野生动物的意义极为明显。领地是动物种群或家庭生存、繁衍的保证。虽然家畜的领地行为在人工选择的作用下已经大大地退化,但大多数家畜的品种都有不同程度的领地行为的表现。即使猪不表现其领地行为,但对空间的需要也有一定的要求。在正常生产条件下,动物对空间的最基本要求是一个能满足自身需要的空间,用于趴卧、站立、转身、伸展四肢和修饰自己,这是满足生存的第一条件。此外,家畜还需要第二个基本条件,即附加空间。因为群养动物需要躲避同伴的攻击,以及动物的探求、玩耍和跑动也需要一定空间。另外,空间是否足够,对形成稳定的社会结构都是必要条件。当空间不足或密度过大时,动物会产生应激反应,出现生长速度缓慢、生产性能下降、健康状况不良等现象。

6. 休息和睡眠行为 动物都表现有规律的休息和睡眠。睡眠可促使动物恢复生理上的疲劳和促进新陈代谢。动物的睡眠具有种属特征,反刍动物的睡眠要大大高于肉食动物和杂食动物。在睡眠之外,动物还将大量的时间用于休息,主要表现为在采食和激烈运动后家畜往往采用睡眠时的姿势,身体蜷曲,四肢在身体的下面,有时后肢侧展。休息中的动物有时也会表现昏沉或不动的现象,其实是清醒的,休息具有保持体内能量平衡的功能。

7. 群居行为 对于群居动物,个体与个体之间的关系、社会地位的确定和群体社会的稳定都是通过社会协调来完成的。因此,群居动物个体都有主动接触其他个体的动机或欲望,一旦这一动机无法满足,如个体隔离,都会导致社会行为发育的不正常,社会活动则受到抑制。所以,能否给动物提供社会协调的机会,也是反映动物福利状况的一个指标。

8. 性行为 如果说采食行为是动物赖以生存的最基本活动之一,那么性行为便是动物得以繁衍的决定因素,它是在神经-激素控制下完成生殖过程的一系列行为,主要包括求偶和交配。不同动物的性行为表现方式不同。异性动物是诱发动物性行为的强大刺激,发情母猪会诱发公猪十分强烈的性欲,刺激公猪精液的产生和排出。人工授精的母猪返情率较高。如果在配种前用公猪进行查情,观察好母猪的发情状态后再予以受精,则可大大提高受精成功率,降低返情率。合理地通过行为学的观点进行科学养殖,不但能够提高动物的福利水平，更能为养殖者带来较好的经济效益。

9. 母性行为 正常的母性行为是保证新生动物存活率的必要条件。各种动物母仔间的相互作用有其特定的模式，不同物种之间有一定的区别。如在养猪生产中，因母猪压死仔猪而引发的仔猪低成活率就是重要的福利问题，母猪压死仔猪主要是因为仔猪窝群较大，仔猪有接近母猪的趋向或母猪趴卧在仔猪上。因此生产者在选择产仔数高的品种时，一定要考虑尽量避免由于母猪挤压而导致仔猪死亡的事情发生，在实际生产中使用限位栏和专业母猪产床来限制母猪的运动，但这些限位栏对母猪的行为表达又是不利的。

（三）动物的异常行为

动物的行为是个体与其内外环境维持动态平衡的重要手段。当生存环境发生变化时，动物通过行为的调节可在一定程度上缓解环境变化给个体造成的生理上或心理上的压力。由于动物的行为适应能力是有限度的，如果环境改变超出一定限度，动物通过正常的行为反应无法适应这一环境时，其行为常常会表现出异常。行为学家认为，动物异常行为的表达，是环境"不适症"在行为学上的体现。

家畜异常行为是指超出正常范围的行为、恶癖及对人畜造成危害或带来经济损失的行为。

1. 猪的异常行为 与其他动物一样，猪对其生活环境、气候条件和饲养管理条件等反应，在行为上都有特殊的表现，而且有一定的规律性。随着养猪生产的发展，人们越来越重视研究猪的行为活动模式及其机理，尤其是在畜牧业日趋集约化的情况下，密闭舍饲、高密度、机械化、专业化高效生产等，不同程度地妨碍了猪的正常行为习性，使其不断发生应激反应。

猪的异常行为包括咬尾或咬耳、啃咬木条和栏圈材料、过量饮水、蹲伏时间过长、吸吮肚脐及拱腹等。长期的定位圈养，可使母猪啃咬木板、栏杆和顽固地咬嚼自动饮水器的头，一般其活动范围受限制程度增加，则咬食频率和强度增加，同时攻击行为也增加。长期的舍内环境单调，可使生长猪咬食附属物和吞食仔猪。

2. 鸡的异常行为 鸡被人类驯养作为经济动物的历史至少3 000年以上，近100年人类对鸡的培育使其生产能力大大提高。同时，鸡也丧失了一些固有的生物学习性。在提高生产效率、降低死亡率的同时，也带来了较多的行为福利问题。公鸡群中常发生单性"交配"现象，有时会造成死亡和伤残，这种行为主要发生于等级地位高的公鸡和地位低的公鸡之间。

啄癖是鸡最常见的异常行为，可发生于幼年鸡群，也可发生于成年鸡群，表现为啄羽、啄肛、啄蛋、啄冠、啄趾、啄尾等。当被啄鸡出现严重损伤导致流血后，将刺激其他正常鸡对皮肤和相关部位的群体啄食，如不及时将其从鸡群中分离，最终会导致死亡。

3. 牛的异常行为 在公牛群里，群体内等级较低的个体往往成为爬跨的对象，而爬跨者为等级序位高的个体。另外，公牛也会出现自淫行为。奶牛群中通常出现持续或频繁的发情，并且伴有吼叫、扒地和追随爬跨等类似公牛的性行为。在高密度圈养的饲养体系中，奶牛表现出许多异常行为。奶牛在挤乳时受到外来的突然刺激，会形成反射性踢踏行为，这种行为如不及时制止，就会形成恶癖。另外，干乳期的奶牛在圈养条件下，表现有卷舌的异常行为，此时牛舌在口腔中卷起，同时嘴张开，并且反复进行这一动作。有时在早期断乳的犊牛群中会出现互相吸肚脐、阴茎包皮和阴囊的异常行为。

4. 羊的异常行为　身体健壮、性欲旺盛的公羊在秋、冬两季母羊发情高峰时，会出现自淫现象，对于人工采精的羊尤为突出。此时，公羊的臀部倾斜，肩部隆起，后肢弯曲，做出爬跨的姿态，然后阴茎勃起，插入两股间，不停抽动而排精，久而久之，形成恶癖。当羊缺乏微量元素时，会采食金属片、塑料薄膜、布片等不可消化物质，如不及时制止，会造成羊的"异食癖"。

（四）动物的刻板行为

在动物的各种异常行为表现当中，刻板行为引起了包括畜牧学、兽医学、动物行为学、生理学和心理学等领域诸多学者最广泛的兴趣。由于这些行为对个体的健康及生产性能的影响较小，在相当长一段时间内，并没有得到重视。但随着动物福利科学的建立与发展，人们开始关注动物的生活环境，尤其是生活在不适环境中动物的福利状况。

1. 与采食行为有关的刻板行为　食物的营养水平和动物的采食动机，可能与刻板行为之间存在着某种联系。例如，缺钙可以引起母鸡的空啄癖；限制饲养造成动物食物摄入不足，能增加猪、绵羊、鸡刻板行为的发生率；动物如果长时间处于饥饿状态，会保持较高水平的采食动机，长期营养缺乏的动物会出现大量的口部刻板行为。在对反刍动物的研究中也发现，采取集中饲喂的方法，能够提高刻板行为的发生率。在充分满足营养需要的前提下，高频率地规律性给食，也会造成动物的刻板行为。限饲使母猪处于高水平的持续饥饿状态，保持较高水平的采食动机，当采食动机不能被充分表达，会导致与采食有关的刻板行为产生。给母猪提供含有高纤维的饲料，增加饲料的体积能降低采食后的啃栏和无食咀嚼等刻板行为，提高采食量和饲料的能量水平，也能显著降低刻板行为的发生率。

2. 与运动行为有关的刻板行为　动物的某些刻板行为与运动受限有关。动物园被囚禁的动物因为没有足够大的活动空间，其领域行为不能得到满足，从而表现踱步刻板行为。在拴系饲养条件下，母猪的行为极度受限，导致母猪出现静止犬坐刻板行为。产仔限位栏饲养的母猪表现出大量的诸如啃栏、啃槽及无食咀嚼等行为规癖。提供母猪较大的、能够自由转身的空间，会显著减少行为规癖的发生频率。

3. 与探求行为有关的刻板行为　动物通常都会表现探求行为，特别是进入到一个新的环境里时往往表现强烈的探求动机。动物探求的目的是寻找新刺激；反过来，新刺激又成为奖赏，强化了动物探求新刺激的欲望。探求能够增加动物的感觉输入，有利于维持体内平衡。当动物熟悉其所处的环境后，动物对环境的探求动机减弱，探求活动降低。单调环境条件下，动物因环境刺激缺乏而感到不适应，环境不适导致了动物刻板行为的发生。在集约化生产方式下，家畜的饲养环境异常单调，抑制了动物的探求行为表达，使动物产生了极大的心理压抑。缺乏有效的环境刺激，会使动物将行为转移到能使其维持需要行为得到一定表达的物体上。例如，当缺乏合适的嗅闻、拱或啃咬物体时，固定的猪舍内物体往往成为猪长时间啃咬的对象，从而导致猪口部刻板行为的形成。在猪舍添加树枝等异物增加环境的复杂程度，能够显著减少异常行为的发生；在马厩内悬挂玩具，能够减少马的啃槽规癖。

4. 与筑窝行为有关的刻板行为　雌性动物在分娩前会表现筑窝行为，这是动物一种本能的行为反应。雌性动物分娩前的筑窝动机非常强，能够利用环境中各种筑窝材料进行筑窝。在繁殖季节，即使不给动物提供筑窝材料，动物也会表现出筑窝行为。在集约化生产环境下，由于环境的单调，动物的筑窝行为无法正常表达，筑窝动机的存在使动物的筑窝行为出现转移，最终形成刻板行为。例如，在自由环境条件下，强烈的筑窝动机会促使母猪利用树叶、杂草或者秸秆筑窝。但是在集约化生产环境下，动物得不到这些筑窝材料，筑窝动机被严重抑制，母猪产生挫折感；同时，水泥地面或者漏缝地板的使用更是限制了筑窝行为的表达，最后导致母猪产生啃栏、犬坐以及长时间站立等刻板行为。同样，由于缺乏筑窝材料或环境限制，产蛋母鸡的筑窝动机被抑制并产生心理挫折感，导致出现啄癖和踱步等刻板行为。

第三节 动物福利评价体系

动物福利的好坏直接关系到畜禽和消费者的健康，因此，有必要对畜禽的饲养、运输、屠宰环节的福利、健康和管理水平进行客观的评价。评价指标的选择要有科学依据，并可用于实践。每个指标的选择都是人为根据评价目标而设定，因此，在动物福利的评价体系中，主观评价和客观评价共存，只能通过不断完善尽量做到客观评价。动物福利评价指标的确定是该领域一直存在的难点问题。近年来，已经开发出多种科学方法来评估动物福利，主要是应用行为学和生理学指标评价畜禽适应饲养环境的能力。

以下分别介绍几种不同类型的动物福利评价体系，分析每种评价体系的优点、缺点及适用范围。

一、TGI 动物福利评价体系

TGI（Tiergerechtheits index）评价体系，最早是在奥地利发展起来的，被用于评估农场动物福利，TGI 等同于动物需求指数（animal needs index，ANI）以及 HCS（housing condition score）。

（一）TGI-35 动物福利评价体系

TGI-35 被广泛地接受并用于有机农场福利的评估，进而改进动物福利标准，促进动物福利立法，也可作为参考的工具，为畜主改善其畜舍设施。

TGI-35 动物福利评价体系，已经应用于奶牛、肉牛、蛋鸡、育肥猪、妊娠母猪。该体系从畜舍系统和管理等 5 个类别 [分别为：活动量（允许移动的程度和范围）；社会互动（群体行为互动）；地面质量（地板的类型）；光照与空气（通风、光照和噪声）；兽医和管理人员的素质（人类照顾程度）] 评价福利水平，涉及 30～40 个指标。

以上 5 个类别分别包括一些评分项目，每一个类别都被赋予 1～7 分，总分 35 分为最高值，这就是 TGI-35 的由来。评价结果总分越高，畜舍状况就越好，动物福利水平也就越高。该体系最新的发展更加细化，增加和降低了分值，出现负分和更高分。所有类别的分数总和就是 TGI 值。某一类别的不足可以通过其他好的方面来弥补，畜主可以从不同方面改善其畜舍设施来改善评价结果。密集型畜舍系统，如蛋鸡的层架式笼养方式不符合最小的空间要求标准，不适用于 TGI-35，因为评分系统需要满足一定的最低标准，TGI 值只有在不足的条件被排除后才有效。根据 TGI 分值的高低划分出六个动物福利水平：总分小于 11 分，福利非常不好；总分为 11～16 分，福利不好；总分为 16.5～21 分，福利一般；总分为

21.5~24 分，福利达到基本要求；总分为 24.5~28 分，福利好；总分大于 28 分，福利非常好。奥地利法律规定，现有的有机农场的评价得分必须高于 21 分，新建的畜舍的评价得分必须高于 24 分。

（二）TGI-200 动物福利评价体系

TGI-200 动物福利评价体系，包含 7 个主要评价类别，分别为运动量、饲喂、社会行为、休息、舒适、卫生条件、防疫保健。每个评价类别都记录了几个小指标，共包括 60~70 个指标。根据评价手册打分，所有的分数加起来最高为 200 分，范围在 0~200。评估一个农场需要 30~90min，评估者使用标准的评分表格对圈舍、动物行为和照料（饲养管理）水平进行评估打分，猪的福利评价加入了排粪和排尿两个指标，蛋鸡加入筑巢行为一个指标。TGI-200 动物福利体系优先强调了动物的行为表现和影响畜禽福利的主要因素，允许特定的舍饲方式在多个类别中重复得分，从而得到相对高的分值。只有达到一定福利水平的农场，才能利用 TGI-200 体系评价，板条箱圈养母猪和层养式蛋鸡饲养不能用 TGI-200 评价。目前，瑞士、荷兰、德国的大型有机农场用 TGI-200 动物福利评价体系评估其福利水平，被认为是比较方便、简单的评价手段，可靠性较高。

（三）TGI 动物福利评价体系的优缺点

1. 优点 TGI 动物福利评价体系是鉴别与动物健康有关的畜舍状况的有效工具，也是帮助管理者改进畜舍设施的常用工具。该评价体系不仅考虑畜禽生产的经济效益，还考虑畜禽本身的天性表达。TGI 动物福利评价体系通过饲养环节的畜禽各个评价指标能否满足畜禽的需要进行评估，具有以下优点。

①TGI 动物福利评价体系系统评价的是饲养环境中影响畜禽福利的关键要素。
②该评价体系只需要对评估员做短期培训。
③对于客观评价的指标，不同评估员或同一评估员通过多次评价，结果较为一致，可靠性高。
④该评价系统从实用主义角度出发，用来在相对短的时间里（约 1h）评价舍饲系统的主要福利问题。

2. 缺点 TGI 动物福利评价体系也存在一定的缺点。
①部分评价指标需要主观评估，如地面是否清洁、地面是否光滑。
②受气候影响显著，夏天的评价结果与冬天的评价结果不一样。舍外生产系统受气候条件影响显著。
③不同专家学者设定指标的分值范围是不一样的。此外，与福利有关的不同指标的权重也很重要。目前，还没有足够的科学证据可以确定这些评价指标的权重，因为大多是采用主观方式或按照专家意见计算权重的。事实上，这些指标对动物的重要性必须进行客观地评估，要找到关于躺卧时间、跛行分数、粪便皮质醇含量等评价标准，还需要进行大量研究。

二、基于兽医临床观察和诊断的因素分析评价体系

因素分析评价体系以一系列影响畜禽健康和生产指标的因素权重为基础。这种因素分析

评价体系是比一种 TGI-200 更直接的动物福利评价方法，因为它是建立在对动物临床诊断和观察检查记录的基础上。因素分析评价体系利用多变量技术，运用 SAS 统计系统中的因素分析程序设计一个多元方程，方程的每个指标代表影响福利的不同因素，以分析各种畜禽福利指标之间的关联性，从而发现潜在联系。该体系可用来选择评价的指标以及确定指标的权重。

因素分析评价体系是从动物群体中收集管理、畜舍和疾病健康方面的数据，每年在 4 月和 10 月各考察养殖场 1 次，所有记录必须由同一个兽医来完成。对畜舍和管理的具体资料是通过管理者而得到的，关于健康和疾病状况是通过临床观察得到，每次观察的群体不得少于 30 头；关于兽医诊疗和生产指标的记录可从兽医管理部门的数据库里得到，如奶牛，主要参考产乳量和乳中体细胞计数。

三、畜舍生产系统评价体系

对畜禽舍饲设备进行预评价，在欧洲已经开展多年研究。瑞士、瑞典和挪威已经正式批准采取这项新技术，来执行这一强制性评价体系。其中，瑞典和挪威主要根据临床、亚临床和行为记录等流行病领域的研究评价畜禽福利，德国农业协会畜禽福利委员会在建立一个自愿评价和认证的舍饲评价体系，体系中加入了生理学、病理学、生产性能以及卫生指标，只有使用满足福利标准新技术的养殖场可以得到德国农业协会检验通过颁发的证书。

1. 优点 畜舍生产系统评价体系具有以下优点。
①科学、全面地收集畜禽的相关数据。
②福利评价指标将会促进动物福利技术的新发展。
③证书将会帮助生产者获得认证，有利于市场销售和竞争。

2. 缺点 畜禽生产系统评价体系具有以下缺点。
①评价时间长，且价格不菲。
②政府干预程度高，特别是强制性测试。
③强制性测试的某些要求妨碍了欧盟内的自由贸易。
④测试通常没有考虑管理及整个舍饲系统之间复杂的联系。

四、危害分析关键点评价体系

危害分析与关键控制点（HACCP）主要用于食品安全的评价。它是根据故障、指令和结果分析检测系统中每一个阶段可能存在的错误、原因和结果，找到关键的控制点。HACCP 从食品安全角度检测各种危险因素，最终成为许多国家食品安全和卫生方面立法的必要条件。目前，HACCP 已经延伸到畜禽健康管理系统中，进行过程控制（控制危险因子）和产品控制（检验特定畜禽产品），以此提高畜禽的健康。福利科学方面的专家采用 HACCP 概念，来维护畜禽的福利。目前荷兰畜禽福利评价体系的发展，正成为荷兰综合质量控制项目的一部分，该项目是根据质量认证体系 ISO 9000 的原理建立的。HACCP 原理是描述潜在的危险，建立关键控制点（critical control points，CCP），以确保产品的安全，用于福利评估。每个经过认证的关键控制点，都必须是可测量的参数。最新研究建立了猪屠宰场的福利审核程序，包括击晕效果、动物叫声记录以及刺杀使用关键点。麦当劳已经将屠宰加工和击晕程序加入现有的食品安全审核程序中，并由第三方 HACCP 执行小组进行评估，目前该公司建立了畜禽福利委员会，起草了关于蛋鸡的舍饲及管理的最低标准。还有很多由市场、消费者和福利组织推动的项目，建立了各自的福利标准，以满足不同市场的需要。

1. 优点　HACCP 体系用于农场动物福利评估时有以下优点。

①评估都由 HACCP 的第三方独立的人员进行。

②每个关键点都由客观观测数据决定。

③评价指标都有明确的定义界定。

2. 缺点　HACCP 体系用于农场动物福利评估时有以下缺点。

①畜禽福利只有少数指标能满足 HACCP 的需要。其他与畜禽福利、健康和管理的指标在 HACCP 体系中不易获得。

②在不同国家，不同项目的指标界定差距很大。

五、欧盟"福利质量"计划评估体系

欧盟委员会于 2006 年 1 月采取了一项关于动物保护和动物福利的共同体行动计划（2006—2010），该计划的目的是确保欧盟及第三世界国家采用最有效方式解决动物福利问题。行动计划预计建立标准化指标和制定分级体系，来评估动物福利。同时，鼓励人们购买按照动物福利标准生产的畜产品。由于消费者的关注以及对动物福利信息的强烈需求，欧盟委员会资助并将福利质量（welfare quality）项目作为其第六个欧盟项目的一部分。该项目在欧洲成为动物福利领域中最大型的综合性研究项目，其合作方包括 13 个欧洲国家和 4 个拉丁美洲国家。

福利质量项目要研发出能够评估动物福利的科学性工具。该工具可以将获得的数据反馈给畜牧系统中的管理者，以了解动物的福利状况，并且可以将所获得的数据转化成容易理解的动物福利状况信息并提供给消费者。项目把消费者对动物福利的要求与当前兽医科学领域内的研究结合在一起，从而明确评估系统中所需的 12 个完整的标准。为了达到这个目标，研究小组决定将重心放在以动物为基础的研究方法，这样可以展现出真实的动物福利状态的不同方面，如它们的行为、恐惧度、健康或身体状况。因此，该方法可以反映出不同畜牧管理体系的效果以及特定的系统——动物的互动效果。此外，也可以用生产管理为基础的方法来确定影响动物福利的风险因素，得出导致不良动物福利的原因，从而帮助改善动物福利。在针对不同的动物品种采用统一方法的前提下，欧盟制定出了一套综合性、标准化和以动物为基础方法来评估动物福利。考虑到经济价值和存栏数量的重要性，其选取的动物包括猪、鸡和牛，关注的是动物饲养、运输、屠宰过程(表 2-1)。

表 2-1　欧盟"福利质量"计划评估体系简介

动物福利原则	动物福利标准	以动物为基础的测量方法	以资源为基础的测量方法（当以动物为基础的测量方法不适用时）
良好的饲喂系统	不存在长时间饥饿情况	身体状况是否消瘦	断乳日龄
	不存在长时间口渴情况	是否出现脱水情况	充分清洁的饮用水，饮水空间

(续)

动物福利原则	动物福利标准	以动物为基础的测量方法	以资源为基础的测量方法（当以动物为基础的测量方法不适用时）
良好的生存条件	提供舒适的休息场所	身体的清洁度、躺卧所需的空间、没有压疮、躺卧区动物能否部分或全部躺卧	褥草质量、空气质量、垫料材质、是否有寄生物、是否采用母猪限位栏
	保持温度舒适	气喘程度、拥挤程度	
	提供自由的移动空间	滑倒和摔倒的发生率	饲养密度、空间容量、户外活动时间
健康状况良好	不存在受伤情况	跛腿、跗关节灼伤、皮炎、胸囊肿、身体出现伤口、皮肤损伤	
	不存在患病情况	流行性疾病：腹腔积液、脱水、败血症、肝炎、心包炎、脓疮、腹泻、咳嗽、子宫炎、乳腺炎	农场死亡率、农场淘汰率、运输死亡率
	不存在因操作造成动物痛苦的情况	疼痛评估	击晕效果（在屠宰场）、是否存在痛苦过程（断喙、去角、阉割、断尾、断牙等）
自然的行为习性	社群行为的表现	攻击行为、羽翅损伤、鸡冠啄伤、咬伤和擦伤	
	其他行为的表现	圈舍垫料、自由放养、采用巢窝、刻板行为、探求行为、尾部咬伤	
	良好的人与动物关系	逃避距离测试、害怕人类	
	积极的情绪状态	异常物体识别测试、定性行为评估	

思考题

1. 动物福利评价研究的意义是什么？
2. 动物福利评价常采用哪类指标？
3. 应激状态下激素水平如何变化？请阐述其运行机理。
4. 热应激对畜禽生理指标有何影响？
5. 生理学指标评价动物福利有何不足和限制？
6. 试述动物行为与动物福利的关系。
7. 举例畜禽的正常行为与异常行为。
8. 何为刻板行为？其对畜禽有何影响？
9. 试述 TGI 评价体系的优缺点。
10. 试述畜舍生产系统评价体系的优缺点。
11. 欧盟"福利质量"计划评估体系如何定义动物福利标准？

参考文献

Anderson R，1998. Der Tiergerechtheitsindex - TGI [M]. Munster：Munster - Hilltrup.

Bratussek H，1995. Animal needs index for cattle，TGI - 35L [M]. Gumpenstein：Federal Research Centre for Alpine Agriculture.

Broom D M, Johnson K G, 1993. Stress and animal welfare [M]. London: Chapman and Hall. 55 - 67.

Broom D M, Mendl M T, 1995. A comparison of the welfare of sows in different housing conditions [J]. Animal Science, 61: 369 - 385.

Grandin T, 1999. Audits for stunning and handling in federally inspected beef and pork plants [M]. Kansas City: 2000 Conference on Animal Handling and Stunning.

Grandin T, 2000. Effect of animal welfare audits of slaughter plants by a major fast food company on cattle handling and stunning practices [C]. JAVMA, 216: 848 - 851.

Hemsworth P H, Goleman G J, 1998. Human - Livestock interaction, the stockperson and the productivity and welfare of intensively farmed animal [M]. Wallingford: CAB International.

Horning B, 2000. Scoring systems to assess housing condition of farm animals - examples from dairy cows and laying hens [J]. EAAP publication, 102: 89 - 97.

Mortimore S, Wallace C, 1998. HACCP - A practical approach [M]. 2nd ed. Maryland: Aspen Publishers.

Schulte R, Earley B, 1998. Animal welfare - development of methodology for its assessment [M]. Farm and Food Autumn.

Sharma S, 1996. Applied multivariate techniques [M]. New York: John Wiley and Sons.

Sundrum A, Andersson R, Postler G, 1994. Animal needs index 200 - a guide for the assessment of housing systems [M]. Bonn: Kollen - Verlag.

第三章
动物福利与公共卫生

公共卫生是关系到一个国家或地区人民大众健康的公共事业，兽医公共卫生是公共卫生的一个重要组成部分，是基于"动物健康—环境健康—人类健康"这一新的兽医科学理念发展起来的。动物福利是良好兽医公共卫生体系中的重要指标参数。兽医在推进、发展及宣传动物福利方面起到重要作用，兽医工作已从过去诊疗动物疾病为单一目标，发展到保护动物健康和保障生物安全、保障食品安全和人类健康、提高动物福利和保护环境等多个目标。执业兽医需要直接预防动物疾病并减少动物痛苦，宣传和弘扬动物福利；官方兽医在监督、检疫过程中必须贯彻执行OIE动物卫生法典中关于动物福利的内容。提倡和实施动物福利，对保障动物健康、减少疾病发生，对环境健康甚至人类健康都有重要意义；同时，良好的动物福利可以减少人畜共患病的发生。动物福利问题是国际贸易的技术壁垒和道德壁垒，是畜产品出口贸易的门槛。自2007年我国恢复在OIE的合法地位以来，我国必须履行OIE的动物福利相关法律条文。我国在畜牧业生产中的动物福利问题比较突出，这不但关系到畜产品安全，而且已经深刻影响到我国动物产品的国际市场发展，成为我国动物和动物产品国际贸易中一个新的壁垒。

1920年，由美国的Winslow提出"公共卫生"概念，它通过有组织的社会努力来预防疾病，延长寿命，促进健康和效益的科学和艺术。具体内容包括对重大疾病尤其是传染病（如结核病、艾滋病等）的预防、监控和医治，对食品、药品、公共环境卫生的监督管制，以及相关的卫生宣传、健康教育、免疫接种等。这个定义1952年被世界卫生组织（WHO）采纳，并一直沿用至今。

1975年，WHO与联合国粮农组织（FAO）专家委员会将兽医公共卫生定义为公共卫生活动的组成部分，主要是致力于应用兽医专业技能、知识和资源，以求保护和改善人类健康。1999年，世界卫生组织专家组将兽医公共卫生的意义进一步拓展，定义为通过认识和应用兽医科学而对人类之身体的、心灵的和社会的福利所做全部贡献的总和。

由于人口的增加，对动物源性产品的需求也相应增加，传统的粗放式或放牧式养殖方式已经不能满足人类的需求。20世纪50~60年代，发达国家的畜牧生产方式开始由粗放式经营向集约化生产方式演变。随着集约化养殖方式在世界范围的广泛普及，集约化养殖方式的发展引发生态失调带来的营养代谢病、动物异常行为、动物产品质量（如风味和嫩度等）等诸多问题越来越突出，这些问题的出现不仅给动物健康带来很多问题，还给食品安全、人类健康、人类公共卫生甚至社会稳定都带来一系列问题。

同时，随着全球经济一体化的加快，生态环境的破坏，气候的变化以及自然资源的进一步开发，SARS、高致病性禽流感、猪链球菌病等新发人畜共患病（emerging zoonosis）和复发人畜共患病（reemerging zoonosis）不断出现。这些人畜共患病的存在和发生，不但给经济和社会发展造成了严重影响,而且威胁人类健康,甚至引起社会危机。

重大动物疫病防控和兽医公共卫生,是世界动物卫生组织(OIE)的主题和目标。OIE在《国际动物卫生法典》中规定,各国兽医机构应该通过立法全面监控所有动物卫生事项,包括动物健康、兽医公共卫生、动物福利三个方面。世界兽医协会(WVA)在其21世纪发展方向中指出,兽医工作应涉及公共卫生、食品安全、动物疫病和人畜共患病控制、动物福利、生物安全和环境卫生六个方面。同时,"健康的动物—安全的食品—健康的人类"也是世界动物性食品卫生委员会倡导的主题。

倡导动物福利,贯彻并实施动物福利,发挥兽医在疾病防控、动物源性食品安全、动物卫生监督等方面的作用,不仅能保障动物健康,同时也是我国公共卫生事业所必须执行的任务。

第一节 兽医与动物福利

兽医(veterinarian 或 animal doctor)是给动物进行疾病预防、诊断并治疗的医生。其主要职责是维护动物健康、保证畜牧安全、指导畜牧生产、保障食品安全、控制人畜共患病、建立人类疾病的动物模型。兽医工作有着悠久的历史,在畜牧业发展的不同历史阶段,兽医的工作内容和任务及对象发生了很大的变化。传统的兽医工作处于主要以诊疗和治愈发病动物为重点的个体兽医阶段;随着社会发展,兽医工作所处阶段转变为以控制和消灭重大动物疫病为主的预防兽医阶段;随着我国在OIE合法地位的恢复,全球动物疫病防控一体化,兽医工作被赋予新的内容,主要为促进养殖业健康发展,保护人体健康,维护公共卫生安全,并促进动物、人类和自然和谐发展。在此阶段,兽医工作已从过去诊疗动物疾病的单一目标,发展到保护动物健康和保障生物安全、保障食品安全和人类健康、提高动物福利和保护环境等多个目标。

兽医工作范围广泛,涉及很多方面,可能是技术性的,也可能是管理性的或经营性的;既可能限定在某个特定范围,也可能涉及跨行业的广阔范围。可从三个层面来理解"兽医":一是指人,主要指兽医师、兽医诊疗机构和国家兽医行政管理机构;二是指事,主要是指动物防疫、检疫和诊疗等;三是指"物",主要是指相关器械和兽药等。因此,可以认为兽医工作是从事与兽医职业有关的工作,一般与动物和人类的健康及动物福利有关(图3-1)。

图3-1 兽医和动物福利

一、兽医职业与动物福利

兽医作为一个职业,在社会活动中扮演着重要角色。①兽医在动物疾病诊断、治疗,保障动物健康中起到重要作用,这是富于传统兽医的主要职责和任务;②兽医在预防、控制和扑灭动物疫病中起到重要作用,如2004年在东南亚国家暴发的高致病性H5N1禽流感,多国兽医协作，亲临现场指导，在诊断、控制和扑灭以及疫苗研发等方面做出很多工作；③兽医在促进养殖业健康发展、保障动物源性食品安全中起到重要作用；④兽医在保护人体健康、维护公共卫生安全、宣传和推动动物福利中起到重要作用（图3-2）。因此，兽医的职业神圣而又光荣。

为适应防控重大动物疫病和提高动物产品安全水平的需要，我国推行官方兽医制度和执业兽医制度。官方兽医制度，是指由官方兽医（又称兽医官）作为执法主体，对动物及动物产品进行全过程监控并出具动物卫生证书的一种管理制度。

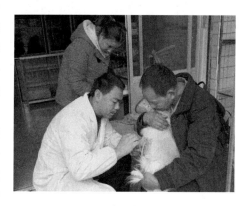

图3-2 兽医与动物福利

官方兽医需经资格认可、法律授权或政府任命，其行为需保证独立、公正并具有权威性。执业兽医制度，是指国家对从事动物疫病诊断、治疗和动物保健等经营活动的兽医人员实行执业资格认可的制度。实行执业兽医制度是国际通行做法，是实现全面防疫、群防群控的基本保证，也是兽医职业化发展、行业化管理的具体要求。

兽医工作是公共卫生工作的重要组成部分，是保持经济社会全面、协调、可持续发展的一项基础性工作。随着世界兽医工作任务从诊疗个体患病动物，保障群体动物健康发展到目前的促进动物、人类和自然和谐发展，兽医工作的理念也在发生变化。首先，兽医工作是社会公益事业。兽医工作是控制传染病的发生和蔓延，不同国家、不同代次人员均可获益，不是商业化也不是私有化，而是法定的公共资源，提供的是公共产品。其次，"同一个世界，同一个健康"的理念要求全球兽医、人医通力合作，共同控制人畜共患传染病，保障公共卫生，保障动物源性食品安全。在动物和人类界面，必须建立统一的疫病风险控制框架。再次，良好兽医管理的理念。有效控制动物疫病不仅关系到畜牧业的持续发展，而且还关系到经济社会的和谐发展，各国必须通过法律、人力、财政保障，建立有效的国家卫生系统。良好兽医管理要求有相关的法律法规、有力的执法、充足的资源保障，才能有效发现并快速扑灭和控制动物疫病；良好兽医管理还包括政府职责、执业兽医和官方兽医的合作、兽医研究机构和兽医教育水平等。因此，兽医工作的最新定位可以概括为四个方面：保护动物健康；保障食品安全和人类健康；重视和提高动物福利；保护环境和关注气候变化。

（一）执业兽医与动物福利

执业兽医是指从事动物诊疗和动物保健等经营活动的兽医。执业兽医在提高动物福利中扮演了一个至关重要的角色。执业兽医需要具备核心技术技能，利用自身专业知识为数百万动物减轻伤害造成的痛苦，而且可以帮助动物主人和政策制定者保护动物并提高动物福利。因此，执业兽医在社会中扮演着重要角色，所从事的是有价值的事业。

2008年1月1日新修订的《中华人民共和国动物防疫法》正式颁布实施，在动物防疫法中，国家实行执业兽医资格考试制度。考试合格取得执业兽医资格证书，并经注册的执业兽医，方可从事动物诊疗、开具兽药处方等活动。2009年1月1日起颁布《执业兽医管理办法》，要求执业兽医在执业活动中应当履行下列义务：遵守法律、法规、规章和有关管理规定；按照技术操作规范从事动物诊疗和动物诊疗辅助活动；遵守职业道德，履行兽医职责；爱护动物，宣传动物保健和动物福利知识。

关于执业兽医的职业道德行为，我国出台了《执业兽医职业道德行为规范》，其中，第12条要求执业兽医应当为患病动物提供医疗服务，解除其病痛，同时尽量减少动物的痛苦和恐惧；第13条要求执业兽医应当劝阻虐待动物的行为，宣传动物保健和动物福利知识，并要求填写《执业兽医诚信从业承诺书》。作为执业兽医，深知应该遵循动物主人利益至上、救死扶伤的基本原则，预防和减轻动物的痛苦，尊重生命，善待动物；自觉维护兽医职业道德，诚信守法从业，努力担当社会赋予的维护公共卫生安全的崇高职责。承诺要求：①守法从业，严格自律：自觉遵守国家法律法规、兽医行业规范和职业道德规范，不做有损于兽医形象和声誉的事情，承担社会公共卫生安全职责。②救死扶伤，精心诊治：坚持做到热心服务，精心诊治，用心呵护每一个患病动物，宣传动物福利和保健知识，真诚对待每一个动物主人，不欺诈诊疗。③钻研业务，提高技能：钻研学习，积极参加执业兽医继续教育，不断提高自身诊疗技能和服务水平。

兽医毕业生从事动物诊疗工作，还必须进行宣誓，誓言内容为："我庄严宣誓，兽医是一个具有高度责任心、高尚职业道德、精湛技术水平的职业，我已完成学校设定的各项教程，即将步入社会服务。我宣誓利用所学到的兽医科学知识和专业技能，严格自律，遵守兽医职业道德标准，诚信守法执业，努力服务于社会，为保障动物健康、动物源性食品安全和兽医卫生事业发展做出我的一生贡献。"

执业兽医直接与动物接触，诊断动物疾病，减少动物痛苦，因此，掌握、宣传和普及动物福利知识，是执业兽医的基本素质要求，这不仅表现了对动物的关爱，更表现为对畜主的关心和态度。

执业兽医需要做到以下四个方面。

1. 执业兽医有告知畜主动物福利的义务　兽医必须掌握最新的评估动物福利问题的方式及标准，才能更好地评估动物福利问题的等级。通常情况下，动物主人可能没有意识到动物福利的问题，因而需要外界的参考及建议，使他们认识到动物当前所处的状况。因此，执业兽医不仅仅需要有认识及评估动物福利问题的能力，还需要有足够的沟通能力与顾客进行沟通，从而采取合适的措施去改善动物的福利问题。

2. 执业兽医有义务向社会揭露畜牧业中存在的动物福利问题　在畜牧业中，存在许多长期被人们忽略的动物福利问题，如抗生素滥用、农场动物所承受的疼痛等，兽医有责任向公众揭露问题并使公众认识其严重性。一些严峻的问题应引起公众的关注而不是被遮掩。如每年无数的奶牛正遭受着乳腺炎的痛苦、大量的生猪正经受着肺炎感染的痛苦、很大比例的肉鸡正承受着腿脚的病痛。我们应引起社会对于动物福利的重视，并找到平衡生产加工和动物福利的最佳方法。因此，兽医必须积极倡导公众参与关于动物福利问题的讨论，而不是回避或者隐藏问题。

3. 兽医应该参与关于动物福利问题的讨论　探讨我们应该给动物怎样的关怀，从而能尽可能地给它们提供自由和接近自然环境的生活。这些讨论的出发点是，动物不应受到不必要的痛苦。作为兽医，不仅需要知道动物是否受到了痛苦，同时，也有责任探究这些痛苦对于动物来说是否必要。在过去的50年里，人类食用肉类或源于动物的食物在不断增加。从营养学的角度看，全球大部分地区肉类消费量显著超过了人类所需。正是在这种背景下，我们应该依照动物福利的相关法律来防止动物受到不必要的痛苦，兽医有责任积极参与这一进程。

4. 执业兽医应掌握过硬的专业技术技能 兽医通过不定期进修学习,提高自己的专业技能和业务素质。在实际工作中,如去势、疾病诊断等过程中,严格按照标准、规范、程序进行操作,如保定、镇静、麻醉等,减少不规范的操作,避免人为地给动物带来恐惧、痛苦和伤害等不良福利。

(二)官方兽医与动物福利

官方兽医是指具备规定的资格条件并经兽医主管部门任命的,负责出具检疫等证明的国家兽医工作人员。官方兽医需经资格认可、法律授权或政府任命,其行为需保证独立、公正并具有权威性。

官方兽医应从动物饲养到屠宰加工、市场流通、出入境检验检疫、疫病防控、人畜共患病防治以及动物福利等各个环节实施全过程的、系统的、有效的动物卫生监督管理。官方兽医在动物福利方面的作用,主要表现在以下方面:①官方兽医是执行、推动和监督 OIE 的《陆生动物卫生法典》《水生动物卫生法典》中动物福利法律的主体。在疾病防控、传染病的扑灭方式、发病动物的处死方式、发病动物的处理等方面,要求严格按规范的操作步骤进行,如果处理不当,则会造成动物痛苦。②官方兽医在动物屠宰监督检验过程中,要推行动物福利良好操作规范,减少不良福利问题。③官方兽医在维护公共卫生安全、保障人类健康方面有重要职责。官方兽医在监督指导农业实践中建立良好的动物福利制度,可以降低人类罹患传染病(人畜共患病)的风险,保障食品安全。

二、兽医在动物福利中的角色

(一)兽医是动物福利的主要倡导者和先驱者

动物福利概念提出不是来自于饲养人员和管理人员,而是来自于兽医。兽医在生产实际操作过程中发现了动物的痛苦,发现了动物的异常行为,发现了动物的自然天性得不到很好表达,发现了养殖环境差导致动物的健康问题等;同时,兽医发现集约化养殖方式带来的疾病大规模暴发,动物产品的质量下降等一系列问题。在此背景下,兽医最先提出动物福利的概念和动物福利的"五项基本原则"。随后,兽医通过不断努力和坚持,将动物福利的概念和动物福利的相关法规写进 OIE 的《陆生动物卫生法典》和《水生动物卫生法典》。目前,动物福利已经是各国进行动物和动物产品贸易的一道技术壁垒。

(二)兽医是动物福利的主要实施者和执行者

兽医在社会中扮演着非常重要的角色。兽医利用自身专业知识为数百万动物减轻了伤害造成的痛苦,他们所从事的是有价值的事业。良好的动物福利,是保证动物健康不可或缺的一部分。健康的动物不仅指其身体健康,还要能从身体和心理上适应其所处的环境,并展现自然的行为。兽医是动物福利的主要实施者和执行者,兽医以其特有的职能直接或间接地影响着动物的生活;作为动物健康专家,兽医负责减少动物痛苦,治疗动物疾病,确保良好的动物福利也是兽医工作不可或缺的一部分,在实际操作中持有动物福利的理念,规范而人道地处置动物;同时,兽医也是发现动物福利是否存在问题的第一道防线;作为向动物主人以及政府和企业提供建议的顾问,兽医可以帮助社会各界塑造对待动物的态度和行为。

作为一个兽医检疫人员,应在检疫过程中摒弃过时的、不规范的、有损动物健康的操作步骤和操作程序。例如,传统屠宰过程要求空腹,空腹时间的长短给动物造成的应激应给予考虑;考虑致晕、放血的操作方法对动物的影响;作为一个养殖户兽医,要求掌握动物福利知识,在生产中处理好动物的日常疾病管理,保障动物不发病或少发病;作为一个兽医科研人员,要求推广和普及动物福利知识,在科研中实施"3Rs"原则,在道德和法律上,有义务防止可避免的疼痛,将不可避免的疼痛降至最低,并且寻求一些替代方法。

(三)兽医是动物福利科学持续发展的推动者

兽医提出了动物福利的概念,在实际操作中实施了动物福利,同时,还是动物福利科学持续发展的推动者。动物福利科学涉及兽医科学的很多方面,如兽医生理学、动物行为学、兽医微生物学、动物传染病学等,动物福利科学的持续发展,兽医是主体。兽医可以在动物疾病诊疗中发展新的技术和方法,快速无痛苦地操作;兽医可以在科研中推进"3Rs"原则的实施;在兽医教育过程中可以大规模开展动物福利教育,让未来的兽医有更高的职业素质和职业道德。

因此,无论执业兽医或官方兽医,在维护动物健康、推进动物福利实施方法上都有义不容辞的责任和义务。2007年5月25日,OIE国际委员会在第75次大会上决议通过恢复我国行使在OIE的合法权利,这标志我国正式成为OIE组织成员。随着我国兽医工作被纳入世界动物卫生体系,我国兽医工作的任务、内容、重心和定位均发生了重大而深刻的变化。现代兽医事业已从单纯对动物疫病的诊疗,逐渐发展到了以动物健康、人类健康、自然环境健康为己任的新时期。当今社会需要德才兼备的兽医,既具有高尚兽医职业道德情操,又能与国际接轨的兽医工作者。

第二节 动物福利与公共卫生管理

公共卫生管理(public health management)是通过有组织的社会努力改善环境卫生、控制地区性疾病、教育人们关于个人卫生的知识、组织医务力量对疾病做出早期诊断和预防治疗,并建立一套社会体制,保障社会每一个成员都能够维护身体健康的生活水准。

兽医公共卫生管理是公共卫生管理的重要部分之一,兽医公共卫生管理涉及重大动物疫病的防控、动物和动物产品的检疫、人畜共患病的预防等方面。目前,兽医公共卫生面临许多亟待解决的问题,如牛海绵状脑病和人类克-雅氏病之间的关系;高致病性禽流感的病原来源和传播途径;如何控制和防御西尼罗河病毒、埃博拉病毒等人畜共患病;动物源性食品安全问题等。这些问题的解决,需要兽医、人医和生物学家等共同合作。

在2003年,我国暴发了SRAS,针对公共卫生认识不清的局面,SRAS危机后我国明确地提出公共卫生是整个社会全体成员预防疾病,促进身体健康的事业;强调公共卫生事业管理建设是一项社会系统工程。

一、动物福利与动物健康

科学已经证明,动物和人一样具有认知和感知能力。动物具有感受疼痛、恐惧、忧伤、嫉妒、饥饿、饥渴、沉郁、兴奋等许多其他方面的感受和情绪。我国民间流传很多义马、义犬甚至义鹅救人的故事，表明这些动物不但聪明，而且有感情、忠义。因此，应该承认动物是情感动物（sentient animals）。

动物福利是动物适应其环境的状态。动物福利良劣直接或间接影响到动物的健康。

（一）动物健康

动物健康（animal health）首先表现为身体健康，没有疾病。这是通常意义的健康，也是健康的主要内容。处于健康状态的动物才能正常发挥各种生理功能，才能正常地生长和繁殖，才能生产出满足人类需要的动物产品。其次，动物健康还应包括心理健康、精神愉悦，也就是没有忧虑、压抑、恐惧、受挫、应激等不良情绪，也是动物健康的深层表现，即动物康乐（well-being）。身体和心理都健康的动物，才算是真正意义上的健康动物。

动物福利的提出，就是最大限度保障动物健康，福利是动物个体的特征，也包括对环境中各要素的有效适应范畴。动物一旦对环境适应失效，将发病、沮丧或损伤，甚至死亡。动物的适应机制包括行为、生理、免疫，也包括神经和心理感觉，如疼痛、恐惧、痛苦等；动物福利的"五项基本原则"，更是评估动物健康的重要标准。动物福利的好坏直接影响到动物健康，良好的动物福利能保证动物身体健康，心情愉悦，生产优质的动物产品，不良的动物福利不仅影响动物的健康，还会生产出口感差、质量劣的动物产品。

动物康乐和动物福利虽都是指动物的状态，但康乐偏重于动物的自身感受或状态，反映康乐的指标不易测定，而福利侧重强调动物对其生活环境的适应状态，某些指标是可以测定的，如血液指标、生理指标、行为指标、生产性能指标等。

动物健康与诸多因素有关，如动物生活的环境、人类的关爱、疾病的防控、饲养和管理等。

（二）生产环境与动物健康

生产环境的优劣可以直接影响动物的健康，生产环境中的不利因素不是单一的而是复合的。长期持续的不利生产环境影响会导致一些动物个体或群体的不适或严重不适，引发受害个体慢性应激。慢性应激不一定马上导致个体发病，而是首先引起个体的心理不适，即不舒适感；长时间的心理不适则会引发机体的免疫力下降，导致个体易感而发病；同时，拥挤的环境又会加剧疾病的发生。如很多肉鸡饲养场，在其饲养阶段，地面上的排泄物和垫料长期不打扫或不更换，引起肉鸡疾病发生；光照不合理，通风情况差，温度湿度不合理，噪声太大，饲养密度过高，群体结构不合理，饲料和饮水不充分等，都严重影响肉鸡的生长情况及心理健康。因此，应注重动物的生产环境（图3-3）。

生产环境主要包括以下几个方面。

1. 温度、湿度 家禽、家畜都为恒温动物，在比较恒定的环境温度和湿度范围

图3-3 生产环境

内生活，温度过高或过低，都将因超出调节体温的能力而影响动物健康，甚至威胁生命；湿度过大或过小将影响动物身体健康，导致动物生病。因此，在饲养场的设计过程中，就要考虑建筑物的朝向、建筑材料和结构、通风通气措施、养殖动物种类和品种、动物的养殖密度、动物垫料成分等。同时，还要考虑冬季的保温、夏季的防暑，特殊季节如南方梅雨季节的除湿等。凡是能影响环境温度和湿度的因素都要加以考虑。如在牛的生产过程中，在夏季采取安装电风扇、水帘幕布、喷淋等福利设施来降温，缓解温度、湿度不宜带来的动物身体不适。

2. 光照 光照可影响动物的生理反应和行为。不同种类的动物对光照有不同的需求，光照周期对多种动物繁殖起着关键性的调节作用，还能影响动物的体重增长和采食量。应采用自然采光或人工光照，满足动物的光照需求。在实际操作中，不能光照过强，光照过强能引起动物打斗行为增加，异常行为增多；光照不足，可能影响动物的繁殖和发育。因此，在动物生产过程中，要合理调节动物的光照强弱，保证动物的健康。

3. 通风 在集约化养殖的过程中，很多动物生活在比较封闭的环境中，空气质量的好坏直接影响到动物的健康。良好的通风、通气可排除污浊和有害气体，补充氧气，调节空气湿度和温度。动物圈舍建筑应根据要求，设计并安装必要的通风设施；在饲养过程中，应采取相应的通风措施，保证空气质量。如在肉鸡生产体系中，在畜舍密闭条件下，高饲养密度会使圈舍内空气恶化，氨气、氧化碳、硫化氢等气体浓度增加，可引发呼吸道疾病，严重者会引起并发症，严重危害家畜家禽的健康。OIE《陆生动物卫生法典》的动物福利要求：氨浓度不超过25mg/L。

4. 噪声 很多动物对声音比较敏感，喜在较安静的条件下生活，突然的噪声很可能导致动物应激，导致动物流产甚至动物死亡。因此，在养殖场选址、设计和使用过程中，要注意避免和控制噪声。如挤乳间机器发出的噪声、金属门突然发出的"咣当声"、饲养人员的走动和大声呵斥声、打雷等，都可能导致动物慢性或急性应激。慢性应激可导致动物抵抗力下降，内分泌紊乱；急性应激，可直接导致动物死亡。

（三）饲养管理与动物健康

饲养管理直接关系到动物健康与否，涉及饲料、饮水及其他日常管理等多方面。

1. 饲料

（1）饲料营养要全面，防止营养不良导致如软骨症等营养代谢性疾病的发生；要因时因地因动物生产阶段不同来调整日粮，满足动物的维持需要与生产需要，并合理搭配日粮及确定日粮给喂量，以免出现营养不足或营养过剩，这些都是不良动物福利的表现。如母畜妊娠及产乳时，要添加所需的营养，妊娠母猪营养不良时易发生"瘦母猪症"，致使母猪在断乳后发情延迟，受胎率降低，仔猪死亡率增加；营养过剩也会影响健康，如妊娠期营养水平过高导致母牛过肥，易难产，患酮血症，产弱犊，且泌乳机能下降。

（2）在饲料生产、运输、储藏等方面要严格把关，保证饲料质量，严禁饲喂腐败霉变饲料，防止食物中毒。饲料加工、储藏要符合程序与标准，防止破坏饲料中的营养成分导致营养缺乏症（如维生素缺乏症），并应防止饲料被病原微生物及农药、鼠药等化学物质污染。有毒饲料如棉籽饼、菜籽饼等用前要进行脱毒处理，且饲喂量不宜过多，不宜过长时间连续饲喂。有些地区土壤、饮水缺乏某些营养成分如硒和碘，动物应补喂所缺的营养物质。

目前，我国有些养殖场在商业利益驱使下，存在滥饲乱喂现象，如滥用或过量饲喂矿物质、微量元素、激素、抗生素等饲料添加剂，造成动物中毒；使用盐酸克伦特罗等违禁药物；使用未经处理的城市泔水生产"垃圾猪"。

2. 饮水　动物饮用水的质量应与人的饮用水质量相同，一般用自来水。应保证水质不受病原微生物和化学物质污染。饮水槽、饮水管、自动饮水器等供水装置应经常检查、维修和保养，以保持清洁和正常运作。同时，应始终保证动物能够随时喝到水。

在农村，许多地方的人畜饮水问题还没有得到有效解决，特别是在"老少边穷"、干旱落后地区，人往往都得不到清洁卫生的饮水，动物的福利就更加难以保证了。在畜禽饮用的水中常可检出致病的微生物、超标的有害金属元素。在集约化的现代畜牧业生产中，由于畜禽饲养环境的水源遭到污染，很多畜禽得不到清洁卫生的饮水。供水不足、饮水不洁等问题往往会使动物遭受缺水应激，感染疾病，这不仅会影响到动物福利，也会降低畜禽产品的质量。

3. 其他日常管理　饲养场应建在无工业污染、远离居民的地区；圈舍的建设要注意采光、通风，并结合动物生理特点给动物留有足够的活动空间；粪便等排泄物的排污处理系统应配套，环境要清洁卫生；饲养场要求专职的饲养人员和兽医，饲养人员和兽医在饲喂过程和疾病防控方面应严格按规程进行操作。

在我国农村，许多农民都是利用房前屋后空闲地进行小规模饲养，基本上是圈舍民居相连，人畜共居一处，卫生条件差。有些饲养场毗邻交通要道、其他畜禽饲养场、畜禽交易市场、动物医院和屠宰场，这样的生产环境，极易造成动物疫病的发生和流行，不符合防疫要求。一旦发生疫病，直接影响动物健康和畜禽产品安全，同时，对人类健康也造成威胁。

（四）疾病防控与动物健康

加强动物疾病防控，是良好动物福利操作的直接体现。动物健康首先表现为身体健康，没有疾病。畜禽疾病的预防主要在于制订与执行综合畜群保健计划。动物可能发生多种疾病，但不同疾病对动物的重要性是不一样的。如传染病是鸡饲养中疾病预防控制的重点；而乳腺炎与繁殖疾病则是奶牛饲养中疾病预防控制的重点。因此，首先要根据动物种类、动物传染病的发生和防控特点及技术要求，制订动物保健计划，确定各种疾病的重要性次序，规定合适的控制方法；其次要有执业兽医参与监督与执行保健计划，诊断与防治发生的各种疾病，对疾病的处理提出指导性意见，如定期接种疫苗、预防性驱虫、传染病检疫等。

对发生 OIE 规定必须通报的动物疫病，要严格按照 OIE 的《陆生动物卫生法典》《水生动物卫生法典》的动物福利法律条文"疫病控制为目的的动物宰杀"方法来执行。使用的方法应导致动物立即死亡，或立即丧失意识直至死亡。没有立即丧失意识的，丧失意识的过程应是无害的或最低程度的有害，且不应导致动物的焦虑、疼痛、不适和痛苦。从动物福利角度考虑，应先宰杀幼龄动物后宰杀老龄动物；从生物安全角度考虑，应先宰杀感染的动物，然后宰杀接触动物，最后才宰杀余下的动物。

（五）人类关怀对动物健康的影响

动物与饲养人员间的关系可以极大地影响动物对一系列因素的反应，甚至影响到动物的健康。早期的、积极的人畜关系正向接触，可以使动物愿意接近饲养人员，减少动物应激；反之，动物则表现为逃避行为，导致动物应激。动物健康除了表现为身体健康，没有疾病，还包括心理健康，精神愉悦，也就是没有忧虑、压抑、恐惧、受挫、应激等不良情绪。身体和心理都健康的动物，才算是真正意义上的健康动物。通过饲养管理、疾病预防等措施，可以保证动物的身体健康；而保障动物心理健康，更需要饲养人员的精心呵护和良好操作。

作为直接与动物接触的饲养人员，首先，要了解动物的生物学特点，了解动物的行为特征，并掌握正常行为和异常行为的识别；其次，要掌握动物福利的相关知识，在生产实际中进行动物福利良好操作；再次，饲养人员要有优良的特性和素质，饲养人员应有耐心。在挤乳中心，比较奶牛管理者与奶牛接触的时间或频率来测定产乳量，试验结果表明，接触每头牛每分钟 2.1 次与接触每头牛每分钟 0.3 次，后者产乳量更低。同样，管理者和奶牛之间的交流为每分钟 2.1 次和每分钟 9.1 个词语，产乳量较高；而如果是每分钟 0.3 次和 2.1 个词语，其产乳量则会低一些。在英国的《猪福利法》中要求给猪提供玩具，供其啃咬和玩耍；要求饲养员每天至少要有一定时间跟猪直接接触，这样可以让猪保持心情愉快，即康乐。

从动物福利方面考虑，如果人与动物不能建立良好的关系，即使在很好的饲养体系中，动物也会受到应激；相反，如果动物跟人类能建立良好的关系，即使在技术条件不是很好的情况下，它们也很满足并很少受到应激。因此，可以通过选择性格良好的饲养人员来实施有效的生产和动物福利，再通过建立良好的人与动物关系，从而确保动物生活在一个应激最小的环境中。

二、动物福利与环境安全

环境安全（environmental safety）是指人类赖以生存发展的环境处于一种不受污染和破坏的安全状态，或者说人类和世界处于一种不受环境污染和环境破坏危害的良好状态，它表示自然生态环境和人类生态意义上的生存和发展的风险大小。

人类和自然界的动物、植物以及其他各种资源共同构成了我们生活的环境。动物是地球环境的有机组成部分，也是人类生存和发展不可或缺的重要资源。实施动物福利重要的原则之一是要给动物建立一个安全、干净、快乐的外部生活环境，这无疑也是对人类环境安全起到重要作用。

动物福利的提出是生产力发展和社会进步的必然结果。实施动物福利并为其建立安全的生存环境有利于人类生态环境保护。随着现代畜牧业的发展，畜粪、污水和臭气已是对生态环境造成污染的重要源头之一。实施动物福利要求科学地建造畜禽舍，严格控制温、光和气体等质量参数，并对粪便和臭气进行处理。这种安全型的畜禽生存环境无疑有利于人类对生态环境的保护。

（一）养殖方式与环境安全

随着现代畜牧业的发展，畜禽粪便、养殖场的污水和臭气已成为污染生态环境的重要源头之一。据不完全统计，每年全国仅畜禽粪便的污染量即与全国工业固体的废物产量相当，养殖场污水的排放量占全国工业与生活污水排放量的 1/4。畜禽养殖环节所产生的污物和污水已经严重影响人类生存的生态环境。不良动物福利的养殖方式污染危害更大，不但影响着周围的居住环境，而且畜禽排出的粪尿里含有的氮和磷很容易造成水体的富营养化，发生"水华"。2007 年 5～6 月，在江苏太湖暴发的太湖"蓝藻事件"，其中很大程度上就是由生活污水和养殖场污水所造成。太湖是我国第三大淡水湖,水面面积 $2\,338km^2$,太湖流域物华天宝,历史源远流长,文化底蕴深厚,自古以来是国家财富重地,是著名的江南水乡,被誉为"人间天堂"。但由于周围大量中小型畜禽养殖企业在选址、设计、排污处理等方面没有按照良好动物福利养殖模式操作,导致大量的尿粪等排泄物直接排放到周围河流或直接进入太湖。

目前,为了更好地治理太湖,太湖周边的省市全力改造畜禽养殖模式,推行或建立福利型养殖场和安全有效的排泄物处理系统,以此来保护环境安全。

2013年通过的《畜禽规模养殖污染防治条例》中指出,随着我国畜禽养殖量不断扩大,养殖污染已成为农业农村环境污染的主要来源。运用法律手段促进养殖污染防治,对推动畜牧业转型升级、有效预防禽流感等公共卫生事件发生、保障人民群众身体健康等具有重要意义。要求强化激励措施,鼓励规模化、标准化养殖,统筹养殖生产布局与农村环境保护,严格落实养殖者污染防治责任,扶持养殖废弃物综合利用和无害化处理,使畜禽养殖污染明显改善,保护生态环境,促进畜牧业持续健康发展。

(二) 动物药物或抗生素的滥用与环境安全

畜牧业养殖中为了维护生产、防控动物疾病的发生,往往导致抗生素和其他药物的滥用,这不仅造成药物残留和食品安全等问题,同时也造成环境安全,甚至危及其他生物安全。我国是世界上抗生素使用最多的国家之一,在兽医临床和饲料添加剂中使用大剂量、大范围、种类无限制的抗菌药物,导致动物源性病原菌的耐药谱比人源性耐药菌广很多,耐药强度也强很多,易引起人畜共患病原菌耐药性出现和蔓延。抗生素在使用过程中,还有可能以原形或代谢方式随畜禽粪便排泄到环境中,不但污染土壤、水源,降低农作物的安全标准,降低土壤的农业价值,而且还可能再次污染人类或其他动物的食物链。

在印度,绝大多数人由于信奉印度教而不食牛肉,并视牛为神灵,牛病死或老死后的尸体直接放在野外任由秃鹫啄食而进行天葬。后来,人们发现啄食牛尸体的秃鹫数量越来越少,秃鹫神秘地死于肾衰竭和痛风,数量在短短12年间下降了97%。研究者不断寻找重金属、杀虫剂或疾病的踪迹,却毫无成果。通过多方研究,追究秃鹫减少并死亡的原因,发现喂一种给牛吃的药物却使得大量秃鹰死亡。当牛年老和生病时,人们会给牛喂食双氯芬酸止疼剂,这种药物在牛的体内残留,秃鹰啄食牛的尸体,被动误食了双氯芬酸止疼剂后中毒而死。目前,印度政府已经颁布法令禁止使用该药物。经过多年的努力,秃鹫种群数量已在逐步增多。

第三节 动物福利与畜产品质量安全

随着社会经济的发展和人们生活水平的提高,人们日益关注食品安全这一问题,动物源性食品安全问题已成为畜牧业发展的一个主要矛盾。农药、兽药、饲料添加剂、动物激素等的使用为畜牧业生产和动物源性食品数量的增长发挥了一定作用。同时,也给动物源性食品安全带来了隐患,产品染疫、动物源性食品药物残留超标、安全性差的问题十分突出。药物残留、动物疫病等公共卫生事件频频发生,使得畜禽产品品质及安全性越来越受到人们的关注,关注的焦点已经由消费的所需性上升至消费的选择性。

一、动物福利与畜产品质量安全的关系

畜产品安全生产直接关系人类的健康和安全。动物福利是生产优质畜产品的前提和保障。在农业生产中，农药、兽药、化肥、饲料添加剂、激素和抗生素等农业化学投入品的使用，是保证优质农产品和农业丰收的重要手段。但是，片面地追求产量，不科学地使用农药等农业化学投入品，就会严重污染农产品，间接影响到畜禽产品的安全，畜禽生产的排泄物以及由畜禽饲料和畜禽产品带来的有毒有害残留物，对生态环境和人类健康的影响日益显现。这不仅威胁人类健康，还会造成严重的环境污染。随着畜牧业的发展，畜禽养殖场和养殖规模不断增加和扩大，畜禽的福利化养殖越来越重要，如何通过动物福利来保障畜产品的安全已经提到了畜牧业发展的议事日程，在畜禽产品的质量标准、畜禽产品生产的产地保障体系、畜禽生产饲养场的建设、设备及设施体系、畜禽生产的营养与饲料保障体系、畜禽的品种与饲养管理保障体系、畜禽产品生产的兽医防控体系及畜禽生产的检疫检验体系等基本理论与技术中，应该重视和执行动物福利的有关要求，确保畜产品的安全优质。

畜禽安全生产是指在畜禽生产过程中保证畜禽与环境的和谐发展，是涉及种畜的质量、饲养管理技术、饲料的安全性、药物的正确使用、生物安全措施的有效实施、饲养环境的优化以及加工、运输和储存卫生等多方面的系统工程。畜产品安全生产，关系到产品安全和环境保护两个方面。

1. 产品安全 过去专指养殖的安全，现在又多了一层含义，那就是养殖所提供的畜禽产品对人类没有任何的不利或危害，要求在安全生产的基础上实现绿色消费，控制疾病和药物残留。安全生产不仅仅是对兽药的限制和控制，对饲料原料的品质要求也很高。

畜产品是农产品中一个很重要的组成部分，是指动物产品及其直接加工品，它包括食用和非食用两个方面。一般所说的畜产品，主要是指食用畜产品，即动物源性食品。

畜产品质量安全，指畜产品中不应含有危害人体健康或对人类的生存环境构成威胁的有毒、有害物质和因素。畜产品的安全涉及兽药、饲料及饲料添加剂的生产、经营、使用，动物的饲养与管理，动物疾病的防治，动物的屠宰、加工、包装、储藏、运输和销售等多个环节。畜产品质量安全，即"无疫病、无残留、无污染"的畜产品。

2. 环境保护 要关注发展环境友好型养殖业，养殖所产生的气味、污水、粪便、污物等都要得到妥善的处理和净化，不能导致环境污染和恶化，养殖场内必要的发酵池、沉淀池、消毒池、防护林等也就成为安全生产的保障。

畜禽安全生产的内容包括：保证畜禽健康，避免发生传染性疾病和其他疾病；保证畜禽生产中产生的废弃物（如废气、废水、粪便、死尸等）不对环境造成污染和威胁；保证畜禽与人和其他动物不相互传染疾病；保证畜禽生产过程中不受到不良环境的影响；通过综合措施，为人类提供安全的畜禽产品。也就是说，通过科学饲养、环境控制和疾病防治等手段，实现畜禽健康、环境良好、人畜安全、产品绿色的目的。

（一）良好的动物福利可提高畜产品质量

动物福利在西方发达国家和很多发展中国家早已成为大众话题，而进入我国是近十年的事情，期间也仅限于热心于动物保护的志愿者中。随着科学的发展和人们保护动物认知的提

高,动物福利已经被人们逐渐接受和认可。同时,动物福利学也已经从动物科学、动物医学和动物行为学中分离出来,成为独立的学科。其研究的对象亦越来越广,已经涉及畜牧业生产领域。基本的动物福利措施都有助于改善动物的健康状况,而动物的健康同动物生产性能有着直接的密切联系。而且,动物福利措施有助于提高动物源性食品的安全。在干净、舒适的环境中,施以合理的管理措施,畜禽便能充分地发挥遗传潜力,同时,有助于保持和改善畜禽的健康,提高畜产品质量,也为畜禽生产企业带来可观的经济效益。

(二)适当的生产模式可兼顾动物福利和畜产品安全

研究养殖业的动物福利目的在于免除畜禽在生产过程中所经受的不必要的痛苦,为未来畜牧生产提供新途径。发展畜牧业经济首先要在生产方式不变保证产量的前提下,提高管理水平,适当解决生产中出现的某些问题,如合理地控制饲养密度及保证良好的通风效果,可以提高蛋鸡的整体健康水平,增强机体的抗病力,从而减少对抗生素的依赖,这不仅节省饲料成本,还可提高产蛋量及饲料转化率。畜牧生产的潜力可以通过提高动物机体的免疫力而得到发挥,完全依赖在饲料中添加药物的做法本身就反映管理水平的低下,也是影响畜产品质量安全的重要隐患。其次要改进局部生产工艺,现代集约生产的一大突出问题是个体损伤过多,这在猪的各生产阶段、育肥牛、肉鸡和蛋鸡生产中都有表现。这些现象不仅影响了动物福利,还直接影响到畜产品的质量安全。再次,要考虑动物对生态环境的需求,能够给动物提供适当的活动空间;并设有庇护场所及采食区,最大限度地满足动物的生物习性。可以说,这是一种典型的"福利型"生产模式。这种模式不需要过多的机械设备,投资也低;极少存在污染环境的问题,也不会出现像集约化生产中空气质量恶化的问题;动物的健康状况好,机体的免疫能力强。因此,一般饲料中不需添加任何抗生素类药物,生产出的产品基本符合"绿色食品"的要求,即使产品价格略高,但也在消费者愿意接受范围内。

二、不良动物福利引起的畜产品安全

畜产品安全标准之一即相关畜产品的致病性微生物、农药残留、兽药残留、重金属、污染物质以及其他危害人体健康物质的限量规定。

保证畜产品安全,减少食源性疾病(foodborne diseases)的发生。在"从农场到餐桌(from farm to table)"或者说"从畜舍到餐桌(from stable to table)"的动物源性食品安全链条上,有着饲养、运输、屠宰等诸多环节,每一个环节都与动物福利相关。为了保证食品安全、减少食源性疾病的发生,必须强化动物福利。

关注动物福利,在很大程度上也是关注人类自身的健康。因为,动物福利与食品安全关系密切。不良生存环境、长途运输、粗暴屠宰等因素,都可能影响动物源性食品的安全和卫生质量。长途运输导致动物应激,可产生DFD、PSE肉,使成品肉的质量大大下降,这些对人体健康是非常有害的。

(一)动物保健添加剂(促生长剂)

动物保健添加剂是添加到日粮中,具有改善日粮质量,促进动物生长繁殖、防止疾病、保障动物健康与生产性能等功能的日粮补充剂,包括营养添加剂,药物添加剂(抗菌药、抗虫药、抗应激药、防霉与抗氧化添加剂），微生物添加剂等多种类型。作为保健添加剂必须具有效果好、毒副作用小和不易产生耐药性、没有药物残留等的特点，是由符合兽药生产质量管理（good manufacturing practice，GMP）规范的兽药生产企业生产。

不科学或非法使用饲料添加剂，不仅严重影响动物健康，还危害人类的健康。以克伦特罗（clenbuterol）为例，它是一种化学合成的β-兴奋剂，作为饲料添加剂可提高动物瘦肉率，降低脂肪沉积，改善饲料利用率，俗称"瘦肉精"。因此，曾被用作牛、羊、禽、猪等畜禽的促生长剂、饲料添加剂。该物质药性强，化学性质稳定，难分解，难溶化，在体内蓄积性强。人食用会出现头晕、恶心、手脚颤抖、心跳，甚至心脏骤停导致昏迷、死亡，特别对心律失常、高血压、青光眼、糖尿病和甲状腺功能亢进等患者有极大危害。我国最早报道的"瘦肉精"中毒事件是1998年供港活猪引起的，此后这类事件多次发生。如2001年广东曾经出现过批量中毒事件；2006年，瘦肉精在上海曾经引发了几百人的中毒事件。2011年"瘦肉精"事件再次被中央电视台曝光，在南京屠宰的河南养殖的猪，"瘦肉精"检测阳性，河南部分养猪户在生猪养殖阶段违禁添加了"瘦肉精"，这在国内和国际上都引起了巨大影响，食品安全问题再次成为整个社会关注的焦点。

2001年12月27日，2002年2月9日、4月9日，农业部分别下发文件禁止食品动物使用β-激动剂类药物作为饲料添加剂（农业部176号、193号公告、1519号条例）。但个别不法商贩受利益驱使，不注重动物福利，不顾动物健康，更不顾及人的安全，肆意践踏国家法律法规。因此，在"瘦肉精"整治上，突出抓好养殖和屠宰两个重点环节，注重动物福利，注重动物健康。

（二）兽药残留

兽药残留（residues of veterinary drug），全称为"兽药在动物源性食品中的残留"。根据联合国粮农组织和世界卫生组织（FAO/WHO）食品中兽药残留联合立法委员会的定义，兽药残留是指动物产品的任何可食部分所含兽药的母体化合物及（或）其代谢物，以及与兽药有关的杂质。一般以 $\mu g/mL$ 或 $\mu g/g$ 计量。动物源性食品中较容易引起兽药残留量超标的兽药主要有抗生素类、磺胺类、呋喃类、抗寄生虫类和激素类药物。

兽药残留是影响动物源性食品安全的重要因素之一。滥用兽药极易造成动物源性食品中有害物质的残留，这不但对人体健康造成直接危害，而且也对畜牧业的发展和生态环境造成极大危害。

长期食用兽药残留超标的食品后，当体内蓄积的药物浓度达到一定量时，会对人体产生多种急慢性中毒。如氯霉素的超标，可引起致命的"灰婴综合征"反应，严重时还会造成人的再生障碍性贫血；四环素类药物能够与骨骼中的钙结合，抑制骨骼和牙齿的发育；红霉素等大环内酯类可致急性肝毒性；氨基糖苷类的庆大霉素和卡那霉素能损害前庭和耳蜗神经，导致眩晕和听力减退；磺胺类药物能够破坏人体造血机能等。

同时，长期使用抗生素能造成耐药菌株的出现；残留的药物还具有致癌、致畸、致突变的"三致"作用。

因此，在动物养殖阶段，加强动物福利，严格按照国家的要求和标准执行，严禁非法使用违禁或淘汰药物，严格遵守休药期规定。我国于2003年出台了《兽药国家标准和专业标准中部分品种的停药期规定》（农业部278号公告）、2002年出台了《食品动物禁用的兽药及其它化合物清单》(农业部 193 号公告)、2002 年出台了《禁止在饲料和动物饮用水中使用的药物品种目录》(农业部 176 号公告) 等相关规定。

(三) PSE、DFD 肉

屠宰前的运输福利好坏是影响育肥猪肉体品质的重要因素之一。运输过程中的装卸不当会造成动物的伤痛、恐惧和饥渴等，混群后的争斗则是导致皮下出血及胴体淤血的主要原因。因急性致死或应激表现严重的个体，胴体多出现 PSE (pale, soft and exudative) 肉质；而混群时间过长会导致动物的慢性应激，胴体会出现 DFD (dark, firm and dry) 肉质。

PSE 肉和 DFD 肉都是商业等级最低的肉品，在兽医卫生检验上分别称为白肌肉 (PSE 肉) 和黑干肉 (DFD 肉) (图 3-4)。PSE 肉由于水分流失，胴体产量会下降，而且猪肉制熟后较干，会影响食用时的口感；DFD 肉味质较差，并且由于 pH 偏高，利于微生物繁殖，因而腐败变质概率较高，并且会发生在所有动物身上。美国家畜保护学院 20 世纪 70 年代的统计资料表明，畜牧业每年因屠宰前运输所造成的损失达 1 500 万美元，而因胴体品种下降造成的经济损失高达 4 600 万美元。因此，为保证肉品质量，实施动物福利措施，减少运输和屠宰过程中动物的应激是非常必要的一项措施。

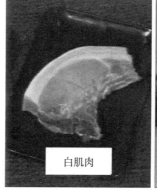
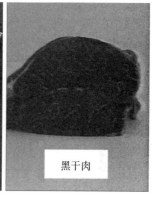

图 3-4　PSE 肉和 DFD 肉

(四) 身体 (胴体) 损伤

淤血和身体受伤是身体损伤的常见形式 (图 3-5)。淤血是在装卸、运输或击晕过程中由于棍棒的不当使用、设施的突出物以及动物角给动物不必要伤害造成的。淤血肉通常是不适于食用的，并且适于细菌的生长而容易导致肉的腐败。一些伤害，如在装卸、运输和屠宰过程中造成的皮肤擦伤、骨折和肌肉撕裂，会大大降低肉品的价值。并且受伤部分容易感染细菌，造成炎症或败血症，可能会导致整个或部分胴体浪费掉。

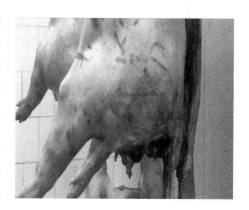

图 3-5　胴体淤伤

(五) 红膘肉

红膘 (red fat) 主要是指猪肉的皮下脂肪因充血、出血或血红素浸润而导致鲜红或暗红色。常与猪丹毒、猪肺疫、猪副伤寒病有关，但也与饲养环境的刺激有关。产生的原因如下。

①动物没有足够休息、饮水、淋浴，在尚未消除疲劳的情况下被屠宰。其胴体可见脂肪呈淡色红染，而全身各组织无病变，冷却后红色渐退，肉质仍新鲜。

②由于屠宰方式不当造成的，如击晕的方法、时间不当，放血方法不对，造成放血不全引起红膘。这种红膘猪全身各组织无特征性变化，但肉只能鲜销不宜久藏。

（六）疯牛病的牛肉

疯牛病是由朊病毒（prion）感染牛脑组织而引发牛的疾病，又称牛海绵状脑病（bovine spongiform encephalopathy, BSE）。病牛往往突然发作，表现为颤抖、感觉过敏、体位异常、后肢共济失调，有些有攻击或狂暴行为，产乳减少，体重下降。牛海绵状脑病朊病毒无宿主特异性，人食用污染朊病毒的牛肉可能导致人类的新型克-雅氏病（new-variant Creutzfeld-Jakob disease）。因此，该病不仅具有食品安全风险，同时还会威胁到公共卫生安全。

疯牛病的发生是由于在肉牛饲养过程中不注重动物福利，没有按照动物福利的标准来饲喂肉牛。牛本应摄取草类作为饲料，但由于用污染朊病毒的肉骨粉作为饲料来饲喂，这不仅违背了牛的天性，还导致疯牛病的发生。由于疯牛病的影响，从2000年9月1日起，欧盟国家已全面禁止使用肉骨粉，并且各国对出售的肉类实施一种专门的标签系统，要求标签上必须标明批号、屠宰所在国家和屠宰场许可号、加工所在国家和加工车间号。从2002年1月开始，又增加了动物出生国和饲养国两项内容。同时，在养殖过程中，发现病牛的牛群会全部被淘汰和焚毁。因此，在牛的饲养过程中必须要重视动物福利，遵循牛的自然天性。违背动物福利，不仅损害到动物健康，也威胁到人类健康安全。

（七）活畜禽注水肉

活畜禽注水肉是在动物宰前人为地采用某种手段及器械（注射器、皮管、压力泵），通过畜禽口腔、食道、直肠、动脉血管、皮下等部位注入一定量的水分，以此增加畜禽重量，使动物机体的含水量剧增，达到饱和状态。注入的水有清水、盐水甚至工业污水，注水后可达净重量的15%～20%。注水肉颜色一般比正常肉浅，表面不黏，放置后有相当的浅红色血水流出。造成动物福利的问题包括虐待动物、违反食品安全法规、损害消费者权益、降低肉类的口感质量、所注水的卫生问题等。通过观察肉色、牲畜肉的切面、试纸检查、放大镜检查和嗅闻等方法，可鉴别注水肉。

第四节　动物福利与人畜共患病

人畜共患病（zoonosis）是主要由细菌、病毒和寄生虫这三大病原生物引起的，人类和脊椎动物之间自然感染与传播的疾病，有记载的人畜共患病约200种。目前，这些疾病对人类社会威胁很大，据OIE统计，60%人类病原体是人畜共患病；80%动物病原体是多宿主的；75%新发传染病是人畜共患病；80%用于生物恐怖的病原都是人畜共患病原体；几乎所有人类新的疾病都起源于动物宿主。因此，动物健康与人类健康关系密切。

动物福利实际就是人对待动物的态度，人与动物之间的互动行为，其中人占主导作用，人是主体。没有人们意识的提高、观念的转变,动物福利就无从谈起。只有人认识到动物福利的必要性和重要性,才能关爱动物、保护动物。所以,从根本上说,动物福利问题是人的责任意识和文明素质的问题。那些随便遗弃动物和对动物不免疫等不负责任的行为,会直接造成人畜共患病的发生和流行,威胁到公共卫生安全。

兽医公共卫生是以兽医领域的技术和资源直接为人类健康服务,其核心领域是维护动物健康,防控人畜共患病的发生和保障食品安全。

一、良好的动物福利能减少人畜共患病发生

(一) 农场动物

农场动物 (farm animal)(图 3-6、图 3-7 和图 3-8)主要是经过人类长期驯化而为人类提供大量肉品、蛋品、皮羽、脂肪等动物产品的动物。随着由传统的粗放式养殖方式向集约化养殖方式的转变,养殖动物的规模扩大,养殖动物的密度增加,养殖动物的种类增多,一系列动物健康问题也随之出现,如应激增多、机体抵抗力下降、群发性疾病增多、传染性疾病增多等。动物疾病的增加,也增加了人类患病的风险。

图 3-6 农场动物——鸡

图 3-7 农场动物——猪

图 3-8 农场动物——牛

提倡农场动物福利的主要目的有两个方面:一是从以人为本的思想出发,改善农场动物福利可最大限度地发挥动物的作用,让动物更好地为人类服务;二是从人道主义出发,重视农场动物福利,可以改善动物的康乐程度,使动物尽可能免除不必要的痛苦,提高机体免疫力,减少动物疾病的发生,从而减少人畜共患病的发生。

(二) 伴侣动物

伴侣动物 (companion animal) 或宠物 (pet) 是指那些适应于家庭饲养、用于丰富人类精神生活、提高生活质量的动物,又称家庭动物 (home animals)(图 3-9)。

伴侣动物的饲养历史悠久。犬、猫、鸟、鱼是人类经过长期的驯养繁殖,已经形成许多优良品种,是人类饲养最普遍、最多的家庭动物。小型马、小型猪、兔、龟等也称为伴侣动物。现在,新型伴侣动物如水母、土拨鼠、刺猬,甚至是虎、狮、蟒蛇等。

伴侣动物有很多疾病为人畜共患病,如狂犬病、结核病、弓形虫病、绦虫病、旋毛虫病等,在饲养时要加强伴侣动物福利和保护知识的宣传和教育。教育饲养者要有责任心,不虐待伴侣动物,不随意抛弃伴侣动物。

保护伴侣动物,必须熟悉所养动物的有关知识,尤其是营养和保健要求,对动物要悉心养护,以培养动物与人类之间的感情,并搞好清洁消毒、疾病预防和疫苗注射;伴侣动物还需要进行一些良好行为的调教,养成良好的生活习惯,以利其健康成长,减少人畜共患病的发生。

图 3-9 伴侣动物

(三) 野生动物

野生动物(wildlife or wild animal)是指生存在天然自由状态下,或来源于天然自由状态,虽然已经短期驯养,但还没有产生进化变异的各种动物。野生动物的广义概念,泛指脊椎动物和无脊椎动物;狭义概念,通常指陆生的脊椎动物,包括哺乳类、鸟类、爬行类和两栖类。

我国是世界上物种多样性最丰富的国家之一。据粗略估计,我国有脊椎动物 5 250 多种,其中,陆栖脊椎动物为 2 300 多种,占世界的 10%,包括 500 多种兽类(世界约 4 200 种),1 240 多种鸟类(世界约 9 000 种),390 多种爬行类(世界约 6 300 种)和 280 多种两栖类(世界约 4 000 种)。

野生动物是多种疾病,如狂犬病、西尼罗河病毒性脑炎、牛结核病、牛痘、刚地弓形虫病等人畜共患病的储存宿主。由于野生动物具有种类多、种群数量大、流动面广(如候鸟的迁徙可飞越国界、洲界)、可与生物媒介自由接触,致使野生动物本身的保健变得更为复杂。

世界动物卫生组织(OIE)于 1994 年成立了野生动物疫病工作组,2011 年 2 月 23~25 日在法国巴黎召开了"OIE 全球野生动物大会",大会的主题是"动物健康与生物多样性——为未来准备"。会议就野生动物卫生、野生动物疫病监测与控制、疾病对生物多样性的影响、人与野生动物疾病的关系、野生动物福利和保护等问题进行广泛的交流与研讨。

良好的野生动物福利包括人类较少地干扰野生动物生存环境,加强野生动物疫源疫病的监测,提倡人类不捕不食野生动物,建立野生动物与人类和谐的关系,这些都有助于减少人畜共患病的发生。

二、不良的动物福利可能导致人畜共患病发生

(一)"复发"的人畜共患病发生率上升

近年来,随着全球一体化的加快,旅游业的兴起和大力发展、生态环境和气候的变化以

及自然资源的进一步开发,人与动物之间的和谐在逐步被打破。不仅像大肠杆菌等细菌性疾病发生率在上升,一些病毒性和寄生虫性人畜共患病的发病率也出现增多趋势。曾经严重威胁人类健康的狂犬病、炭疽、鼠疫、结核病、布氏杆菌病等时有死灰复燃、复发的迹象。如狂犬病是由狂犬病病毒(Rabies virus)引起的人畜共患病,人感染一旦发病,病死率达100%。在我国,狂犬病曾一度得到很好控制,但近年来,随着人们饲养伴侣动物的增多,走失或被遗弃而成为流浪动物也随之增多,狂犬病发病率也呈上升趋势。

流浪动物居无定所,也没有主人,如果不控制繁殖,种群数量就会变得非常大,这在全球各地都是一个大问题。2008年,对世界动物卫生组织(OIE)172个成员开展的动物福利标准的一项调查中,75个国家完成了这项调查,结果显示"与任何其他问题相比,流浪犬管理的问题都被列入重大或严重问题的范畴之内"。

目前,流浪动物日益泛滥,带来了如传播疾病、噪声污染、环境污染、引发交通事故等一系列公共卫生问题,已引起全社会的关注。世界卫生组织估计,每年约有55 000人死于狂犬病,其中99%是由犬引起的。我国是世界上狂犬病高发区之一,狂犬病疫情呈逐年高发态势,每年因狂犬病死亡人数约2 000人,仅次于印度,居全球第二位。

如何科学合理控制流浪动物数量?OIE在《陆生动物卫生法典》的动物福利部分专门介绍了流浪犬群控制,制订了犬群控制计划的目标。包括提高有主犬和流浪犬群的健康和福利;减少流浪犬的数量到可接受的水平;促进、倡导做负责任的犬主;协助建立和维持一个狂犬病免疫或无狂犬病的犬群;降低除狂犬病外其他人畜共患病的风险;控制对人类健康的其他风险(如寄生虫病);防止对环境和其他动物的危害;禁止非法贸易和交易。

目前,在大多数国家,绝育手术是控制流浪动物种群数量的主要措施和手段。没有绝育的流浪动物大量繁殖,导致流浪动物种群数量增加,收容所过分拥挤,动物福利状况很差,大量的流浪动物严重威胁到人类的健康和安全。人工进行绝育手术是国内外普遍采用的一个方法。近年来,在政府部门的协调下,各动物保护社会团体、相关高等院校、科研机构纷纷参与到流浪猫犬的绝育工作中。目前公认的控制流浪猫犬的最有效办法为"TNR",即Trap(捕捉)- Neuter(绝育)- Release(放归)。世界动物保护协会(World Animal Protection)正在包括我国在内的多国开展这项活动,运行效果非常好。

此外,投放避孕疫苗和化学去势,也是控制流浪动物数量的措施之一。

(二)"新发"的人畜共患病病原体或病原体宿主谱改变

所谓新发人畜共患病,是指由于病原体或寄生虫的改变或进化而引起的新感染,其宿主范围、传播媒介、致病性或病毒(菌)株出现新的变化,也包括发生的过去未被认识的感染或疾病。据WHO报道,在最近10年,感染人类的新发病有75%是由源自动物或动物产品的病原体所致。一旦发生人畜共患病,不仅会给畜牧业以毁灭性打击,还会对人类的健康和生命造成威胁,严重时可导致人的死亡,甚至引起一定程度的社会恐慌,且给相关行业如旅游业、运输业造成冲击。

不良的动物福利可以导致动物精神沉郁,影响动物健康而引发人畜共患病的发生。1999年初,源自马来西亚狐蝠的尼帕病毒病暴发,导致成千上万头生猪死亡,并造成200多人死亡。此外,SARS冠状病毒、朊病毒、新型汉坦病毒、亨德拉病毒、尼帕病毒、猴痘病毒和西尼罗病毒等新病原体出现或感染新的宿主,成为新的人畜共患病,给人类带来了严重的威胁。如严重急性呼吸综合征（severe acute respiratory syndromes），又称传染性非典型肺炎，简称 SARS，是一种因感染 SARS 冠状病毒（Severe acute respiratory syndromes coronavirus，SARS-CoV）引起的新的呼吸系统传染性疾病。2002 年冬至 2003 年春，首发病例出现在广东佛山，也是全球首例，并迅速在我国人群中暴发流行，并扩散至东南亚乃至全球。该病主要通过近距离空气飞沫或直接接触呼吸道分泌物、体液传播，以发热、头痛、肌肉酸痛、乏力、干咳少痰等为主要临床表现，严重者可出现呼吸窘迫，导致高致死率。人群普遍易感，并具有较强的传染性。这次疫情共造成中国内地 5 326 人感染，死亡 349 人，病死率为 6.5%；全球感染 8 458 人，死亡 786 人，病死率为 9.3%。其病毒溯源研究表明：从 6 只果子狸（Paguma larvata）标本中分离到 3 株 SARS 样病毒，进一步的基因分析证明了动物 SARS 样病毒是人类 SARS 病毒的前体。

人类大量食用野生动物，其本质就影响到野生动物的福利，这不仅造成自然资源的枯竭，更有可能导致野生动物体内的病原体感染人类，从而导致人类疾病的暴发。因此，我们要加强野生动物资源的保护，合理利用野生动物资源，提倡野生动物福利，减少人畜共患病的发生。

防控人畜共患病必须从源头上控制。首先，提倡动物福利，可以提高动物免疫力，减少动物疾病发生，也减少人类感染的机会，同时，要保护生态环境，保护大自然，建立人与自然和谐相处的佳境。

第五节　动物福利与国际贸易

保障动物福利同时也是保障人类的福利。近年来，动物福利问题日益成为人们关注的热点。随着我国加入 WTO，以及我国恢复 OIE 地位，国际贸易格局的变动和人类生态意识的增强，在畜牧业国际贸易领域逐渐产生了新的壁垒——动物福利壁垒。

国内学者对动物福利壁垒概念的阐述，主要有两种观点：一种认为动物福利壁垒是一种蓄意设置的贸易障碍，是西方一些发达国家利用文化教育、传统习俗等方面的优势和影响力，通过制定歧视性、针对性的动物福利标准和其他市场准入要求，来达到贸易保护和限制进口的目的；另一种观点则强调，动物福利壁垒的主要目的在于关心和爱护动物、保护自然资源以及维护人类健康，并不一定是蓄意设置的贸易障碍。

动物福利壁垒可定义为：在国际贸易活动中，进口国以尊重和保护动物为由，通过制定和实施一系列针对性的法律法规和动物福利标准，以限制或禁止产品进口，从而达到保护国内产品和市场目的的贸易保护手段。与传统的贸易壁垒不同，动物福利壁垒兼具技术壁垒和道德壁垒的特征，是国际动物和动物产品贸易的一个门槛（图 3-10）。

我国畜牧业中的动物福利问题比较突

图 3-10　动物福利与国际贸易

出，已经影响到我国动物产品的国际市场发展，成为我国动物和动物产品国际贸易中一个新的壁垒。

一、动物福利能减少贸易争端

随着人们动物保护意识、动物福利理念的加强，越来越多的动物福利保护组织相继出现。他们利用各种方式宣传动物保护，从动物福利的角度对国际贸易施加影响。另外，随着人们物质生活的不断提高，人们开始关心自己所购买的动物源性产品的安全性，他们希望了解更多有关动物福利的状况。由此，增强动物福利必将成为一个不容回避的国际趋势。为了发展我国的畜牧业，顺利地进行国际贸易，减少国际贸易争端，从根本上提高我国的动物保护水平，提倡动物福利才是长远之计。

在国际农产品贸易中，出口动物产品必须考虑进口国的贸易政策和消费需求，这不仅要求动物产品的质量要符合有关规定，还要求动物及动物产品的生产和运输过程等方面也要符合有关动物福利标准。因动物福利而影响国际贸易的事件在我国已有多例。

欧盟国家的一个畜牧产品进口商曾经访问黑龙江省某实业有限公司，准备购买数目惊人的活体肉鸡，但是这笔生意最终因"鸡舍不够宽敞舒适"而流产。欧盟是倡导动物福利的先驱，制订有《保护农畜欧洲公约》和《保护屠宰用动物欧洲公约》，对各缔约国有相当大的约束作用。要本着人道主义让动物从出生到被屠宰充分享受应得到的福利待遇。以猪为例有如下规定：猪出生至少要吃13d的母乳，要有铺干燥稻草的窝，拥有拱食泥土的权利；运输车必须清洁并按时喂食和供水，运输中要按时休息，运输时间超过8h就要休息24h；屠宰猪要快，需用电击将其瞬间致昏直至死亡，尽量做到不被其他同伴看到，然后才能放血分割等。

英国早在1999年就禁止了全封闭式猪圈喂养，还颁发了《猪福利法规》，对养殖户饲养猪的猪圈环境、喂养方式做了细致的规定，并且增加了猪饲养环境丰容的条文，以避免使生猪感觉生活枯燥，并规定对不遵守该法规的养殖户将给予处罚。

如果在动物饲养、运输和屠宰等各个环节都按照良好农场动物福利标准操作，并根据我国的国情，制订适合我国的动物福利法律和标准，将减少国际贸易争端。

二、动物福利能提高市场竞争力

2001年12月，我国正式成为世界贸易组织（WTO）成员；2007年，我国恢复了在世界动物卫生组织的地位。作为WTO和OIE的成员国，中国承诺遵守WTO的《技术性贸易壁垒协议》（TBT）、《实施动植物卫生检疫措施协议》（SPS）的规定；在动物运输、动物屠宰、动物和动物产品进出境检疫等方面，必须按照OIE的《陆生动物卫生法典》《水生动物卫生法典》及诊断手册的规定、建议和指南操作。随着国际贸易的发展和贸易自由化程度的提高，世界上许多国家将动物福利概念引入了国际贸易领域。

提高畜产品、水产品的内在质量，确保安全性，是提高动物产品国际竞争力的实质内容。其具体表现为动物疫病防控程度和动物源性食品安全程度。目前，我国动物疫病和兽药残留问题十分突出，已成为养殖业进一步发展的瓶颈，也是国际贸易的"壁垒"，严重影响到我国畜产品、水产品的市场竞争力。

动物福利体现的是人类对生命的尊重，符合人与动物和谐发展的潮流。随着社会进步和经济发展，动物福利将被越来越多的国家所接受。提高动物福利地位是大势所趋。西方国家不断向国际社会施加影响，要求把动物福利问题纳入到现行的国际贸易体制中。提高动物福利，将提高动物和动物产品的国际市场竞争力。

（一）动物药的贸易

来源于动物的药物称为动物药，可以是动物的全体、器官、组织或动物的分泌物、附属物和排泄物，如熊胆、麝香、鹿茸、蛇毒、哈士蟆。动物药是我国传统中医药的重要成分，为中华民族的健康做出过重大贡献。

但我国药用动物的养殖环境、药用动物的药材采集方式、药用动物的管理等方面，都没有相关的良好动物福利操作指南，如"活熊取胆"。自1985年以来，全国兴起养熊取胆汁热潮，曾有养熊场上百家，有熊约上万头。采用手术方法，即给黑熊胆囊外安装一个引流导管，可以长年采集胆汁。但由于有些饲养场为了商业目的和利益驱使，不顾及动物福利，不考虑动物健康，饲养设施简陋和技术条件较差，对熊活体引流取胆采取不消毒、连续取胆、拔掉门牙等不人道手段，对熊的体能、福利和健康状况伤害很大，对熊胆的质量也造成一定影响。

我国于1980年12月25日加入《濒危野生动植物种国际贸易公约》（简称CITES公约）。在第10.8号决议中（熊的保护和贸易），CITES鼓励其缔约国研究并推广在传统医药中使用熊的替代品。因此，我国积极寻求熊胆的替代品，减少或取缔熊胆的使用。

如何将我国的传统动物药推进国际市场，必须要加强动物福利工作，从药用动物的饲养、药用产品的获取、加工手段、动物产品使用等多方面强化动物福利理念。

（二）水产品的贸易

我国的水产养殖具有悠久的历史。2 500年前范蠡撰写的《养鱼经》是世界上最早的一部养鱼专著，已经被译成多国文字，成为人类水产养殖史的宝贵文献遗产。

我国水产养殖不但历史悠久，而且产量也位居世界第一。据联合国粮农组织2014年公布的资料显示，我国水产养殖产量占世界的62%，占亚洲的70%，是世界唯一一个养殖产量超过捕捞产量的主要渔业国家。

随着人们生活水平的提升，消费者的选择也随之增多，人们对水产品生产标准，尤其是水产品的安全和质量也有了更高的要求。目前，我国多数水产品养殖只重视数量和规模，而对于水产品的质量则有较大的忽视。为了提高我国水产品的国际贸易竞争力，必须加强水生动物福利。

2005年，欧盟委员会已经采纳养殖鱼类的福利标准条例（1997年制定的）；2008年，世界动物卫生组织采用了鱼的福利指导原则。我国虽然在2002年也制定了《中华人民共和国渔业法》，但该法律涉及的动物福利内容主要偏向于野生的鱼类，而对人工养殖的水生动物福利涉及很少。

鉴于水产养殖动物福利的要求，人们在养殖、捕捞、运输水产动物的各个环节都要考虑动物福利。在养殖过程中，要给动物提供一个优质、健康、舒适、无胁迫的养殖环境，同时要给予充足的饵料；减少或不使用抗生素。在捕捞、运输和屠宰的过程中采取有利于水产养殖动物的福利措施，保证水产品的安全和健康，提高市场竞争力。

（三）畜禽产品的贸易

我国是全球第一大禽蛋生产国，禽蛋业是国内畜牧业的优势产业。我国肉类产量居世界第一位，禽肉是我国畜产品出口的第一位产品，猪肉及其制品一直是我国传统的出口创汇产品。我国的生猪、活鸡、冻肉主要出口我国的港、澳地区和东欧，猪肉主要出口俄罗斯、东欧及我国的香港地区，而对欧盟、美国出口是非常困难的，其主要原因是兽医卫生质量不过关，畜禽疾病问题严重，兽医防治体系不健全，达不到国际兽医卫生组织要求的标准，再加之欧美等国家的动物福利制度的渐行渐近。

目前，我国家畜在饲养、运输、屠宰等环节都存在很大的问题，远远达不到西方国家制定的动物福利标准，也不能符合 OIE 的动物福利法律法规条款，这将严重阻碍我国畜禽产品的国际贸易，在国际市场上竞争力不足。

欧盟及美国、加拿大、澳大利亚等国都有动物福利方面的法律，世界贸易组织的规则中也有明确的动物福利条款，OIE 在《陆生动物卫生法典》的动物福利部分中，详细描述了陆路运输、水路运输、空中运输的动物福利要求；对动物屠宰过程动物驱赶、人员要求、装箱要求等都有明确的规定和福利要求。我国向西方发达国家出口的畜禽产品，常被质疑是否符合动物福利的要求。目前，我国畜禽产品在国际贸易中屡遭排斥，很大程度上都与我国落后的养殖方式和不能满足动物福利的要求有关。因此，动物福利壁垒对我国畜禽产品出口的影响越来越大。我国应积极调动各方因素，并将其有机结合，应对这一新贸易壁垒，提高我国畜产品的国际市场竞争力。

动物福利理念是建立在人类文明道德伦理基础上。实施动物福利措施，是社会进步、文明化程度提高的表现。由于各国宗教信仰、文化习俗及传统观念的差异，各国的动物福利水平也存在很大差异。欧盟等一些发达国家利用已有的动物福利优势，将本国动物福利标准应用到国际贸易中，以动物福利的名义设置动物福利贸易障碍或道德壁垒。但由于我国动物福利标准比较低，使我国国际贸易遭受了严重的损失。

为了能很好缓解国际贸易壁垒，必须在动物生产、运输、屠宰等过程中加强动物福利良好操作，并通过动物福利宣传、动物福利立法和设立动物福利标准等措施，缩小我国与其他发达国家的动物福利差距，缓解国际贸易壁垒，使我国优质的动物产品走出国门，走向世界。

思考题

1. 名词解释

公共卫生　兽医公共卫生　执业兽医　官方兽医　人畜共患病　畜产品安全　环境安全　畜禽生产安全　动物福利贸易壁垒　野生动物　家庭动物

2. 举例说明执业兽医与动物福利的关系。
3. 你认为动物福利和环境安全关系大吗？
4. 动物福利能否要求世界各国观点和做法一致？
5. 请你从兽医专业出发，谈谈动物福利在人畜共患病发生中的作用。

6. 简述动物福利与畜产品质量安全的关系。
7. 简述畜牧业生产过程中的畜产品质量安全隐患。
8. 简述保障畜产品质量安全的福利措施。
9. 为什么说动物福利是动物产品贸易中的一道壁垒？
10. 请你谈谈兽医在动物福利中的角色。

参考文献

柴同杰，2008. 动物保护及福利［M］. 北京：中国农业出版社.
顾宪红，2010. 长途运输与农场动物福利［M］. 北京：中国农业科学技术出版社.
果戈里（英），2008. 动物福利与肉类生产［M］. 时建忠，顾宪红，译. 北京：中国农业出版社.
贾幼陵，张仲秋，2012. 国际兽医事务手册［M］. 北京：中国农业出版社.
刘卿卿，许啸，2013. 动物福利壁垒对我国国际贸易的影响及相应对策的研究［J］. 饲料与畜牧，4：36-38.
柳增善，2010. 兽医公共卫生学［M］. 北京：中国轻工业出版社.
陆承平，1999. 动物保护概论［M］. 3版. 北京：高等教育出版社.
陆承平，2005. 兽医法规导论［M］. 北京：中国农业出版社.
张岸嫔，2007. 与国际贸易有关的动物福利壁垒问题研究［J］. 西北农林科技大学学报（社会科学版），7（3）：74-77.
张广杰，2012. 我国执业兽医职业道德建设研究［D］. 北京：中国农业大学.

第四章
动物福利立法与规范

动物福利立法是从法律的角度规定人类对待动物的态度和处置动物的方式，不允许任意处置动物，甚至给动物造成伤害。法律规定是建立在动物生理学、行为学等科学理论基础上，同时，还应用了伦理学和法学等学说。

欧盟，特别是英国，是倡导和制定动物福利法规的先驱，针对不同动物及不同环节制定了指令，其立法实践对我国有借鉴意义。世界动物卫生组织（OIE）（图4-1）《陆生动物卫生法典》中动物福利的指导原则是各国立法的指导方针，其法典由成员国协商制定，同时要求各国必须遵照执行。FAO制定了畜禽饲养环节动物福利的最低保护标准，我国也应参照执行。

福利立法受到社会经济文化发展与公民文明素质的影响，反过来，法规也对人们的行为予以规范，促进该项事业的发展和社会文明进步。我国动物福利立法面临的困难，首先是人们对动物福利概念的理解不深入或有偏差，其次是对畜牧业管理与食品安全、公共卫生和国际贸易的关系理解肤浅。动物福利立法是全球的大势所趋，我国的动物福利立法也迫在眉睫。

图4-1 世界动物卫生组织（OIE）

第一节 OIE动物福利立法

一、OIE动物福利立法的历程

2005年，OIE发布了动物福利法典《海、陆、空动物运输准则》《食用动物屠宰准则》和《为动物疫病控制紧急宰杀动物的福利准则》；随后，发布了《流浪狗数量控制的指导方针》。在2012年OIE第80届大会上，成员正式采纳了畜禽生产过程中的《动物福利标准指南》。新指南首先规定了肉牛福利措施的标准，如饲料营养、牛圈照明、牛的卧寝条件以及牛饲养过程的其他要求。尽管2011年的成员会议在涉及火鸡的动物福利问题方面没能达成协议，但2012年在畜禽动物福利的许多方面达成了一致意见，使动物福利工作前进了一大步。这是一个具有划时代意义的事件，也将为其他动物饲养过程中采纳动物福利标准奠定了基础。

二、OIE 动物福利法规的基本要求

(一) OIE 动物福利指导原则

(1) 动物福利与动物健康有密切关系。

(2) 国际公认的"五项基本原则"：即享有不受饥渴、无营养不良的自由；享有生活无恐惧和悲伤感的自由；享有生活舒适的自由；享有不受痛苦伤害和疾病威胁的自由；享有表达天性的自由，为动物福利提供了有益的指导。

(3) 国际公认的"3Rs"原则，即采用非动物技术代替实验动物，减少实验动物数和优化动物试验方法，是在科研中使用动物的重要指导方针。

(4) 科学评估动物福利需要综合考虑各种因素，应用尽可能清晰的价值学说，选择、取舍与衡量这些因素。

(5) 无论是农业使役、食品和科学研究，还是作为伴侣、表演娱乐，动物对于人类福祉做出了重要贡献。

(6) 在实际使用动物的过程中，使用者应受到伦理道德责任的束缚，最大限度上确保其动物福利。

(7) 改善农场动物福利，往往有利于提高生产效益和食品安全性，进而促进经济效益。

(8) 比较动物福利的标准和准则，应以等效结果（操作标准）而非同一系统（设计标准）作为依据。

(二) 指导原则的科学基础

(1) 福利是一个广义术语，包括影响动物生活质量的诸多因素，其中包括上述"五项基本原则"。

(2) 近年来，对于动物福利的科学评估已取得长足的进步，并构成了本准则的基础。

(3) 某些动物福利的评估方法主要包括由损伤、疾病和营养不良引起的动物机能损害的程度。其他评估方法主要通过观察动物选择性（preferences）、个体动机（motivations）和心理沉郁（aversions）程度等，依据动物的需求和在饥饿、痛苦和恐惧状态下的行为变化评估。

其他还包括评定动物对各种刺激的反应而出现的生理学、行为学和免疫学上的变化，或受到这些影响时的表现。

(4) 处置动物的方法不同，对其福利的效果也不同。上述措施可成为评估这些差异的标准和指标。

(三) OIE 动物福利法规简介

1. OIE 动物福利的相关建议　良好的动物福利，需要疾病控制以及适当的兽医诊治、适宜的圈舍、管理、营养、人道处置和人道屠宰。动物福利与动物自身状态有关，可以用其他的术语来表述对动物的处置，比如照料动物、动物饲养和人道处置。

OIE 在畜禽生产系统中动物福利的通则做如下要求。

(1) 在对畜禽进行基因筛选时，应该考虑到动物的健康和福利，即遗传和育种。

（2）饲养环境（如通道、起卧休息处等）应该适合动物的品种要求，从而使动物受伤、疾病或寄生虫病的传染风险降至最低。

（3）饲养环境应该能够让动物舒适休息并且活动自如，其中，包括正常的姿势改变、受到激发后可以相应表现的自然行为。

（4）对动物进行分群的方式，应能促进积极的群居行为，并尽量减少受伤、压抑和长期性恐惧。

（5）圈舍内的空气质量、温度和湿度应保障动物的健康，不能对动物有害。当出现极端天气时，不应阻碍动物使用他们天然的热调节方式。

（6）动物应该能够得到足够的适合其年龄和需要的饲料和水，从而维持其健康和繁殖力，并避免其遭受长时间的饥渴、营养不良或脱水。

（7）应通过良好的饲养管理，尽可能地防控疾病。如果动物出现严重的健康问题，应将其隔离并立即治疗；如果无条件治疗或不可能康复的话，则应人道屠宰。

（8）如果未能避免疼痛操作，应控制疼痛至最低程度。

（9）对动物的处置应促使人和动物之间形成一种正向有益的关系，而不应造成动物的伤害、恐慌、持续的恐惧或可避免的应激。

（10）动物的所有者和处置者应掌握足够的知识和技能，从而保证他们以动物福利的要求来对待动物。

2. 动物福利和肉牛生产系统　肉牛生产系统指的是所有商业用牛的生产系统，包括从育种、养殖到屠宰的部分或所有环节，这些操作的目的都是为了满足牛肉生产及安全消费。肉牛生产系统中的福利方面，包括从其出生到育肥的整个过程，但不包括肉犊牛的生产。不同肉牛饲养系统定义如下。

集约化系统：牛只被限制在一定的活动范围中，完全依赖饲养员来满足其基本的需要，如每天的食物、饮水和挡风避雨的栏圈。

粗放式系统：此系统中的牛有足够的自由在舍外活动，并且在某种程度上可以自由选择食物，如通过放牧、饮水以及进入遮蔽物内。

半集约化系统：牛的饲养由集约化和粗放式饲养混合而成的生活环境。牛群可以同时或者根据气候的变化或生理状态选择进入何种养殖环境。

肉牛福利状况是能够测量的，应根据不同肉牛饲养环境来使用动物福利指标以及适合的阈值。此外，也应考虑到系统的设计。这些测量的项目包括行为、发病率、死亡率、繁殖效率、体态、处置反应等。针对该生产系统的建议如下。

（1）生物安全和动物健康：

①生物安全和疾病预防：生物安全，意味着通过采取一系列的措施，使动物群体的健康状态维持在一定的水平上，并且防止病原微生物的传入及扩散。生物安全计划应该在设计和实施方面，能够达到期望的牛群健康状态并且应对当前的疾病风险同时，针对OIE列出的疾病风险，应符合陆生动物卫生法典中的相关建议。生物安全计划应提出生物安全措施，能够控制住病原体的来源及其路径。

②动物健康管理：动物健康管理是一套管理体系的制定，能够保证牛群最佳的行为正常和身体健康，保持其福利状态。其中，包括对影响牛群的疾病和不利环境的预防、处置和控制，如适时记录疾病、伤害、死亡率和医学治疗等。应该具备一套有效的预防、应对疾病和

不良环境的计划,并且与兽医制定的相关工作计划保持一致。

(2) 环境:对肉牛生产环境在以下方面提出了具体规定,如环境温度、光照、空气质量、噪声、营养、地面、垫料、休息区和户外区域、群居环境、饲养密度、预防天敌等。

(3) 管理:对肉牛生产管理,在以下方面做出了具体规定:①基因选择;②繁殖管理;③初乳;④断乳;⑤导致疼痛的养殖操作:去势、去角(断芽)、切除卵巢(阉割雌兽)、断尾、个体标记;⑥处置和检查;⑦人员培训;⑧应急计划;⑨选址、建设和设备;⑩人道屠宰等。

3. OIE 动物运输福利 OIE 动物福利对动物运输包括陆路运输、海上运输和空中运输,从装载、运输车辆、运输过程、卸载等整个过程,及参与动物运输的各方面都做出了详细的规定。

(1) 动物陆路运输准则:一旦决定通过陆路运输动物,动物福利是运输途中首先考虑的问题,且应将动物的运输时间降至最低。同时,本节中详述相关人员负有连带责任。

(2) 动物海上运输的福利准则:准则建议应将动物的运输时间降至最低。

运输过程必须观察动物行为。动物处置人员应具备相应的经验,并有能力处置动物,还要了解动物的行为模式以及与自身操作相关的基本原则。

由于品种、性别、性情、年龄以及被饲养和被处置的方式不同,个体动物或群体动物的行为会有差异。

(3) 动物空中运输的福利准则:对各种动物的要求、集装箱的尺寸和运输环境给予详细的规定。

4. 动物屠宰 相关规定是确保食用动物在屠宰前、屠宰中的整个过程中的福利。这些规定适用于在屠宰场屠宰的家养动物:黄牛、水牛、野牛、绵羊、山羊、骆驼、鹿、马、猪、平胸鸟、兔子和家禽。其他的动物虽然饲养场不同,但是都会在屠宰场外面被屠宰,对于这些动物,应该设法确保在运输、待宰、保定和屠宰过程中不会使其遭受不必要的应激,动物屠宰的相关规定的基本原则也适用于这些动物。

对参与屠宰的所有人员提出要求,"参与卸载、驱赶、待宰、看管、保定、击晕、屠宰和放血的人员,在保护动物的福利方面发挥着重要的作用。基于这个原因,应该聘用足够数量的工作人员,他们应该有耐心、考虑周到、有能力并熟悉本章的规定和建议以及在国内环境中如何应用"。屠宰场的管理和兽医服务应该确保屠宰场工人能够依照动物福利原则来完成相应的工作。动物处置人员应具备经验并有能力处置和移动农场动物,并且还要了解动物的行为模式以及与自身操作相关的基本原则。

动物屠宰的福利法规制定了一般原则,对动物的驱赶和管理、待宰栏设计和建造、待宰动物的护理、屠宰妊娠动物时胎儿的管理、适应不同种类动物的处理和保定方法以及相关的动物福利问题、不同动物处置方法、可接受的屠宰方法及动物福利问题、动物福利不能接受的方法、程序或操作等。

5. 为控制动物疫病扑杀动物的准则 这些原则的前提是做出了处死动物的决定,并阐明动物死亡前保证动物福利的需要。一般原则要求:所有参与人道屠宰动物的人员应当具备相关技能,能力可以通过之前的培训和实践经验获得。

必要时,操作程序应当根据操作地点的特殊环境做出相应调整,并应阐明除动物福利外的麻醉方法、方法成本、操作人员安全、生物安全和环境方面、安乐死方法的感官要求和方法的成本。并对专家组的责任和能力做出了具体规定和要求,以及人道扑杀动物时的考虑因素、人道扑杀的方法等。

6. 流浪犬数量控制的指导方针 该方针的目标是解决流浪犬的一系列问题,其中包括人类健康、动物健康和福利问题,也对社会经济、政治和宗教产生影响。人类健康问题应该优先考虑,首先指预防狂犬病等人畜共患病的发生。在避免动物遭受不必要痛苦的情况下,OIE 也认识到控制流浪犬数量的重要性。兽医应该在防止人畜共患病方面发挥更为重要的作用,并确保在参与犬数量控制的过程中保证动物福利,协调他们与政府主管的机构和部门之间的关系。

指导原则是:①提升犬主人的责任感,降低流浪犬的数量,控制人畜共患病的流行;②由于犬与人类生活密切相关,改变人类对待动物的行为,才能有效控制流浪犬的数量。

第二节 其他国际组织的动物福利要求

一、联合国粮农组织的动物福利要求

联合国粮农组织(FAO)积极倡导农场动物福利,并主办了关于动物福利的门户网站"农场动物福利之门"(Gateway to Farm Animal Welfare,FAO,2011)。该网站收集并整理了来自国际机构和各国的有关农场动物福利的信息,以及全面的、不断更新的福利标准、政策和讨论的相关信息。以欧盟委员会制定的标准为例,其中,包括养殖环节的动物福利标准,如生猪最低保护标准、蛋鸡最低保护标准、犊牛最低保护标准等;运输环节中的动物福利,如运输过程中的动物处置、转运站的标准、公路运输时间长度的标准和条款等;屠宰环节的动物福利,如家畜的人道屠宰、处死时动物的保护、农场动物紧急宰杀的最低保护标准、为控制疫病而采取的动物扑杀等规定。

同时,联合国粮农组织指出了许多发展中国家在动物福利方面尤其是家畜的屠宰方面存在一些共性的问题,包括家畜的装卸、运输、宰前处置、击晕和放血等。在以上过程中粗暴的操作和不当的设施使用,不仅会给动物带来不必要的痛苦和伤害,也会给企业带来经济损失。

二、世界动物保护协会的动物福利要求

世界动物保护协会(World Animal Protection)是全球领先的动物福利组织,30 余年来长期致力于动物保护事业,总部位于英国伦敦,活跃在全球 50 多个国家,积极加强和推动动物保护的观念和实践,是目前唯一拥有联合国全面咨商地位的国际动物保护机构。世界动物保护协会关注各种动物的虐待问题,该机构目前的优先工作领域包括伴侣动物、野生动物、农场动物以及灾难动物救助等。此外,世界动物保护协会还通过动物福利教育项目增强人类对动物的尊重并改善对待动物的行为,并积极推动政策制定部门为动物提供基于科学的法律和政策保护。

世界动物保护协会的政策基石是基于动物福利科学的研究结果,超越了对于某一个特定物种的保护,而是关注动物个体的福利。动物是有感知力的生命,其生理结构决定了其内在

特点、兴趣和天性,并且可以感受疼痛。因此,动物生活在人类影响范围内时,应该避免不必要的痛苦和伤害,而不应仅仅成为人类谋利的对象。而且,人类应该为动物提供适合该物种生活环境。换言之,如果某个动物的生理和行为需求无法被满足,则表示不应被人类所控制和处置。通过与各地政府、企业、社区和个人的合作,世界动物保护协会确保将动物保护纳入全球亟须解决的议题之中,向世界说明保护动物就是造福人类,推动世界保护动物。

三、皇家防止虐待动物协会的动物福利要求

1824年,英国成立了防止虐待动物协会。协会编印宣传资料,为学校编写和制备教材,并通过报刊唤醒社会大众,关心动物福利和如何照顾动物;同时,雇用检查员在市场、街坊检查动物的生活状况和虐待动物的事件,对违法者进行起诉。1840年,英国女王授予"皇家Royal"称号,改称为RSPCA。

皇家防止虐待动物协会是世界上历史最为悠久、规模最大的动物福利组织之一。皇家防止虐待动物协会的宗旨是推动执法、安排弃养动物的认养工作、拯救野生动物、推动公共宣传活动与教育以及游说政府,来倡导慈善之心,防止残酷虐待动物的行为。

第三节　国内外动物福利立法实践

一、欧美等国家动物福利立法

动物福利不仅是一个观念问题,还反映了国家经济、文化发展水平和社会文明进步。发达国家经济社会发展历史长,具有雄厚的经济基础,公民普遍能够享受良好的教育,国民整体素质较好,这是动物福利保护立法的根本条件。

早在18世纪,欧洲国家的一些学者就开始用伦理学的知识指责残酷对待动物的行为。1768年,英国学者Reverend Richard Dean就指出,"许多牲畜就在人类没有意识到其痛苦和没有同情的残忍的手中死亡"。所有的动物都有感觉,有七情六欲,动物和人一样可以感受到快乐和痛苦。免受疼痛是动物生命体的基本权利,应享有这方面的法律保护(William Smellie,1790)。1798年,英国剑桥大学一位名叫托马斯·杨(Thomas Young)的学者,对英国残酷对待体育动物进行了批评。值得称赞的是,他们通过这些不文明的行为,指出国家公共政策和管理的不足,并提出要认真考虑动物的伦理地位问题。

上述观点在现在看来是很合理的主张,但在当时被很多人认为是难以接受的。因此不难想象,以这些理论为依据的立法实践遭到持传统观点人士的狙击。鉴于对动物的同情和残酷对待动物的不满,尤其以通过搏杀动物换取人们娱乐的活动,1800年4月英国下议院的威廉姆·帕尔特理(Willianm Pulteney)向下议院提交《斗牛法案》,希望取消斗牛的风俗,该议案遭到了下议院很多议员强烈的批驳,屡次受到挫折,未能通过立法。直到此后的20年(即1822年),爱尔兰政治家马丁说服了英国的下议院议员,通过了禁止残酷对待家畜的《马丁法案》。该法案是世界上第一部专门针对动物保护而制定的法律,成为动物福利保护运动史上的一座里程碑。自此,世界动物保护立法的序幕被拉开,欧美动物福利保护立法开始得到迅速的发展。如1850年,法国通过了反对虐待动物的《格拉蒙法案》;1866年,美国

通过了《禁止残酷对待动物法》；1876年，英国通过了《禁止残酷对待动物法》。在此过程中，动物福利保护的立法与动物福利保护的民间运动的推动是分不开的。1824年，爱尔兰政治家马丁和其他人士一起组织成立了世界上第一个动物保护组织"禁止残害动物协会"，1845年法国成立了"动物保护协会"。

在动物福利立法方面，欧盟的体系是最健全、水平最高的，尤其是关系到国际贸易的农场动物方面，如99/74/EC蛋鸡最低保护标准、91/629/EEC动物运输保护、93/119/EC动物屠宰和处死时的保护，这些指令对饲养过程中的地面、垫料、光照、通风、供水供料系统、饲养密度、疾病预防、房屋设施以及运输过程中容易造成动物应激的车辆设计、通风、温度、密度、饮食、休息、运输前准备、装卸车操作和屠宰过程中的宰前保定、击晕、放血等关键点做出了详细规定，要求各成员国遵守。

（一）欧洲公约

在近代，欧盟是倡导动物福利的先驱，从组织管理到立法均在世界上处以领先地位。如欧盟委员会食品安全署专门为动物设立了福利部门，各加盟国农业食品部也有相应的动物保护及福利的管理机构。20世纪60年代，欧洲就制定了国际社会动物保护条约（Ekesbo，1985），其中，包括家畜保护条约、动物运输条约等。

动物运输条约制定于1968年，于1970年生效。该条约不仅针对家畜、家禽，也包括鸟类。条约要求运输车须清洁，并按时给动物喂食和饮水，运输中要按时休息，运输时间超过8h就要休息24h。

动物屠宰条约制定于1972年，1982生效。该条约对驱赶动物、圈栏条件、捉拿、保定、击昏、屠宰方式等做了细致要求：必须用电击致昏，避免疼痛；屠杀过程不让其他动物看到；要等动物完全昏迷后才能放血等。强调尽管动物生命即将结束，但屠宰过程须避免恐惧、疼痛或折磨。

欧洲制宪委员会制定的《宠物保护协约》规定，不准将宠物卖给16岁以下的人，持有者必须为宠物提供良好的食宿环境，保证宠物不会丢失，遗弃宠物将被判处虐待罪。

欧洲理事会（Council of Europe）作为一个区域性的国家联合体，拥有46个成员，先后制定了一系列关于动物福利保护的公约和协议，现就其中比较重要的几项加以介绍。

1.《欧洲宠物保护公约》（European Convention for the Protection of Pet Animals） 于1992年5月1日生效，现有荷兰、瑞典等18个国家加入了该公约。受公约保护的宠物，定义为"任何被人保有或将要保有的，特别是在其家庭中用于个人娱乐或陪伴性质的动物"，并且同时排除了受保护的濒危野生动物。公约确定宠物的动物福利基本原则有两条，即"不允许给宠物造成非必须的痛苦、折磨或困扰""不允许遗弃宠物"。此外，公约对于宠物的保有、繁殖、训练、贸易、娱乐与竞赛、手术治疗、处死以及购买的年龄限制等方面都做了详细规定，如宠物的持有者要提供适合动物的充足食物与水，要提供其合适的锻炼机会，要采用合理的手段避免其逃逸等。

2.《欧洲农场动物保护公约》（European Convention for the Protection of Animals Kept for Farming Purposes） 于1978年10月9日生效，1992年又制定了关于这个公约的补充协定。德国、法国等国家率先签署了这一公约，现有成员31个。该公约主要针对现代化、集约化、规模化畜禽生产过程中的动物保护，即对生产肉、蛋、乳等食品、毛类、皮革或皮毛等为目的动物保护。公约除了包括一般性动物保护所应有的"提供适合其生理学和行为学的圈舍、食物和水"以外,还着重强调了动物的行动自由和饲养条件,"基于其物种的需求且符合既有经验及科学知识的要求,尽量满足动物的行动自由,不应造成非必须痛苦或伤害";"当动物被持续的拴系或限制时,必须符合生理学及行为学的需要,保证足够的活动空间";"畜禽舍栏的光线、温度、湿度、空气流动(通风)及其他环境因素如有害气体浓度和噪声强度,必须依据其畜种禽种及其发育、适应和驯化的程度,来满足其生理学及行为学的需要"。公约特别强调了动物的健康问题,指出动物的健康条件和状况必须得到细致的检查,检查的间隔时间不应过长,而处于现代化集约化畜牧系统中的动物群健康则应每天至少检查一次;相应的技术设备也应每天至少进行一次检查,以免对动物群造成影响。为更好地执行公约,还设立了一个由各签约国代表组成的常务委员会,以便改进和采纳相关建议。迄今为止,已经采纳了关于牛、绵羊、山羊、鸡、鸭、鹅、毛皮动物、火鸡、猪和养殖鱼类等一系列建议,并以文件形式固定下来,成为公约的相关组成部分。

3.《欧洲屠宰动物保护公约》(European Convention for the Protection of Animals for Slaughter) 生效于1982年6月,现有丹麦等22个签约国。公约适用于奇蹄类动物、反刍类动物、猪、兔类和家禽的运输、入栏、圈栏限制、击晕和屠宰等过程。其目的是保护待宰动物,减轻运输的应激和屠宰疼痛的方法能够在成员国一致实行,同时,减少屠宰过程中的痛苦和恐惧可能对肉质带来影响。为此,公约对屠宰流程中的每个环节都做了细致规定。首先是动物的运输,运输过程中要求适当通风并避免剧烈气候变化对动物的损害,到达屠宰场后要及时卸载,卸载中要使用坡度尽量小的斜面工具;之后,动物的驱赶要非常小心,不允许用工具抽打或暴力追赶。电击类的引导工具只能用于牛或猪的特定部位,且不得超过2s。笼养动物不得直接将笼子抛在地上;不能马上屠宰的动物应入栏而不应接触邻近屠宰地点。入栏的动物应保证其饲料及饮水,确保环境的相对舒适;在屠宰过程中,除了某些特殊的情况,如宗教要求的屠宰方式及可确保立即死亡的家禽和兔类的屠宰方式以外,动物必须在屠宰之前被限制(如果需要且不应造成痛苦)并采用合适的方法使其失去知觉,通常采用机械击昏、电击晕和气体击晕等方法。为此,各成员国必须保证在保定、击晕和屠宰过程中涉及的装置符合规定,操作人员具有相应的资质。

4.《欧洲实验及其他科学用途的脊椎动物保护公约》(European Convention for the Protection of Vertebrate Animals Used for Experimental and Other Scientific Purposes) 于1991年1月生效,共有包括比利时等在内的17个国家签署了该公约。公约的目的是减少动物试验及用于试验的动物数量,鼓励使用替代试验以及最大限度地减少实验动物的痛苦。公约中所指的动物,包括自然存活的或幼小活体动物,但不包括胚胎期。为限制动物试验的范围,公约规定"试验必须为了如下所述的一项或多项目的,并在遵守公约的限制条件下进行:①为了防治疾病、保健或其他非正常状况的,或者是实验动物带来的对人、脊椎动物、非脊椎动物和植物的影响,这其中包括药物、制剂和产品的生产及其质量、药效和安全性的检测;②用于诊断和治疗人、脊椎动物、非脊椎动物和植物的疾病;③检测、评估、调节或修饰人、脊椎动物、非脊椎动物和植物的生理条件;④环境保护;⑤其他科学研究目标;⑥教育和培训;⑦法庭调查。"

对于处于上述原因而必须进行操作的动物试验,公约也做了细致限定。实验动物必须有与其健康和舒适状况相适应的舍栏,要保证活动空间、饮食、水和照顾,满足其生理学和行为学的需求。要每天检查动物饲养环境,动物的健康和舒适度应得到充分的关注;如有其他替代方法应避免进行动物试验;如无可替代应采用最小数目、最小痛苦、最小伤害的方法;必要时,试验中应采用麻醉或镇痛以减轻痛苦,除非该痛苦低于麻醉带来的不适;试验结束时要选择是保留还是安乐死实验动物。如果动物试验后有持续不断的痛苦则不应保留,选择保留的动物要给予适当的照顾。安乐死动物应采取人道的方法。此外,公约对于动物试验的授权、繁殖场所、使用场所、教育和培训等都有相应的规定。

国际合作保护动物福利比较成功的区域还是欧洲。1902年,欧洲12国通过了《农业益鸟保护公约》;1950年,欧洲10国通过了《鸟类保护国际公约》;1968年12月,奥地利、比利时等20多个欧洲国家于巴黎通过了《国际运输中保护动物的欧洲公约》(1971年2月生效)。1979年5月,该公约的附加议定书在法国的斯特拉斯堡通过,1989年11月7日生效。1976年3月,奥地利、比利时等20多个国家于法国的斯特拉斯堡通过了《保护农畜动物的欧洲公约》,1978年9月生效,1992年通过了其修正议定书。1979年5月,比利时、丹麦等10多个国家在斯特拉斯堡通过了《保护屠宰用动物的欧洲公约》,1982年6月生效。1979年9月,欧洲共同体和欧洲理事会于德国的波恩通过了《保护欧洲野生生物及其自然生境公约》,1982年6月生效。1986年3月,比利时、芬兰等20多个国家在斯特拉斯堡通过了《用于实验和其他科学目的的脊椎动物保护欧洲公约》,1991年1月生效,1998年通过了其修正议定书。1987年11月,比利时、丹麦等20多个欧洲理事会国家在斯特拉斯堡通过了《保护宠物动物的欧洲公约》,1992年5月生效。该公约的成员国于1995年3月通过了两个有关宠物饲养和宠物外科手术的决议。另外,《罗马条约》的第36条、第38条、第43条、第100条A、第235条也与动物的福利保护有关。

1991年12月,欧洲理事会通过了欧洲议会号召的《保护动物的宣言》。该宣言指出,欧洲理事会、欧洲委员会和各成员国"在起草和实施农业、运输、国际市场及其研究的一般政策的立法时,应充分地尊重动物所需求的基本福利待遇"。该宣言作为《欧盟条约》的最后文本的附件,1992年2月被所有欧盟成员国的首脑签署。

(二)动物保护及福利的国家法律

一个国家的法律体系通常包括法律、法规、规定等,相互补充、相互完善,形成自上而下的系统。在动物保护及福利方面,发达国家起步较早,建立了较为完备的法律体系。

在欧盟法规框架基础上,1997年2月德国颁布了动物运输保护的法律规定,强调运输过程中的动物福利、饲养与护理,减少恶劣的运输条件下给动物造成的负荷、应激、疲劳等。对不同动物及其相适应的运输工具做出具体规定。对运输动物的采食、饮水、空间、通风、温度控制、兽医看护等做了明确规定。

欧洲大多数国家规定,工作动物的心理不应当受到外来的扭曲和伤害。动物也享有避免超负荷工作的权利,工作动物享有每天的工作时间限制;对马、牛、骆驼、犬等工作动物实行退休制度,到了一定年龄丧失劳动能力时,要让其安享晚年。

瑞典政府1987年颁布了取缔蛋鸡笼养和母猪拴养的养殖方式,以满足动物的行为需要。为了体现饲养过程的人道主义和以动物为本,照顾动物的自由和情绪,改变多年来的养殖方式,瑞典1999年就全面禁止了全封闭式猪圈饲养,专门颁发了《猪福利法规》,对养殖企业猪圈环境、喂养方式做出了细致的规定,并且增加了猪饲养环境丰富的内容,以避免它们感觉生活枯燥，使动物能够展现应有的生活习性和行为。要求小猪出生后要吃到母乳，要睡在干燥的垫草上，拥有拱食泥土的条件。

德国在2008年已经彻底禁止笼养家禽。英国1994年立法，严禁活畜海上运输。

动物福利和保护的内涵也是不断发展的，针对集约化动物生产食品安全问题，"欧洲有机法案"把善待生命和爱护环境的理念落实在动物繁殖与生产的具体措施中。欧盟有机农业善待动物的法律把爱护动物、饲养动物，作为有机农业区别于其他生产方式的基本特征之一。欧盟有机农业动物生产规程（Principle on Friendly Raise in EU Organic Livestock Production）对动物饲养基本规程、动物来源、饲料、疾病防治、饲养方式、饲养条件等方面予以详细规定，系统地阐述了有机农业对动物生产管理的要求，其基本精神是善待动物、维护生态和关爱环境。

捷克1994年的《保护动物免遭虐待的法律》（No.193 Coll. of laws, on the Protection of Animals Against Cruelty）指出，动物像人类一样是有生命的生物，它们可以感受到不同程度的疼痛和痛苦。因此，它们值得人类的关注、爱护和保护。上述动物保护和福利规定的目的是对于家畜、家禽从出生到屠宰的每个环节都要本着人道主义精神，让动物充分享受它们应得的福利待遇。当然在欧洲，动物所享有的"福利"还远远不限于此。

美国在1966年颁布了《动物福利法》，并于1970年、1976年、1985年和1990年先后做了4次修订，对动物生产的各个环节进行了详细的规定，其中主要内容就是人道地照顾动物。目前，全美50个州都制定了反对虐待动物的法规，为保护动物在商用繁殖、运输、科学研究和公众展示中的权益确定了整体的原则。首先是从事动物买卖的商家和动物展览的业者必须持有有效执照，否则不得经营，而研究机构等其他部门也必须登记注册。严禁研究机构从不具备执照的个人手里购买犬和猫，商家和研究机构都必须保留包括动物的买卖、运输、前所有人等信息在内的纪录，而动物也必须有相应的身份标识。法案对于动物的人道待遇进行了全力维护，在其开篇的声明中就提到本法案是为了"保证被用于研究机构、展览目的或作为宠物的动物得到人道的待遇；保障动物在商业运输中的人道待遇等"，并为此制定了一系列的人道标准来保证动物在居所、饲养、饮水、卫生、通风和兽医照料等方面的最低需要。对于研究机构而言，则要求在尊重动物的前提下尽量减少其痛苦和恐惧，如使用必要的麻醉，每个研究机构都应成立专门的委员会来保证动物福利的实施。最后，法案规定："商业运输过程中的动物，要保障其人道待遇，满足其在笼具、饲养、饮水、休息、通风、温度和操作等方面的需求。"

日本也是世界上最早制定动物保护法令的国家之一。在德川幕府时代，德川纲吉曾颁布《生类怜悯令》；在福利协会、日本动物爱护协会等各类动物保护组织联合推动下，1973年日本颁布了《动物保护管理相关法》。

俄罗斯1995年颁布了《动物保护法》，对环境保护、动物使用以及栖息地保护做出系统的规定。1996年颁布的《刑法典》规定，对虐待动物，造成动物残废或死亡的，处以高额罚款。

加拿大1999年的《环境法》中加入了动物保护和福利的相关内容，并且在刑法中规定了危害家畜生命罪、虐待动物罪等，采取了非常严厉的惩罚手段，来保护动物的生命和福利。

在印度，由于受宗教的影响，整个社会具有较强的爱护动物、关爱生命的传统氛围。

1972年颁布了《野生动物保护法》，如针对大象的猎杀和象牙的贸易行为制定了严格的处罚规定。

通过追溯人类为动物立法的历史可见，19世纪中叶以来，人们逐渐把对动物的同情转变为保护动物的行动，动物保护和福利成为社会公共事业的一部分，进而通过制定法律，促进了动物生产行业管理的变革和法制约束。动物福利立法的历史，不只是一段立法的历程，更重要的是人们观念的变迁史，人类道德意识的扩展史，人类文明的发展史。在这一过程中，人类的道德视野不断开阔，对动物的关切不断加强。

（三）国际公约

在野生动物及自然环境的保护方面，主要的国际公约有：1950年的《保护鸟类的国际条约》，1964年的《保护南极动植物措施协定》，1969年的《小羊驼保护和管理公约》，1971年的《关于保护国际重要湿地特别是水禽栖息地公约》及其议定书，1973年的《濒危野生动植物物种国际贸易公约》（1979年修订），1979年的《保护迁徙野生动物物种公约》，1991年的《保护环境的〈南极条约〉议定书》，1997年的《人道诱捕标准国际协定》。

在鱼类和海洋动物及其生境保护方面，主要的国际公约有：1946年的《国际捕鲸规则公约》，1958年的《公海渔业和生物资源保护公约》，1966年的《保护大西洋金枪鱼公约》，1972年的《保护南极海豹公约》，1973年的《保护极地熊公约》，1980年的《保护南极海洋生物资源公约》，1982年的《联合国海洋法公约》（涉及动物保护的主要为第5部分的第55条至第75条和第7部分的第2条），1992年的《保护北太平洋溯河产卵鱼群公约》，1993年的《保护南部金枪鱼公约》，1995年的《履行与1982年12月10日〈联合国海洋法公约〉保护和管理跨界和高度洄游鱼群的协定》。

二、我国动物保护与福利立法

（一）必要性

动物福利涉及人文、风俗、伦理、公共卫生、宗教信仰、国际贸易和公共道德等领域，关系我国经济社会发展与和谐社会的建设进程。2007年，我国加入世界动物卫生组织（OIE），成为第178个成员。OIE的主要职责有3项，即动物传染病的防控、动物福利和食品安全。作为成员享有制定上述职责内容的权益，同时也赋予执行这些职责的义务。

1988年11月，我国人大常委会议通过《中华人民共和国野生动物保护法》。这是一部为保护野生动物的种质资源而制定的法规，也是我国大陆第一部动物保护法规。通过立法，人们保护动物的意识增强了，观念更新了，违法犯罪行为得到抑制和惩罚，在一段时间内起到了较好的效果。但是，该法案对动物福利的内容没有涉及。作为OIE成员，我国应该在OIE和FAO动物福利法规的框架内，制定相应的法规，以促进该项事业的发展。

据研究显示，在集约化规模化的畜禽生产过程中，动物饲养环境微生态呈现新的特征。由于复杂的物理、化学和生物应激因素的积聚，动物机体免疫抵抗能力下降，易感性增强，多种病原微生物的混合感染使传染病流行趋于复杂化。21世纪以来，动物源性人畜共患病频繁侵害人类，造成重大的公共卫生事件，对国民经济也造成巨大损失；动物源性食品安全对人们的健康带来挑战，食品的微生物和化学污染问题屡次曝光，其中，许多都与动物的饲养管理、处置方式有直接的关系。因此，动物福利立法的讨论摆在人们的面前。立法将极有力地推动动物产业的健康发展，规范人们的行为，提高和改善动物生产的效益，使其可以长期可持续健康发展。

动物福利技术壁垒对经济、贸易的影响不容忽视，1993年12月的乌拉圭回合多边谈判，曾就解决贸易与动物的生命或健康保护问题进行过广泛的磋商，并制定关于动物福利保护规则和相关的公共道德规则。早在20世纪60~70年代，欧美许多国家就制定了动物保护与福利法。在国际贸易中，以本国的动物法案为标准，对来自发展中国家的动物源性商品予以限制，将动物福利与国际贸易紧密结合，从而形成了一种新的贸易壁垒，即动物福利壁垒。欧盟等国家在动物产品的进口规定中，不仅把产品质量列入检测范围，还把畜禽的饲养方式作为首先考察的项目，即饲养生产方式不符合他们要求的，将禁止产品进口。在畜、禽、水产等食品生产中，如果不改变目前存在的不合时宜的做法，产品贸易将受到更大的限制和损失。因此，尽快制定我国的动物福利法规，建立动物福利保障制度，提高动物生产的管理水平，与国际社会接轨，是非常重要和迫切的。

动物福利立法反映出公众对生命的关爱，并常常伴随动物福利学的发展。人们希望动物生命受到法律保护的原因不同，有人是出于对弱者的同情心，因为科学已证明动物是有感知力的生命体；有人认为从伦理的角度看，动物为人服务的同时应该受到爱护和照料。这会促进积极的人类行为，促使人们认识到使用动物应受到一定约束，按照规则行事。这些法规应由国家最高权力机构立法并颁布实施。

动物福利事关人类切身利益，与社会进步、经济发展、公共卫生、食品安全、生态文明密切联系。动物保护有利于形成良好的社会风气，有利于建设文明社会。当前，随着人们对动物保护及福利重要性的认识不断深入，动物福利与人类的关系得到了全社会的高度重视。

针对我国动物生存环境中存在的问题，以及遇到的困难，不管是在农场畜禽的养殖方式，还是伴侣动物的管理；从规模化饲养的动物健康水平下降，疫病流行严重，到泛耐药菌或"超级细菌"的出现，食品安全受到的挑战，公共卫生事件的频繁发生给民众健康带来的巨大风险，制定动物福利法规势在必行。

一种法规的制定既需要人们的思想意识以及觉悟的跟进，更对人们的认识、觉悟的提高有促进作用。立法能够规范人们的行为，有助于社会文明的进步，能够促进动物福利事业的发展。立法与人们的意识相辅相成，相互促进。

动物的法律保护在欧洲已有几百年的历史，该事业的发展与社会经济、文化等同步发展。动物福利也是现代文明的标志，在中国，随着经济发展和社会进步，动物的法律保护日益成为一个热门话题，显示了公民对动物保护和珍惜生命意识的提高。我国在依法保护野生动物、农场动物和伴侣动物方面做出了艰巨的努力，在动物防疫、动物卫生等方面取得了巨大的成就，以OIE、FAO动物福利指导原则为纲领，借鉴和吸收国外成熟的立法经验，立足我国国情，制定一部"动物福利法"是可行的。

（二）存在的困难与问题

目前，动物福利立法存在的主要困难如下。

1. 对动物福利概念的理解存在偏差　在近代，"动物福利"一词由美国人休斯（Hughes，

1976）针对集约化规模化畜禽生产中存在的问题提出的，是指农场饲养中动物与其环境协调一致的精神和生理健康的状态。福利一词目前一般指满足和维持动物生理、心理健康和其正常生长所需要的一切条件。

国人对"福利"一词的理解，是超过生存的基本需要之外所得到的待遇，如劳动工会为职工所争取到的利益。福利一词最先应用于人类，是指职工福利、老年人福利待遇等，其内容随着社会进步而不断丰富。开始是劳动工会给职工发放劳保用品之类，后扩展到有规律的体检、健身活动或组织旅游、疗养等。随着时代的推移，不断赋予福利新的内容。显然，人的福利与倡导的动物福利的内涵有质的不同。

农场动物福利总体来讲，是指维持其生计，即满足其生理的、心理的和行为的基本需要。从业者有义务，不要对其行为限制太严，不要虐待动物，要将其作为一个生命体合理对待和珍惜。

动物福利是一个相对的概念，是指人为了动物的康乐，满足其所需要的物质、环境的要求。目前，被国际社会所广泛承认的动物福利观念，并不是人们不能利用和使用动物，也不是一味地去主张动物权利，而是应该合理、人道地利用动物。要尽量保证那些为人类做出贡献的动物，享有最基本的人道对待。通俗地讲，就是在动物的繁殖、饲养、运输、表演、试验、展示、陪伴、工作、治疗和屠宰过程中，要尽可能减少其痛苦，不得使其承担不必要的痛苦和伤害。

2. 对动物福利认识不深入　　倡导动物福利的实质是关爱生命，对农场动物而言，实际措施是健康养殖，规模化饲养特别注意动物的环境要求和行为施展。动物福利学理论、技术措施的实行，不仅与养殖主的利益不矛盾，反而有利于养殖效益的提高，节省成本，提高产品质量。

提倡动物福利，企业并不一定要增加投入和占用更多土地，而更多的是强调科学细致的饲养，如合理的密度、合适的饲养方式、适时的防疫、严格的生物安全防控措施等。畜禽的健康与否直接影响到经济效益，动物只有在健康条件下才能实现遗传赋予的生产性能，如生长、增重、产乳、产蛋等。而保障健康的基本条件是足够的饲料和营养、清洁的饮水、舒适的环境和符合动物行为的饲养管理方式。否则，畜禽群体的免疫抵抗力降低，易感性升高，容易感染和处于亚健康或亚临床状态，患病率死亡率升高。养殖主为了维持生产，添加抗生素等药物导致饲养成本升高，接着是产品质量可能因药残和微生物污染等而下降，企业的经济效益受到间接影响。

3. 国情和文明有待进步　　我国是发展中国家，社会经济、文化教育、社会文明以及全民的文化素养还有待提高，并且各地发展不均衡，这对动物福利的认知和行动都会产生一定的影响。因此，加强宣传和教育非常必要和紧迫。

（三）我国动物保护和福利立法介绍

中国的动物保护法律体系主要由三个层次构成：一是国家法律，由全国人大和人大常委会制定颁布；二是行政法规，由国家最高行政机关国务院制定和发布，包括各种决议、决定、条例、章程、暂行规定、暂行办法等多种形式；三是地方性法规，由地方各级人大和人大常委会，或各级地方政府，根据地方具体情况与实际需要，依照国家法律法规制定和颁布。

我国野生动物保护的立法工作开展较早，如《关于稀有动物保护办法》（1950）、《关于积极保护和合理利用野生动物资源的指示》（1962）、《野生动物资源保护条例》（1973）等。特别是近年来加入《濒危野生动植物种国际贸易公约》和《生物多样性公约》以后，颁布了一系列的法规与国际接轨。其中，最为主要和具指导性的法律是1989年正式颁布的《中华人民共和国野生动物保护法》，这是我国动物依法保护逐渐完善成熟的重要标志。制定《野生动物保护法》的目的是"保护和拯救珍贵、濒危的野生动物，保护、发展和合理利用野生动物资源，维持生态平衡……"同时，保护和合理利用并重，国家对野生动物实行加强资源保护、积极驯养繁殖、合理开发利用的方针，鼓励开展野生动物科学研究。最后，还确定了破坏野生动物保护的法律责任，如"非法捕杀国家重点保护野生动物的，依照关于惩治捕杀国家重点保护的珍贵、濒危野生动物犯罪的补充规定追究刑事责任"。配套《野生动物保护法》，国务院颁布了《国家重点保护野生动物名录》（1989），计330多种。其中一级保护动物96种，二级保护动物238种。后于2000年颁布《国家保护的有益的或者有重要经济、科学研究价值的陆生野生动物名录》（简称"三有"名录），包括兽纲88种、鸟纲707种、两栖纲291种、爬行纲395种以及昆虫纲中120属的所有种和另110种。与《野生动物保护法》同一时期，国家还颁布了《海洋环境保护法》（1983）、《森林法》（1984）、《草原法》（1985）和《渔业法》（1986），对于在相应的管理范围内建立自然保护区和保护动物资源作了相关规定。此外，与动物保护相关的行政法规还有《国家重点保护野生动物驯养繁殖许可证管理办法》（1991）、《陆生野生动物保护实施条例》（1992）、《水生野生动物保护实施条例》（1993）、《关于禁止犀牛角和虎骨贸易的通知》（1993）和《濒危野生动植物进出口管理条例》（2006）等。最后，各级地方人大和政府也根据自身情况制定了许多有关动物保护的法规，如《广东省湿地保护条例》（2006）、《苏州市渔业管理条例》（1994）和《天津市野生动物保护条例》（2006）等。

动物福利工作在我国起步不久，有关动物福利保护的法律法规正在相关部门、协会和学会的不断努力下在不同的程度上得到体现。这也为日后福利法规的制定和实施奠定了基础。例如，经国务院批准的《实验动物管理条例》，于1988年10月公布。该条例明确规定了"实验动物必须饲喂质量合格的全价饲料。霉烂、变质、虫蛀、污染的饲料，不得用于饲喂实验动物"和"从事实验动物工作的人员对实验动物必须爱护，不得戏弄或虐待"等内容。2007年7月1日正式实施《中华人民共和国畜牧法》，其目的是为了规范畜牧业生产经营行为，保障畜禽产品质量安全。主要内容包括畜禽遗传资源保护、种畜禽品种选育与生产经营，重点规范畜禽养殖行为，并确立了畜禽产品质量追溯制度。为保障畜禽产品质量和安全，畜牧法对分散养殖进行了规范，对养殖场和养殖小区的条件要求、养殖行为、畜禽标识和养殖档案和畜禽养殖环境保护等做出了相应的规定。2007年年底，人道屠宰培训项目在全国范围内正式启动。人道屠宰广义上讲，就是包括动物的运输、装卸、停留待宰以及屠宰过程，采取合乎动物行为的方式，以尽量减少动物的紧张和恐惧。最基本的要求是在屠宰动物时，必须先将动物"致昏"、使其失去痛觉、再放血使其死亡。通俗地说，就是对将为人的需求而死的动物，要实行人道而科学的屠宰方式。2008年年底，我国正式出台了《生猪人道屠宰技术规范》首个针对动物福利的国家级标准。2012年年底，中华人民共和国农业行业标准《动物福利评价通则》问世。

与此同时，在现有的一些地方法规中已经涉及了动物福利方面的内容。例如，从2003

年起实施的《北京市公园条例》规定，凡是在公园中惊吓、殴打、伤害动物的，要处以50元以上100元以下的罚款，构成犯罪的，要依法追究刑事责任。2011年5月15日起施行《上海市养犬管理条例》，取代了《上海市犬类管理办法》，显示了立法的进步。

在动物生产管理中存在诸多的问题和不良现象，如人们过度地追求经济效益，任意加大畜禽的饲养密度，采取不合理的饲养方式，忽视日常饲养卫生和生物安全；动物饲料品质无保障，任意添加如激素（瘦肉精）、药物、色素、抗生素等；为生产"红心鸭蛋"，给鸭子喂苏丹红4号；动物运输过程中，空间狭窄，运输设备简陋，不能满足不同种类动物运输的要求；屠宰过程不规范，滥宰滥杀现象时常出现，如给猪、牛注水，给鸡喂沙子，不仅伤害了动物，而且蒙骗了消费者；任意摆布、虐待动物的野蛮行为时有发生，如活剥驴肉、生吃猴脑、活剥兔皮、填鸭式喂养等。在发达国家认为，是很不人道的行为。造成动物身体伤害和心灵创伤；随便猎杀动物，无节制地狩猎食用野生动物；对宠物愿意与其嘻玩却不想尽义务，任意抛弃，因而造成随处可见的无家可归的动物等现象。以上这些都是人与自然不和谐、不文明的表现，反映了动物福利与保护存在的问题。

三、动物福利立法的重要性与原则

（一）立法及执法的作用

所有具有感知力的动物都应受到法律的保护。法律应当清晰地表达、论述各类犯罪以及如何构成犯罪，以便公众及相关行业的人理解；法律应是指令性的、全面的且连贯的，应根据科学研究的结果规定为每种动物（根据其生理和行为需求）提供相应的福利；法律应当能够修改，以符合社会和科学发展；法律应有最高的法律地位，使其可以对任何违法的单位和个人定罪。同时，还应建立一个执法机构，明确责任。应赋予这个机构足够的权力及充足的资金开展工作。

理想情况下法律中应包括对公众和相关行业的教育元素，以加强他们对动物行为、感知力及生存需求的理解，以减少犯罪行为的发生。

通过动物福利立法规范了人们的行为，使其理性地对待动物。有的法律可能受到对其适用动物范围的限制，有的法规包括所有动物，有的专门指某种动物，如《农场动物福利法》、1991年《欧盟保护小牛指令》、2001年《欧盟生猪指令》等。人们首先懂法才能付诸行动，了解法律规定的哪些行为合法的、哪些是犯罪的。法律可能规定仅在给动物造成痛苦的"故意的企图"的情况下才能证明犯罪，但证明故意的企图可能非常困难，因此，可能影响本法律条款的严格执行。与此相反，有些犯罪被称为"严格责任犯罪"，即一个人即使没有犯罪意图也可能被认为有罪。也就是说，事实已经构成犯罪，而不管这个人是否有犯罪意图。立法可达到以下效果。

1. 保护野生动物　保护物种规定对特定濒危物种的保护非常必要，1989颁布的《国家重点保护野生动物名录》使用了两个保护等级。中国特产稀有或濒于灭绝的野生动物列为一级保护，将数量较少或有濒于灭绝危险的野生动物列为二级保护动物。对于故意猎杀野生动物的人予以坚决打击，使野生动物群体得以扩大，数量增多，使受威胁物种得到保护。

2. 活动禁令　法律禁止涉及使用动物的活动，包括动物打斗，如斗犬、斗牛、猎狐、马戏团表演等。这些禁令通常对动物的生命和福利有积极作用。

3. 禁止虐待　禁止虐待动物的法律，即阻止或惩罚那些打、踢、烧等折磨动物、造成痛苦行为的发生，使虐待动物的行为"老鼠过街人人喊打"。例如，2002年12月26日，东京地方法院开庭审理一起残酷杀害猫的案件。被告在2002年7月至9月先后在公园里杀死了流浪猫23只，因此，法庭判决此人半年有期徒刑。2002年9月，新加坡一名28岁清洁工，为了教训一只流浪的小黑狗，竟然不顾他人的劝阻，将其三次高高举起，再用力将其摔在地上，小黑狗最后挣扎而死。法官根据《动物与禽鸟保护法》判决其监禁3个月。美国新泽西州2003年9月发生了一起青年因用胶布缠住自己宠物犬的嘴而导致其窒息而死。经过调查，警察还发现，该夫妇是在没有许可证的情况下经营宠物繁殖业务，而且繁殖场所内的155只犬也大都因为夫妇的照料不周而患有不同程度的疾病。判决分为三个部分：一是判处其在监督下5年缓刑；二是处26 000美元的罚金，美国慈善协会救援猫的费用从该罚金中支付；三是资格惩罚，即永远禁止该妇女从事与宠物有关的生意，并禁止该妇女拥有3只以上的家养宠物。加拿大2003年7月对一男子遛犬不当而致犬死亡的事件，对其进行了严厉的惩罚，即6个月的监禁和2 000加元的罚款，并且在2年之内不得拥有任何宠物。这样的事例不胜枚举。

4. 改善生产方式　动物保护及福利法律常常是指令性的，在此基础上，通常建立的是照管动物的最低标准。最佳的动物立法规定了照管动物的人所负有的责任，以确保动物的福利。这类性质的法律规范了人们对待动物的做法，要求人们采取积极行动，达到动物福利标准。这些法律在提高动物福利上通常最为有效，为生产肉食或毛皮的养殖业设定了标准。这些通常都是为禁止最差养殖条件所设定的最低标准，但是，人们处置动物仍需按照相关法律行事。例如，在欧洲已经禁止层架式笼养蛋鸡；2013年起，禁止母猪限位栏饲养生产等。

5. 促进公共卫生　有关动物卫生的法律目的是预防传染病的传播，保障动物群的健康，从而减少药物的支出，动物的生产力、产品的质量都得以保障，也减少或避免公共卫生事件的发生。因此，动物卫生法被广大从业者广泛接受。遵守该法是保持畜牧业可持续发展的重要法律保障。

值得注意的是，这类法规中虽然包含动物，但实际上可能对动物福利产生不利影响。因为不是以改善动物的处境为目的，因此法规可能会允许毒药、捕兽夹、圈套等工具的使用。虽然这类立法针对某种动物，但其通过的目的并不是为了保护动物。动物福利团体有时开展运动要求废除这类立法，因为它可能造成某些物种非人道的死亡，而且对虐待动物的惩罚也非常有限。

（二）动物立法保护的局限性

由于各个国家社会发展和文明进步的程度、文化习俗以及宗教的不同，制定和执行法规也有很大差别。世界各国国情差别很大，动物生产的实践是丰富多彩的，有时立法中的豁免规定严重地限制了法律保护动物的有效性。例如，欧盟关于动物保护与福利的议定书，虽然要求成员国"在制定和履行立法时充分尊重动物的福利要求"，但允许"成员国关于宗教仪式、文化传统、地区遗产的立法、行政条款以及习俗有例外情况"。这就给实践提供了很大空间，致使那些很多人认为是对动物很残忍的做法仍然合法，如斗牛、为生产鹅肝酱而进行的强制填喂。法律保护的其他弱点还包括在咨询和起草阶段，由于单方权益的游说在措词中让步，文字上很小的改变可能造成意义上很大的区别。与此类似，行业机构可能在法律通过后对术语重新解释，可能寻找漏洞，从而不需要改变现有做法。如果法律没有给出明确的定义，重新解释法律要求就相当容易，从而违背立法者的意图。犯罪的主观性质在不同法庭可能有不同解释，立法中模糊的术语可能在同一状况下由不同法庭做出不同解释。例如，在动物感受痛苦的问题上，法庭陪审团成员由于出身背景不同而有不同的看法。有时可能因政界、公众或行业压力而草率通过不适当的法律。不切实际的立法，可能造成意想不到的福利问题，也有可能立法根本就不能实施。

有些国家有相当数量的动物保护立法，但这些立法并未得到执行。如果执行福利立法的责任分散在不同的政府部门，结果可能是缺乏方法上的一致性，而且各部门也不能很好区分各自的角色，通常还可能导致各部门不能履行动物福利法。

为充分执行动物福利保护立法，执行人员必须受到良好培训，有足够装备且人手充足。他们需要有合适的设施来安置动物，还需要有资金为动物提供适当的兽医护理。缺乏充足的资源，是正当执法的主要障碍。

（三）与其他法规的冲突

动物福利保护立法和执法的另外的困难是，某些条款与国际贸易协议相冲突。

国际贸易协议在法律上有约束力，WTO 规定的总体原则是鼓励自由贸易，禁止关税、贸易壁垒和补贴等。一些国家或地区制定和颁布了动物福利法，但事实上某些条款与国际贸易协议存在矛盾，这样可能导致降低动物福利。关税及贸易总协定（General Agreement on Tariffs and Trade，GATT）条款 3 责成各国平等对待进口产品，这意味着人们不能根据生产方式来区别产品。这给已有或希望通过本国法案来提高动物福利的国家带来了困难。其结果是，低福利的进口动物产品可能比高福利的本地产品便宜，有市场竞争力。在欧美一些已经制定并颁布了相关法律的国家认为，GATT 的条款 3 鼓励了低福利动物产品的生产和出口，这势必导致世界其他地区也忽视动物福利，给立法和执法产生困难。

GATT 的条款 20 的确允许一般贸易规定的一些豁免情况，但这些豁免显然无助于促进动物福利。它与其他国家法律冲突，可能会产生进一步的问题。

绝大多数国家是世界动物卫生组织（OIE）的成员。OIE 对陆生和水生动物的卫生与福利都制定了法典。成员国可以在此基础上更新与制定本国的动物福利立法，OIE 非常期待这成为现实。OIE 认为，包含动物福利保护的兽医立法对有效的动物卫生至关重要，而这对食品安全、环境保护和公共卫生大有裨益。然而，对 OIE 成员的调查（Stafford & Mellor，2009）显示，虽然许多国家有一些法律以多种方式保护动物，如屠宰和虐待相关的法律，但不是所有国家都能有效执法。如 45% 的成员国参加了这个调查，其中，44% 的国家的法律要求在传染病暴发期间宰杀动物前应将动物击昏。此外，一些国家的立法达不到 OIE 在法典中列出的最低标准，或者完全缺乏这个标准。有些国家虽然是 OIE 的成员国，但是并不了解 OIE 的标准。

（四）经济水平对执法的限制

经济压力会限制对动物福利法律的执行，包括执法人员人手不足、法律诉讼成本高、兽医治疗病畜（控方之一）的成本高，如果事件诉诸法庭，在动物被重新安置之前为其提供食宿的费用高等。

从商业角度看，动物的治疗没有足够的价值，不值得兽医的诊治，因为诊疗的支出有时很昂贵。当动物没有或只有很低的经济价值时，主人可能会拒绝花钱来照料、诊断和治疗它们，干脆宰杀它们。这种做法产生了伦理问题，因为有感知力的动物不是简单的商品，如机械、物品或股票。

（五）违反的惩罚和执法可能的失误

法律条文中必须包括对违反要求的惩治。需要对不同违法行为设置相应的惩罚，如罚款或对更严重的违法行为处以监禁。

禁止被判有罪的人在将来或一段时间内拥有动物，在这点上必须在相关条款中体现，这样能够避免其对动物继续造成危害。一旦发现其犯罪，应没收其所拥有的动物。如果未能有效地禁止罪犯拥有或照料动物，可能出现动物继续遭受痛苦，也将失去对虐待者的威慑力。

（六）公众动物福利及保护意识的提高及其行动，促进了养殖技术的改善，有助于高福利产品市场的产生

采用健康科学的饲养方式和技术，生产高质量的畜产品已经成为行业的共识。在许多国家，消费者愿意花多钱，购买质量高、风味好的有机畜产品；相反，如果发现生产企业饲养福利水平低下或有虐待动物行为，其产品将受到追究，动物福利组织或动物保护协会将设法阻止该企业的产品进入市场或营销。消费者从而抵制购买这类产品，超市就反馈到牧场主，迫使其改善畜禽的饲养管理，提高其福利待遇。这种通过产品销售环节，促进动物福利的进步行动不仅在欧洲非常常见，在世界各地也逐渐形成风气，并且行之有效。例如"四爪（four paws）协会"是国际上关注动物福利的民间组织，在世界各地有分支机构，其成员成千上万，对畜禽饲养场的管理、养殖方式、技术条件等不断予以观察或监视，有的牧场或动物饲养场愿意与其合作，采取相应的技术方法。这对于促进动物福利、改善动物生存状况起到了很好的效果，弥补了法律无法管辖或难以监管的地方。

目前，世界各地包括中国，越来越多的畜产品价格与动物的饲养方式挂钩，福利水平高、饲养条件好的产品价格高出百分之几到几十不等，许多消费者从关爱生命和食品安全的角度也重视动物福利。

有的国家或地区对牧场的动物福利及其产品采取认证制度，得到认证的牧场及其产品进入高价位市场，或获得使用"有机产品"的标签资格，享受高价格。该做法要求其牧场遵守独立监测人的评估标准。评估中越来越多地使用基于结果的测量，不能达到标准的生产者会失去进入高价位市场的机会，从而收入受到损失。在很多国家，这些受到代表消费者的零售商推动，而不是因为法律要求这样做。但需要注意的是，两者对明确的标准及执行都有相似的需求。

发达国家动物业者普遍对不同动物品种及其在生命的各阶段应该得到更高标准福利的讨论和呼吁越来越多，给政府和行业管理部门施加的压力也日益增加。这些行动也反映到世界动物卫生组织OIE。每年的OIE大会动物福利主张先进的国家和地区，都提出改善和提高

动物福利标准的建议。这些在一些标准的制定过程中充分体现出来。与此同时，在WTO相关条款的倡议下，各国政府通过与其他国家的贸易协议，鼓励和敦促出口海外的动物及其产品达到福利标准，与国际接轨。

国家之间的双边协议也能鼓励本土生产者提高标准，以获得进入福利标准更高的海外市场的机会。例如，农场的牛肉配额确保纳米比亚的牛肉进入欧盟市场，泰国与阿根廷获准欧盟市场原产鸡肉的进口。欧盟与新西兰之间类似的双边协定，有助于提高新西兰的福利标准。

（七）财政激励措施有益于动物福利事业的进步

政府对福利养殖的资助从长远来看非常重要，可以起到鼓励和引导作用。财政激励措施不失为一种有效的鼓励方式，即对场舍设施、技术条件、饲养管理高标准的企业给予奖励，使牧场主从高福利管理中得到益处，积极地推进动物管理向有益的方向发展。如农户因为主动采用比法定最低标准更高的标准饲养而获得直接补贴；为农户提供资金，或鼓励他们遵守法定福利标准。尤其应该对一些发展中国家的牧场采取财政激励措施，这些国家甚至还未能进行动物福利立法或制定自己的动物福利标准。世界银行集团下属国际金融公司为发展中国家的企业提供贷款时，将动物福利的"五项基本原则"作为企业项目申请的标准之一。

（八）其他能促进动物福利的非监管方式

通过媒体等开展公众教育，可以帮助民众和生产者认识、理解和接受福利概念和技术。因此，他们可能更愿意支持未来的立法或福利产品的高价格，从而确保动物受到保护。这也包括学校的课堂教育，使青少年学生奠定善待动物和福利的理念，对其概念的认知也提高了公民的文明素养。我国在2013年把"动物福利与保护"课程列为动物医学专业的核心课程。世界动物保护协会试图进一步推动动物福利教育的发展，在中小学的教材中添加相应的内容。

另一种方法称为"软法律"，例如在OIE、各国政府、专业机构和个人的支持下，世界动物保护协会带头制定了《动物福利全球宣言》（Universal Declaration of Animal Welfare）（以下简称《宣言》），并确保《宣言》为各国所接受。这一活动旨在将动物福利提上全球政治议程，为引入迫切需要的动物福利保护措施做准备。目前，动物福利组织等一直与各国政府的相关部门保持密切沟通，以期尽快完成宣言各细则的定稿。其中所建议的四项关键原则如下。

①动物福利应是所有国家的共同目标。

②在各国以及国际上，应采取有效措施来促进、认可和遵守国际组织和每个国家制定和倡导的动物福利标准。虽然不同国家在社会、经济和文化上有显著的差异，但每个国家都应以人道与科学理性的方式照管和处置动物，遵照《宣言》的原则。

③每个国家都应采取适当的措施，阻止虐待动物，减少动物遭受痛苦的情况发生。

④应进一步制定动物福利标准，并向相关行业的管理机构和人员详细解释标准。动物福利标准涵盖农场动物、伴侣动物、实验动物、役用动物、野生动物以及灾难中的动物。

《宣言》是非约束性的协定，据此，政府将承诺制定和执行保护动物的法律。另外，该

《宣言》也是宣扬对待动物积极态度的一个重要平台。许多政府已签署对《宣言》的认可，包括印度尼西亚、斐济和 27 个欧盟国家，以及许多拉丁美洲国家。而且，来自世界各国的数百万公民也一致认为动物应该获得公平对待，它们的需要应该得到尊重和满足。选择支持这一行动的国家在原则上认可动物福利的重要性，并且一些国家确实履行了该宣言，尤其是将本国的相关经济产业发展与动物福利紧密结合在了一起。例如，萨摩亚农业和渔业大臣 Hon Taua K Seuala 在宣布支持《宣言》后，于 2009 年 5 月指示农业部将"动物福利专项计划"纳入了本国的 2010 年预算。再比如，玻利维亚外交部曾经公开公布由该国外交部长签署的公函，明确指出"农村发展与土地部"下属的"农村与农业发展分部"愿意为《宣言》的制定提供支持；《宣言》的战略核心之一是提高食品安全和主权，同时改善动物福利，确保为消费者提供优质、健康的肉类产品。"世界动物保护协会呼吁公众通过"Animals Matter"网站展示对《动物福利全球宣言》的支持，更多信息可浏览网站 www.animalsmatter.org。该网站包含支持率累积统计、展示支持率分布的世界地图及定期新闻更新等信息。

通常，动物福利组织和动物保护游说团体开展相关工作，他们雇佣兽医或寻求兽医的帮助。此外，一些兽医专业组织也可能就所关注的问题直接游说该国政府，也可能发展与那些真诚的、同样希望动物得到更好保护政治家的支持。有些兽医可能本身就是政治家，他们对动物保护有特别的兴趣，并在其政治角色中推动相关内容。

思考题

1. 学习欧盟等国家的动物福利立法历程和效果后你有何体会？
2. 欧洲等国际公约包括哪些内容？
3. 你了解的欧美动物福利国家法有哪些？
4. 我国动物福利立法的必要性、紧迫性及存在的困难是什么？
5. 你知道的虐待动物的现象有哪些？
6. 动物福利法能够产生什么有益效果？
7. 畜牧兽医工作者、学生如何在工作中实践动物福利？
8. OIE 动物福利的基本原则是什么？
9. OIE 动物福利的通则有哪些内容？
10. OIE 从哪些方面对动物运输福利提出要求？
11. OIE 从哪些方面对动物屠宰福利提出要求？
12. FAO 动物福利的一般原则是什么？
13. 如何降低动物在运输和屠宰过程中的应激和痛苦？

参考文献

阿尔贝特·施韦泽, 2003. 敬畏生命——五十年来的基本论述 [M]. 陈泽环, 译. 上海：上海社会科学院出版社.

安德鲁·林基, 2005. 动物福音 [M]. 李鐙慧, 译. 北京：中国政法大学出版社.

边沁, 2000. 道德与立法原理导论 [M]. 时殷弘, 译. 上海：商务印书馆.

蔡守秋, 2003. 调整论——对主流法理学的反思与补充 [M]. 北京：高等教育出版社.

蔡守秋，2006. 简评动物权利之争 [J]. 中州学刊 (6)：58-64.
蔡守秋，2006. 论动物福利法的基本理念 [J]. 山东科技大学学报（社会科学版），8 (1)：27-34.
曹菡艾，2007. 动物非物——动物法在西方 [M]. 北京：法律出版社.
柴同杰，2008. 动物保护及福利 [M]. 北京：中国农业出版社.
常纪文，2006. 从欧盟立法看动物福利法的独立性 [J]. 环球法律评论，3：343-351.
常纪文，2006. 动物法律地位的界定及思考 [J]. 宁波职业技术学院学报，10 (4)：13-15.
常纪文，2006. 动物福利法——中国与欧盟之比较 [M]. 北京：中国环境出版社.
常纪文，2006. 动物福利立法的贸易价值取向问题 [J]. 山东科技大学学报（社会科学版），8 (1)：35-38.
常纪文，2006. 动物福利立法应考虑基本国情 [J]. 绿叶 (4)：46-47.
董婉维，程津津，尚昌连，等，2006. 动物福利与动物保护的关系 [J]. 实验动物科学与管理，23 (1)：59-60.
菲斯特，奈尔肯，2006. 法律移植与法律文化 [M]. 高鸿钧，译. 北京：清华大学出版社.
弗兰西恩，2005. 动物权利导论 [M]. 张守东，刘耳，译. 北京：中国政法大学出版社.
高利红，2005. 动物法律地位研究 [M]. 北京：中国政法大学出版社.
高利红，2006. 动物福利立法的价值定位 [J]. 山东科技大学学报（社会科学版），8 (1)：39-45.
雷根，等，2005. 动物权利论争 [M]. 杨通往，江娅，译. 北京：中国政法大学出版社.
刘国信，2005. 世界各国的动物福利立法 [J]. 肉品卫生 (3)：40-41.
刘纪成，2006. 重视动物福利刻不容缓 [J]. 上海畜牧兽医通讯 (5)：74-75.
刘瑞三，2006. 美国动物福利法律汇编 [M]. 上海：上海科技出版发行有限公司.
刘文君，2006. 世界各国的动物福利立法 [J]. 中国动物保健 (2)：7-8.
马纲，2006. 试论加快我国动物福利立法的现实意义 [J]. 野生动物杂志，27 (6)：6-8.
莽萍，2005. 为动物立法-东亚动物福利法律汇编 [M]. 北京：中国政法大学出版社.
牛瑞燕，孙子龙，李候梅，2006. 动物福利的现状与对策 [J]. 动物医学进展，27 (2)：108-111.
曲如晓，邵恩，2006. WTO框架下解决动物福利问题的思路 [J]. 国际贸易 (7)：27-29.
史晓萍，董婉维，尚昌连，等，2005. 澳大利亚实验动物福利法律、法规 [J]. 试验动物科学与管理，22 (3)：56-57.
叔本华，2002. 伦理学的两个基本问题 [M]. 任立，孟庆时，译. 上海：商务印书馆.
斯坦丁，2005. 动物福利 [M]. 崔卫国，译. 北京：中国政法大学出版社.
宋伟，2001. 善待生灵-英国动物福利法律制度概要 [M]. 北京：中国科学技术大学出版社.
宋伟，2002. 中国法学界应当关注的话题：动物福利法 [J]. 上海实验动物科学，22 (2)：254-256.
孙江，2006. 构建和谐社会不容忽视的问题 [J]. 新远见，110-113.
孙甜甜，2012. 动物福利立法研究 [D]. 南京：河海大学.
唐国萍，2006. 动物福利发展的挑战与机遇 [J]. 黑龙江畜牧兽医 (9)：56-58.
田琳，2005. 加拿大的动物福利制度 [J]. 世界环境 (2)：40-44.
王国燕，宋伟，2003. 动物福利及相关案例探析 [J]. 科技与法律 (1)：100-102.
王帅，2006. 动物权益保护研究 [J]. 当代经理人 (8)：118-119.
王远征，刘丹丹，2006. 我国应为动物福利立法 [J]. 科教文汇 (6)：157-158.
西木，2006. 动物福利法起源与发展 [J]. 时事报告 (2)：68.
谢军安，谢雯，焦跃辉，2005. 动物福利法律保护的现状及趋势 [J]. 石家庄经济学院学报，28 (1)：92-95.
杨德孝，2006. 关于我国施行动物福利及相关立法的必要性 [J]. 家畜生态学报，27 (2)：103-105.
杨旻，2008. 中国动物福利立法问题研究 [D]. 重庆：西南政法大学.

杨淑惠，贾竞波，2006. 自然界中野生动物的福利 [J]. 曲阜师范大学学报，32（3）：105-107.
余红娟，2006. 动物福利壁垒对出口产品的影响和措施 [J]. 市场周刊理论研究（10）：129-130.
赵慧丽，2006. 我们的动物福利还能忽视多久 [J]. 理论界（7）：126-127.
赵立，2005. 让保护动物的法律更趋人性化 [J]. 中国林业（6）：45-46.
Christiane Meyer, 1998. Animal Welfare Legislation in Canada and Germany [J]. Peter Lang: 23-24.
Cooper, Margaret E, 1987. An Introduction to Animal Law [J]. Academic Press Limited: 175-176.
Elli Louka, 2004. Conflicting Integration: the Environmental Law of the European Union [J]. Intersentia: 9-15.
Mike Radord, 2001. Animal Welfare in Britain [J]. Oxford University Press: 3-4.
See Mike Radford, 2001. Animal Welfare Law in Britain [J]. Oxford University Press: 171-172.

第五章
实验动物福利

实验动物是用于科学研究、教学、生产、检定以及其他科学实验的动物。在动物试验中，要保证"3Rs"原则的实施。实验动物饲养环节中存在以下环境福利问题：饲养密度过大或分群不当、温度控制达不到恒定要求、相对湿度不达标、换气次数与空气质量不达标、噪声过大、光照不当等问题。依照新的国家相关标准，本章讲述了实验动物环境的改善以及相关要求；针对试验环节中存在的福利问题，本章讲述了试验过程中做好伦理福利审查工作、岗前培训、减少试验中动物的疼痛和痛苦等方法；试验后动物处死时存在的福利问题以及实验动物的安乐死原则、常用方法。

第一节 实验动物福利

一、实验动物的概念

实验动物的定义是：经人工饲育，对其携带微生物和寄生虫实行控制，遗传背景明确或来源清楚的，用于科学研究、教学、生产、检定以及其他科学实验的动物。

作为一种活的试验材料，实验动物必须具备的基本条件是：对试验处理的高度敏感性、个体反应的均一性和遗传上的稳定性，这是保证试验结果精确、可靠和可重复性的重要条件。但是除了其先天性的遗传性状之外，后天的繁育条件、营养条件以及微生物和寄生虫携带情况也非常重要，它们完全依赖于严格的人为控制。除了控制实验动物的传染性疾病外，还要控制动物的无症状性感染，包括控制那些对动物虽不致病但可能干扰动物试验结果的病原体。此外，为了提高动物试验结果的科学性以及满足特殊医学生物学研究的需要，有些动物还需要培育成无菌动物等。同时，为了满足兽医学对动物疾病研究的需要，通过人工诱导或遗传基因改变技术培育疾病动物模型，并将这些基因固定及扩大。

按照世界动物卫生组织（OIE）的要求，只有在必要以及别无他法替代的情况下才可以使用活体（实验）动物。实验动物种类很多，常用的有小鼠、大鼠、豚鼠、家兔、犬、猫、小型猪及绵羊等。实验动物广泛应用于药理学、毒理学、生殖与发育等生物学各学科，为医学、农业、环境保护等各方面为人类做出巨大贡献。因此，对它们的生活环境、饮用水等设施做严格要求，对动物进行试验手术时应进行有效的麻醉，需要处死的动物应实行安乐死，尽可能减少实验动物的恐惧、精神压抑、饥饿以及其他一切可以避免的痛苦等。

二、"3Rs"原则

"3Rs"是指 replacement（替代）、reduction（减少）和 refinement（优化）。

1985 年，美国芝加哥的"伦理化研究国际基金会"提出了"4Rs"原则，即在"3Rs"的基础上增加了责任（responsibility），呼吁试验者对人类和动物要有责任感。但目前为止，大多数国家和相关文件更多关注的是"3Rs"，因此本文中重点讲述"3Rs"。

近年来，"3Rs"研究工作受到我国政府科技管理部门的重视，并将其作为科学发展支撑技术平台的一项重要内容，逐步纳入科学研究体系。1988 年，科技部颁布了《实验动物管理条例》，该条例第六章第二十九条提出"从事实验动物工作的人员对实验动物必须爱护，不许戏弄或虐待"。1997 年，原国家科委等四部委联合发布的《关于"九五"期间实验动物发展的若干意见》，第一次把"3Rs"的基本概念写进实验动物工作管理和科技发展的法规性文件，并把"实验动物替代研究"列入"实验动物基础性研究"的重点内容，提出予以重点资助。2001 年，科技部发布了《科研条件建设"十五"发展纲要》，明确提出"推动建立与国际接轨的动物福利保障制度"，并把这项工作纳入"全面推行实验动物法制化管理"的重要内容之一。国家管理部门对"3Rs"研究的支持为动物试验替代方法研究工作提供了政策上的保障。

为促进"3Rs"研究工作的发展，我国学者积极参加国际学术交流活动，了解"3Rs"在世界范围内的开展情况和研究水平；加强科技界的科普力度，举办学术活动，宣传和普及"3Rs"理论和知识；借助于媒体，宣传"3Rs"研究的内涵和意义；以杂志为载体，搭建科研人员进行"3Rs"研究的学术交流平台等，为我国"3Rs"研究工作的开展打下了很好的基础。

（一）替代

替代是指尽可能采用可替代实验动物的替代物，如用细胞组织培养方法，或用物理、化学方法代替实验动物的使用。

1. 国内外动物试验替代方法的兴起　自 1981 年美国霍普金斯动物实验替代方法研究中心成立以来，欧洲替代方法验证中心、荷兰动物应用替代研究中心等实验动物替代的专门研究机构相继成立。欧美和日本的科学家与化妆品、制药企业合作，也开展了相应领域的研究工作。从 20 世纪 60 年代开始，西方许多人道组织和政府开始为替代方法研究提供基金。1969 年，英国建立了医学实验动物替代基金，资助"不需用动物的医学研究"。其他国家也有类似的项目，如德国每年提供一定数量的研究拨款。1992 年建立的"欧洲替代方法中心"，欧盟要求每年增加一定数量的经费，以加强替代方法研究和验证工作。

2. 动物试验主要替代方法

（1）体外方法：体外方法是目前最主要的一类动物试验替代方法。一般来说，分离的细胞和器官与机体其他部位不存在任何关联，这个模型可以在已知条件下生长，不需要应用无痛处理和麻醉，所以体外研究比体内研究更为敏感。近年来，随着现代生物技术和计算机技术的发展和应用，体外方法不仅越来越多地应用于一般试验，而且在一些国家被认可，广泛地应用于一些标准化试验，从而取代动物试验。但是，体外方法不能完全替代实验动物。因为在培养条件下，分散的细胞并不生活在体内的自然环境中，它们的代谢特性和生理功能以及各种试验因素对生物学功能的影响可能与原来的细胞不同，体外的试验结果并不能完全反映体内的情况。

（2）减少脊椎动物的利用：在某些情况下，使用非脊椎类动物有机体，如细菌、真菌、昆虫或软体动物，可以减少对脊椎动物的需要量。如 Ames 试验中使用细菌，用以筛选具有诱变特性的新化合物；酵母已被广泛用于特异性基因表达的载体；1968 年，Levin 创建了的鲎试剂试验检查法（limulus ameboytelysate test，LAT），现称细菌内毒素检查法（bacterial endotoxin test，BET），用生物试剂取代家兔用于热原的测定。

（3）免疫学技术：免疫学技术是许多体外技术的基础，在诊断性检验、疫苗质量鉴定和基础免疫学研究方面应用广泛。如酶免疫分析（enzyme immunoassay，EIA）、放射免疫分析（radio immunoassay，RIA）等。但在某些情况下，缺乏特异性相关抗原或抗体的能力，所以仍需要动物试验。1975 年，Kohler 和 Milstein 应用单克隆抗体技术（monoclonal antibody technique），将产生抗体的淋巴细胞和能长期存活的肿瘤细胞进行融合，制备出既能产生抗体又能长期保存的杂交瘤细胞。生产单克隆抗体时，通常将杂交瘤细胞注入动物（特别是小鼠）的腹腔，杂交瘤细胞增殖形成富含抗体的腹水。这一技术造成动物腹水增多及压迫内脏器官等痛苦。现在利用体外发酵系统和中空纤维系统培养杂交瘤细胞，可以大量生产单克隆抗体。

（4）物理化学方法：利用物理化学方法，借助图像分析技术可以进行非介入性测定，大量减少动物使用量。如 MRI、PET 扫描、X 射线测定小动物生理学指标；HPLC 进行激素质量和效力检测；利用荧光素酶与细胞、细菌、病毒或特定基因作用后，采用生物光图像技术，观察肿瘤的发生发展情况，探索无临床症状的传染病发病特点等；利用遥测技术测定动物在正常生活条件下的各种生理指标，从而解决了必须对动物进行麻醉和固定的问题，使获得的数据更加准确。虽然目前运用这些技术的费用偏高，但具有巨大的发展前景。

（5）计算机技术：利用计算机可以模拟许多动物的生理活动过程和动物疾病模型，利用这些模型可以对各种调节物质的作用和临床治疗做出预测，从而减少动物的使用数量。化合物（药物）的生物学活性和物理化学特性之间存在一定的关系，据此可以预知许多新型化合物的生物学活性和毒性。利用计算机可以设计出新药物，从而减少检验药物所需的动物数量。

（6）研究数据的共享：是否要进行某一项动物试验取决于以前的动物试验结果，重复性研究无任何科学价值，还会增加无谓的动物使用量。所以，收集、利用、交换和储存研究数据十分重要。科学期刊是最重要的数据信息来源，因为它们含有最新的研究结果，其他还包括书籍、专题论文集、综述性文章、学术性报告和政府文件等。计算机网络技术的快速发展，使数据信息的储存、交换和查询发生了很大的变化，电子资料越来越重要。通过 Internet，可以很容易地获得最新的资料和查询到大量的数据库。在一些专门的数据库里，有关动物试验和替代方法各个方面的文献资料都可以查到。

（7）教学中的替代方法：教学试验的目标是学习和培养技能，而不是用于验证科学假说，其基本原则是准确重复出以前所做的试验。在试验中可以根据学习目的模拟动物试验，如应用计算机模拟模型、橡胶标本、录像资料等替代试验（图5-1至图5-4）。利用网络和多媒体技术，可以演示和模拟试验过程，开展教、学互动，已逐渐成为应用最广泛的试验替代方法。但是，替代方法也不能完全替代动物试验。特别在操作技术的培训方面，因为目前任何模型都无法完全模拟动物的复杂性和操作结果的不可预知性。

图5-1 计算机模拟模型

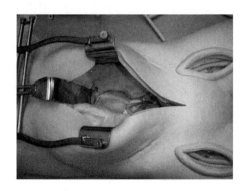

图5-2 动物头颅橡胶标本

图5-3 针灸用毛绒替代物

图5-4 录像资料

此外，一种替代方法能否被认可应用，在很大程度上取决于替代方法与经典试验之间的相关程度。目前一些国际性组织，如世界卫生组织（WHO）、经济合作和发展组织（OECD）已经颁布了使替代方法能够用于法定检验中的验证指导原则。预验证阶段是制定标准操作规程，尽可能使预期模型得以完善。正式的验证研究要有多个实验室参与，利用替代方法对编码化合物进行检测，并与经典试验的结果进行比较。最后阶段是对替代方法能否被接受做出评价，并起草试验指南。一般而言，这些替代方法的验证要靠国际协作研究，要求有多个实验室参与。必须强调的是，要对实验室内和实验室间的验证和试验的相关性给予高度重视。

3. 替代方法在其他领域中的拓展

（1）毒理学领域：在毒理学部分领域具有应用替代方法的成功经验，其中，重要的是研制人造皮肤。

（2）生态环境的毒性方面研究：传统的动物试验在检测环境污染时，往往从一个比较狭隘的系统出发，未考虑环境中存在的多种生物（如藻类、甲壳动物、鱼类和植物）。此外，在不同的水域，由于生态环境和生物群落的组分不同，某个地区的试验结果未必对其他地区适用。在过去的几年中，通过细胞培养已能够对生态毒性做出大致的评估。

4. 替代方法的发展趋势 由政府、企业和科研机构共同开展替代方法研究是重要的趋势之一，这将有利于方法的验证、完善和相关法律认可。国际同行也趋向于互相认同那些重复性强、与动物试验结果一致的替代方法。过去，在认可方法时首先考虑其原理，确认能否取代动物试验，然后才是对方法本身进行评价。现在人们更多考虑的是，所要进行的动物试验的必要性如何，以及是否充分了解病原体或毒物在体内和离体的致病机理，以便有效地将动物试验结果与替代方法的结果进行比较。

（二）减少

减少是指减少实验动物的数量和试验的次数。前者是使用较少的动物获得同样多的试验数据，或使用一定数量的动物能获得更多试验数据的方法，包括绝对数量的减少（试验动物用量下降）和相对数量的减少（试验数据获取量上升）；后者是指使用同样动物数量的情况下，尽量减少每个动物的试验次数，以减轻其痛苦。试验设计时，不应盲目增大动物样品数量或重复试验以获得满意的统计结论，应着重提高试验的精确性。动物试验在统计时，应权衡统计学满意程度与伦理学及节约之间的关系。

用多少动物或者说怎样用最少的动物达到所预计的试验效果，一直是动物试验中长期讨论的话题。首先，必须明确减少不是单纯地减少动物的用量，而是在得到同样试验效果的前提下减少不必要的浪费，或是使用同样多的动物获得更多的试验数据，从而避免动物的滥用。但是，要做到真正的"减少"并不容易，需要从以下几方面入手。

1. 对实验动物用量进行科学统筹 改变过去在试验中随意取用动物的习惯，根据试验人数和分组情况设计动物用量，保证每个人既有试验机会又减少实验动物的浪费。通过计算机将学生人数、实验动物数量、试验时间进行统筹安排和模拟，得出合适的实验动物数量，以有效地减少实验动物用量。

2. 提前熟悉操作过程，优化试验步骤 试验技术的好坏、对试验过程的熟练程度与动物用量密切相关，提前做好这些工作不但能使试验顺利进行，也能减少动物的用量。以"家兔耳缘静脉抽血"为例，如果对试验做好指导工作，从耳尖到耳根抽血就会避免血管渗血等情况发生，可以让学生有充分的练习机会，间接地减少了动物的用量。

（三）优化

优化是指对待实验动物和动物试验工作应做到尽善尽美。应优化试验设计和操作，以减轻动物的痛苦。动物试验的优化虽然很重要，而大多数试验并没有达到甚至没有考虑到优化的问题。做到实验动物的优化需要多方面努力，不仅体现在试验程序的设计上，还要加强对学生的动物福利教育，若对动物的痛苦和不安视而不见，则优化就无从谈起。

（1）在应用实验动物所做的教学试验中，我们要努力向学生灌输动物福利意识，杜绝虐待、戏弄动物的现象，并选择最佳试验方案。如足部注射可选足底或足背进行，为减轻动物的痛苦，应选择足背，而不是对疼痛更敏感的足底；要求学生提前预习试验内容，通过观看教学录像熟悉试验技术、优化试验程序，提高试验成功率，从而减少动物不必要的痛苦。

（2）做好试验前动物喂养工作，妥善运输动物，注意动物所处环境的舒适性；选择痛苦较小的方法或安乐死处死动物，禁止使用空气栓塞、棍击、溺死等不人道的方法处死动物。在处死动物时避免其他实验动物在场，以减少动物的紧张不安情绪。

（3）建立标准的实验动物设施，并改善相应系列设备。只有动物的饲养环境和试验环境得到了改善，动物试验的优化才相对容易达到。

总之，优化的过程是减少实验动物不必要痛苦的过程，其本身对试验的科学性和准确性也有帮助，这需要试验者富有同情心和熟练的试验操作技术，并能将这种优化的意识养成习惯运用到以后的试验及工作中去。

第二节　饲养环节的福利问题与改善

一、实验动物的饲养环境与福利

饲料环境包括室内外环境，涉及饲养密度、垫料、温度、湿度、气流、气压等。标准的实验动物环境有国家标准进行规定。环境因素的变化常常引起实验动物生物学特征的改变，进而有可能影响试验结果。同时，实验动物环境的问题也不可避免涉及动物福利问题。合理设计和建造实验动物标准设施有利于高效管理，使实验动物生产和动物试验条件达到最优化。

（一）实验动物饲养环境存在的福利问题

1. 饲养密度过大或分群不当　饲养密度明显影响动物采食和饮水、活动和睡眠、排便以及群居行为。饲养密度和分群直接关系到动物的成本、利润，也影响动物的疾病、健康和福利。每种动物都需要一定的活动面积或领地，不同动物以及不同生理阶段所需笼具的面积和体积也不相同。哺乳期所需面积较大，啮齿类所需面积较小。不能过分拥挤，否则引起斗殴伤害等行为。动物群体过大或群内动物年龄、体重差异过大，造成幼小动物难以采食，受到其他动物欺凌，处于恐惧、孤独环境，不利于动物福利。分群还要考虑动物雌雄、发情、妊娠、分娩等生理阶段需求。否则，不合理分群影响动物正常生理需求和福利，尤其是在转群、重新组群时，群体越大，引起的争斗越激烈。为了争夺食物和地盘或缺乏有效的躲避空间，撕咬打斗行为就更频繁和持久，健康状况、生产力和饲料利用率则随之降低。

2. 温度控制达不到恒定要求　环境温度是动物体热平衡和调节的决定因素之一，环境温度过高或者过低，都会影响动物的体热平衡和调节，使动物感到不舒适。恒温动物维持体温恒定的环境温度范围称等热区，动物处在等热区上限临界温度时，必须通过物理调节来保持体温恒定；动物处于等热区下限临界温度时，必须提高代谢率增加热量，通过化学调节来维持体温恒定。在等热区温度范围内，动物感到舒适，基础代谢低，抗病力强，生产力高，有利于动物的繁殖和质量提高。为此，为实验动物提供舒适的环境温度，既是动物福利的需要，也是提高生产性能的需要。不同种类的动物舒适区温度各不相同，同种动物在发育的不同阶段舒适区温度也不相同。由于实验动物种类繁多，这方面的研究还不很全面。根据有限资料报道，环境温度应保持在各种动物最适宜温度±3℃范围内。一般常用的几种实验动物对20～27℃的温度范围都能适应。灵长类实验动物尤以南美产的猿猴、绒猴，无胸腺裸鼠，要求较高的环境温度；而家兔、犬和猫要求低一些。

在温度较高的环境中，动物食欲减退，摄食量减少，引起营养不良和抗病力下降；生理机能（心跳、血压、呼吸等）改变，也可直接导致动物患痉挛和热射病。在高温且高湿的情况下，病原微生物和寄生虫易生长繁殖，动物被感染及发病的概率大大增加。低温是动物冻伤、感冒、支气管炎和肺炎等疾病的直接诱因。在低温环境下，动物能量代谢加强，需要通过增加采食量来维持热平衡。如果饲料供应不足，同样会引起营养不良和抗病力下降。饲料充足又易造成脂肪沉积，动物患肥胖病。在高温或低温环境中，动物体温虽未受到影响，但体质明显下降。当动物接触病原体后，抗病力减弱。特别是环境温度急剧变化时对动物健康的影响更大，抗病能力急剧下降，极易感染各种疾病。

环境温度过高或者过低，常导致雌性动物性周期紊乱，环境温度过高还导致雄性动物精子生成能力下降，甚至出现睾丸萎缩，繁殖功能下降。

3. 湿度不达标 湿度与动物体热调节关系密切，当环境温度接近体温时，动物只能通过蒸发作用来散发体内的热量；而当环境湿度达到饱和状态时，即高温、高湿情况下，动物体内蒸发受到抑制，会感觉闷热难耐。低温时，如果空气湿度大，潮湿空气的导热性和容热量都比干燥空气大，潮湿空气能吸收动物体的长波辐射热，被毛和皮肤在高湿时难从空气中吸收较多的水分，使被毛和皮肤的导热系数提高，降低体表的隔热作用，动物会感到阴冷。显而易见，高湿情况下，不论是高温还是低温，对动物的舒适度来说都影响较大。而在低湿情况下，空气过分干燥，动物表现为躁动不安，常有一些反常现象表现出来，如哺乳母鼠不让仔鼠哺乳，甚至吃仔鼠等。湿度也有舒适区，在舒适区范围内，动物不会有难受和不舒服的感觉，而且生长发育良好。

动物在高温且高湿的环境下易发生代谢紊乱，抵抗力下降，发病率增加。高湿促进病原微生物和寄生虫的生长繁殖，引起饲料、垫料发霉变质，动物被感染及发病的概率大大增加。从动物习性看，兔喜欢比较干燥的环境。多数动物不耐低湿，如大鼠，在低湿干燥的环境下容易患上一种坏尾病，患此病的大鼠死亡率相当高。低湿干燥情况下，易造成室内灰尘飞扬，动物容易引发呼吸道疾病。

4. 换气次数与空气质量不达标 气流速度过大，动物表面散热量增加，会影响动物的健康；气流速度过小，空气流通不畅，室内有害气体及臭气不能及时排除，空气污浊，如笼养鸡舍的氨气味刺鼻，人和动物都不舒服，易导致疾病的发生，甚至死亡。

5. 噪声过大问题 有时动物的环境噪声较大，甚至出现犬、猫、兔、鼠类等混养在相隔不远的地方或笼子内，犬的吠声与猫的叫声都会影响到其他动物的安宁。大多数实验动物都胆小怕惊，警惕性极高。自然音也经常使它们惊恐不安，四处逃逸。不悦声往往使动物感到不舒服、烦躁。过响声则引起动物极度的恐惧和不安。关在笼子里的动物常常被吓得乱奔乱窜，久久不能平静，影响正常的采食、饮水、喂乳、交配等行为。实验动物的处置不宜在动物房内直接进行，以免被同类看到惨状或听到哀嚎声。

（1）损伤听力：噪声常常造成动物听力疲劳或造成噪声性耳聋。某些噪声可使动物听觉敏感性降低，噪声消失后听觉敏感不久就会恢复，这种现象称听力疲劳。长时间遭受强噪声刺激，使听力下降，造成听力持久性损伤，这种病症称噪声性耳聋。

（2）声源性痉挛：噪声刺激能引起一系列痉挛反应，动物躲在笼子角落，耳朵下垂呈紧张状态，两前肢、耳朵呈洗脸动作，随后头部轻度痉挛，在笼内跳跃，烦躁不安，噪声强烈时，出现全身痉挛。噪声引起的声源性痉挛的程度，与噪声的频率、声压、动物的品种和年龄等因素有关。

（3）生理紊乱：噪声常引起动物生理紊乱。轻者表现为心跳、呼吸加快，血压明显升高；重者引起神经功能紊乱和激素分泌紊乱。

6. 光照控制不当或仅靠自然采光等　不适当的光谱品质、光照度、光照周期和光的波长等，都有可能对动物的健康造成危害。一般说来，强光引起动物兴奋、烦躁，过强的光影响动物的生长发育，发病率升高，还会导致雌性动物做窝性差，甚至出现食仔和哺乳不良等现象，幼仔的死亡率会大大增加。弱光使动物镇静，反应迟缓，繁殖率降低，动物体质下降。

光对动物的角膜有较大影响，强光照导致动物光毒性视网膜病。如白化大鼠在2万lx光照下，几个小时后就出现视网膜障碍，连续暴露2d，尚有恢复的可能，但8d以上就产生不能恢复的严重障碍。另外，在110lx白炽灯下连续7～10d照明，也出现光受容体细胞的障碍。据试验，即使在60lx照度下饲养13周的大鼠，也会出现视网膜的退行性变化。

光对动物的生殖系统是一个强烈的刺激因素，起定时器的作用。机体的基本生化和激素的节律，直接或者间接与每天的明暗周期同步。在生殖中，利用人工控制光照，可以调节整个生殖过程，包括发情、排卵、交配、分娩、泌乳和育仔等。持续的黑暗条件下，可抑制大鼠的生殖过程，使卵巢重量减轻；相反持续光照，则过渡刺激生殖系统，产生连续发情，大、小鼠出现永久性阴道角化，有多数卵泡达到排卵前期，但不形成黄体。

（二）实验动物饲养环境福利问题的改善措施

严格按照相关要求建立标准的实验动物房，是解决这一问题的关键所在。

1. 改善实验动物饲养密度　从动物福利出发，要保证实验动物的健康舒适生活，必须给动物以最小的必需生活空间。这也是确定动物室面积、收容动物数量及饲养密度的重要依据。表5-1、表5-2和表5-3列出了各类实验动物所需的最小空间。

表5-1　啮齿类实验动物笼具的最小空间（GB 14925—2010）

项目	小鼠（g）		大鼠（g）		豚鼠（g）		地鼠（g）	
	<20	>20	<150	>150	<350	>350	<100	>100
单养时（m²）	0.006 7	0.009 2	0.04	0.06	0.03	0.065	0.01	0.012
群养（m²/只）（母+同窝仔）	0.042		0.09		0.76		0.08	
笼内高度（m）	0.13	0.13	0.18	0.18	0.18	0.21	0.18	0.18

表5-2　兔、猫、小型猪、鸡笼具的最小空间（GB 14925—2010）

项目	兔（kg）		猫（kg）		小型猪（kg）		鸡（kg）	
	<2.5	>2.5	<2.5	>2.5	<20	>20	<2	>2
单养时（m²）	0.18	0.2	0.28	0.37	0.96	1.2	0.12	0.15
群养（m²/只）（母+同窝仔）	0.42		—		—		—	
笼内高度（m）	0.35	0.4	0.76（栖木）	0.6	0.8	0.4	0.6	

表5-3 犬、猴笼具的最小空间（GB 14925—2010）

项目	犬（kg）			猴（kg）		
	<10	10~20	>20	<4	4~8	>8
单养时（m²）	0.60	1.0	1.5	0.5	0.6	0.9
群养（m²/只）（母＋同窝仔）	—			—		
笼内高度（m）	0.8	0.9	1.1	0.8	0.85	1.1

2. 改善温度和湿度条件 实验动物对温度和湿度的要求没有统一的国际标准，一般根据通常认可的温度、湿度条件及保持动物健康和舒适所需的温度、湿度范围制定。我国规定的实验动物温度、湿度指标标准见表5-4。

表5-4 常用实验动物繁育、生产环境指标（GB 14925—2010）

项目	指标								
	小鼠、大鼠		豚鼠、地鼠			犬、猴、猫、兔、小型猪			鸡
	屏障环境	隔离环境	普通环境	屏障环境	隔离环境	普通环境	屏障环境	隔离环境	屏障环境
温度（℃）	20~26	18~29	20~26			16~26	20~26		16~26
最大日温差（℃）	≤4								
相对湿度（%）	40~70								
最小换气次数（次/h）	15	20	8	15	20	8	15	20	—
动物笼具周边处气流速度（m/s）	≤0.2								
与相通房间的最小静压差（Pa）	10	50	—	10	50	—	10	50	50
空气洁净度（级）	7	5或7	—	7	5或7	—	7	5或7	5
沉降菌最大平均浓度（个/0.5h，ø90mm 平皿）	3	无检出		3	无检出		3	无检出	无检出
氨浓度指标（mg/m³）	≤14								
噪声[dB（A）]	≤60								
照度（lx）最低工作照度	200								
照度（lx）动物照度	15~20						100~200		5~10
昼夜明暗交替时间（h）	12/12 或 10/14								

3. 提供适宜气流、气压与通风 动物室需通风换气以供给动物新鲜空气，排出污浊和有害气体。在屏蔽系统中，可利用气压差防止污染空气流入室内。在感染动物实验室及放射性动物实验室内，为防止有害微生物及放射物质扩散到室外，必须使室内保持负压。我国规定的实验动物气流、气压与换气标准见表5-4。

4. 降低噪声影响 多数实验动物对声音比较敏感，喜欢在较安静的环境中生活。人和各种实验动物对声音频率的敏感程度不同，如猴和人只能听到低频率的声音，鼠类和猫、犬等能听到超声波。目前，国际上没有统一的噪声标准，大部分国家规定不得超过50~60dB。

我国规定的实验动物噪声的标准见表5-4。

5. 保障照明条件 光照可影响动物的生理反应和行为。不同种类的动物对光照的需求不同。光照周期对多种动物的繁殖起着关键性的调节作用，还会影响动物的增重和采食量。一般认为，实验动物应该饲养在近似天然光照的环境中。饲养室或实验室的照明采用人工照明方式控制，多采用白色灯或荧光灯进行人工灯光照明，合理分布光源。我国规定的实验动物照明条件标准见表5-4。

二、实验动物饲养与福利

严格的饲养管理是获得高质量的实验动物，取得准确、可靠的试验结果的保证，也是满足动物福利的要求。

(一) 实验动物饲养过程中存在的福利问题

1. 动物营养饲料不达标 动物试验过程中，存在购买的饲料不符合国家标准要求，有毒金属含量超标；不能针对实验动物的种类、性别、年龄和生理阶段不同，应用不同的营养饲料，导致动物饮食不足。

2. 饮水不合格 实验动物的饮用水存在微生物、有机物和化学性污染物，没有按照国家标准规定进行消毒处理。

3. 笼具不适合动物居住 制作笼具的材质不规范，可能含有超标微量元素；笼具的内部结构表面有锐边、尖角、焊渣、毛刺等；笼具的底部网眼不能过大或过小，从而导致动物居住不舒适引发疾病。

4. 垫料使用不达标 动物饲养过程中使用有毒、有害物质做成的垫料，严重影响动物健康。

5. 动物废弃物处理不规范 实验动物在饲养、试验过程中所产生的固体、液体和气体废弃物，有些涉及生物安全，如不妥善处理，可能影响环保甚至危害工作人员的健康。废弃物在理化方面应满足环保品质要求，在生物安全方面应防止有害生物体在灭活之前移出实验室，除生活垃圾外均应使用醒目标志表明可能的生物危险。实验动物废弃物管理是目前各单位开展实验动物工作的一个薄弱环节。因此，试验后做好实验动物尸体与废弃物的无害化处理，是顺应国家对实验动物科学规范管理的发展趋势，是对实验动物后续处理的重要步骤。

(1) 废弃物种类：

①固体废弃物：包括动物排泄物、实验动物尸体、纸张、试验耗材及其他物品等。

②液体废弃物：包括动物的尿液、清洗设施及试验器械的污水、剩余的试验用注射液、过期、淘汰、变质或被污染的废弃药物、具有腐蚀性、易燃易爆的废弃化学物品等。

③气体废弃物：主要为实验动物粪尿排泄物所产生的废气，以氨气为主，还包括粉尘等。

(2) 废弃物的危害：动物尸体及其废弃物处理不当，都会引发扩散、传播。这些危害可能是直接的，也可能是间接的。实验动物在试验过程中会产生大量固体、液体和气体废弃物，其中，有些对人和动物有微生物性、化学性或放射性的危害，如不妥善处理，不但会影响动物试验的准确性，也极易污染环境，直接或间接地影响工作人员或周围群众的生活和健康安全，所以对于动物试验后的废弃物应按照国家相关要求处理。

废弃物的危害主要是传播疾病，危害人类及动物的健康。动物尸体及其废弃物存在着极大的危险，处理不当都会引发扩散、传播。这些危害可能是直接的，也可能是间接的。直接接触，甚至食用动物尸体及废弃物而被感染或二次中毒、三次中毒；间接接触，被尸体及其废弃物污染的车辆、工具、水源、场地、衣物、空气等都可以危害人及实验动物的健康。

（二）实验动物饲养过程中福利问题的改善措施

1. 饲料　除因试验需要外，应供给实验动物营养充足、无污染和适口性好的饲料。充足的营养是维持动物生长发育和繁殖，保证动物健康的必要条件。实验动物的种类、性别、年龄和生理阶段不同，有不同的营养标准。1994年，我国颁布了实验动物的饲料标准。为了与国际接轨，2010年又对实验动物营养标准进行了修订（表5-5），同时，对饲料中所含重金属及污染物质和微生物控制指标也做出了明确的规定。

表5-5　常用实验动物的配合饲料常规营养成分指标

（每千克饲粮含量）（GB 14924.3—2010）

营养成分	小鼠、大鼠		豚鼠		兔		犬		猴	
	维持饲料	生长繁殖饲料	维持饲料	生长繁殖饲料	维持饲料	生长繁殖饲料	维持饲料	生长繁殖饲料	维持饲料	生长繁殖饲料
水分（g，≤）	100	100	110	110	110	110	100	100	100	100
粗蛋白质（g，≥）	180	200	170	200	140	170	200	260	160	210
粗脂肪（g，≥）	40	40	30	30	30	30	45	75	40	50
粗纤维（g，≤）	50	50	100~150	100~150	100~150	100~150	40	30	40	40
粗灰分（g，≤）	80	80	90	90	90	90	90	90	70	70
钙（g）	10~18	10~18	10~15	1.0~15	10~15	10~15	7~10	10~15	8~12	10~14
总磷（g）	6~12	6~12	5~8	5~8	5~8	5~8	5~8	8~12	6~8	7~10
钙：总磷	(1.2~1.7):1	(1.2~1.7):1	(1.3~2.0):1	—	—	(1.3~2.0):1	(1.2~1.4):1	(1.2~1.4):1	(1.2~1.5):1	(1.2~1.5):1

2. 饮水　实验动物的饮用水应由新鲜、纯净的水源直接提供，并需处理，以除去水中可能存在的微生物、有机物和化学性污染物，达到卫生部门颁发的人饮用水质量标准和卫生指标。对于清洁级以上的实验动物，其饮用水还必须经过高温高压灭菌处理。各种动物饮水量，主要受动物的生理阶段、饲料性质及环境温度的影响。

3. 笼具　笼具对实验动物福利有较大的影响。制作笼具必须选择无毒、无味、耐酸碱、耐腐蚀的材料。在笼具的结构和加工质量方面，应注意笼具的内部结构表面不应有容易造成动物外伤的锐边、尖角、焊渣、毛刺等，笼具的底部网眼不能过大或过小，饮水瓶和饲料盒的位置应设计合理，在有些种类动物的笼具内应设置搁板或栖架，并根据实验动物的大小和习性决定笼具的大小和饲养密度，保证动物舒适度和健康。

4. 垫料　垫料可为啮齿类动物保暖、吸尿、做窝，创造松软舒适的生活环境。实验动物的垫料是一种可控制因素，垫料的质量、灭菌、更换等都将直接影响实验动物的舒适度和身体健康。松软、干爽、无异味、吸湿性强的垫料，可使动物感觉舒适。好垫料可以保证实验的结果，否则会产生负面效果。目前，除有毒、有害物质控制指标外，我国尚未制定垫料使用的标准。

5. 动物废弃物处理

（1）废弃物处理指导原则的参照依据：主要参考依据有：1989年颁布实施的《实验动物管理条例》；2003年颁布实施的《医疗废物管理条例》；2003年颁布实施的《医疗卫生机构医疗废物管理办法》；2003年颁布实施的《医疗废物分类目录》；2003年颁布实施的《医疗废物专用包装物、容器标准和警示标识规定》；2002年颁布实施的《危险化学品安全管理条例》。

（2）对实验动物尸体及其废弃物进行无害化处理的必要性：无害化处理即用物理化学方法，使带菌、带毒、带虫的患病动物及其在试验过程中的副产品和尸体失去传染性与毒性，从而达到无害的处理。对动物及其副产品、废弃物的无害化处理的首要目的是，防止疾病的感染、传播，减少疾病传染源，减少环境污染，确保人和实验动物的健康、安全。特别是对于一些患有人畜共患病（如狂犬病、布鲁菌病、钩端螺旋体病等）的实验动物尸体及其废弃物进行无害化处理显得更加有必要。

（3）废弃物管理的防治对策：认真贯彻相关政策规定，尽快采取相应措施以保证废弃物无害化处理的顺利实施。如对实验室、动物医疗机构等废物处理做出硬性规定，出台医疗废物集中处置收费标准等。加大监管力度，严肃处罚违规处置动物医疗废物行为。要建立完善的医疗废物管理体系，将医疗废物从产生到最终处置的各个环节纳入整个管理体系，推行全过程管理。加强从业人员及宠物主人和小型业主等人员的教育培训，努力提高公众防卫和环保意识，既有利于保护相关人员的自身安全，也有利于提高其遵守相关法律法规的自觉性。公民是环保的基础，公众高度的环保意识，是动物医疗及实验室废物环境无害化管理的重要保障。

（4）废弃物无害化处理的注意事项：废弃物的处理应严格遵守国家有关法令规定，以不造成污染、避免交叉感染为原则。实行专人领导、专人负责，制定相应的规章制度和相关管理责任制，是开展实验动物废弃物无害化处理工作的前提和关键。严格按实验动物的操作规程进行管理，控制废弃物产量。废弃物应分类收集。废弃物的传送、清运时间应避开动物设施繁忙时间，一般可选择在上午或下午某一固定时间，每天清运1次。运送时各种容器应密封加盖，要防止泄漏、翻倒等。

三、实验动物管理与福利

（一）动物行为管理与福利

动物福利五项基本原则中，具有良好福利的动物应该能够自由表达自然正常行为。当行为表达受限时，应积极采取合理的改进措施，以免出现不良的福利问题。

1. 动物行为未被重视　由于动物行为对个体的健康及生产性能的影响较小，在相当长一段时间内，并没有得到重视。如啮齿类动物大鼠、小鼠的牙齿有终生生长的特性，而目前常见的饲养方式就是给予足够的料块，让其任意啃咬，既浪费粮食，又破坏动物的生存环境，也增加了工作量，浪费资源。如犬喜欢运动，特别喜爱娱乐物体，而我们将其长期装在笼内，既无活动空间，也无玩具。实际上，动物的正常行为受限除了对动物本身造成一定的生理损伤外，还造成动物的心理应激。

2. 动物行为管理的改进　保证动物行为的正常表达以及避免动物遭受应激，是保障动物良好福利的必要条件。如针对啮齿类动物大鼠、小鼠牙齿终生生长的特性，专门制作磨牙石或者牙胶玩具供动物磨牙。如给实验犬活动空间，增加健身架等供其玩耍。

（二）动物群体管理与福利

1. 实验动物识别和记录带来的福利问题　识别方法中采用的编号卡片、束带、铭牌、耳缺和耳标等，对动物带来伤害。

改进方法：采用的编号卡片、束带、铭牌，也可采用电子识别系统，其中，应记载动物本身特性、研究内容、研究人员和研究方案。近年来，在实验动物中也推行动物标识，使其得到自己的"身份证"，以便于科学管理。

2. 动物运输带来的福利问题　动物在运输过程中容易产生应激，发生疾病，有时饮食供应不上，运输时间过长，导致动物站立不稳被压，甚至出现死亡。

改进方法：运输中应根据不同实验动物的需要，给予适当的饲料和饮水，长途运输控制运输持续时间，让动物适当休息，运输中采取合适保温防风措施，减少应激。根据不同实验动物的特点，采取适当的运输方式。应选用必要规模和构造的运输车、设计合理的运输箱、规范的箱体材料，充分考虑动物生理和心理的需求，保证动物安全、舒适的转运，并防止外界对实验动物的微生物感染及污物对环境的污染。

欧美等发达国家对实验动物的运输都有法律规定，如加拿大动物管理委员会制定的《实验用动物管理与使用指南》中明确指出"运输动物时必须对它们的健康产生最小的干扰，运输动物的容器具有足够的空间，通风，保证动物能自由活动，便于观察。运输不同品系的动物，应采取不同的措施"。目前，我国尚未建立系统的实验动物运输规范，难以确保动物在输送过程中不受污染或其他伤害。

3. 加强实验动物的信息交流与共享　实验动物信息化，是将信息科学与计算机技术全面应用于实验动物、动物试验管理和科研领域，对传统的实验动物产业进行技术改造，实现管理现代化的过程。自 20 世纪 80 年代起，实验室逐渐推行"实验室信息管理系统"（LIMS）。它将实验室的分析仪器通过计算机网络连起来，采用科学的管理思想和先进的数据库技术，实现以实验室为核心的整体环境的全方位管理。它集样品管理、资源管理、事务管理、网络管理、数据管理（采集、传输、处理、输出、发布）、报表管理等诸多模块为一体，组成一套完整的实验室综合管理和产品质量监控体系，既能满足外部的日常管理要求，又能保证实验室分析数据的严格管理和控制。主要内容包括实验动物的科学与管理标准化、信息分类编码、完整基因组和功能的信息结构分析与比较，开展实验动物信息学研究，将为实验动物在电子商务、专家系统、动物模型替代试验、基因产业等领域的拓展和应用提供广阔的空间。

建立各种实验动物的标准生物学特性数据库，向动物试验人员提供所使用动物的背景资料和数据，动物的试验和处置方法，或提供试验所需的动物器官、血液、胚胎等，以合理、尽可能地减少实验动物的使用量。在对实验动物发病监控，信息加工、储存、传输和服务多个环节上提供检索、辅助诊断、发病和治愈情况统计，最大限度地改善实验动物的生命质量，积极为预防健康实验动物发病制定科学决策，提供了科学的依据，推进实验动物"标准化、商品化、社会化"，推动实验动物基因资源的共享。通过信息挖掘，可以用少数动物获得更多数据。同时，可以通过现代化的通信手段，如遥控装置、射频技术等采集数据，以减少对实验动物的干扰；利用计算机模拟，可部分替代动物。

第三节 试验环节中的福利问题与改善

一、试验环节中存在的福利问题

（一）试验前准备中存在的福利问题

（1）动物试验人员、实验动物工作人员进行试验研究和试验操作的培训或准备工作不足，缺少责任感。

（2）实验室缺少实验动物试验前短期饲养管理设施、环境和条件，不符合实验动物福利要求。

（3）实验动物饲料不合格或营养成分、污染物质不清楚、不稳定。

（4）动物试验设计不科学，不符合统计学原理，统计处理不准确。

（5）试验仪器不准，没有定期校定，缺少必要的先进仪器。

（二）实验动物自身带来的有害病菌的感染

在购买实验动物时未进行病原微生物检测或常规检疫不仔细，加之动物无明显临床症状，则不易被察觉，一旦条件适宜时，动物所带病菌就会被激活，从而造成动物或人的伤害。实验动物感染人畜共患病或动物传染病后，可引起非特异性死亡，或干扰试验结果，动物烈性传染病还会导致大批动物死亡，造成严重后果。实验动物繁育及动物试验设施设备的不适当和管理不善、防范不力，常导致实验动物受到外界环境中病原体的污染。对不同试验的动物管理混乱，隔离不当，或感染动物逃逸等，也会导致动物间的交叉感染。

（三）试验中存在的福利问题

（1）考虑精神、神经因素对试验研究的影响较少，偶有虐待动物事件发生。当动物遭受虐待、创伤、粗暴对待等意外刺激时，其内分泌系统、循环系统、免疫功能和机体代谢都与正常时不同。应养成日常善待动物，并熟练掌握捉拿、固定、注射、给药、手术等技能，减少对动物的不良刺激（图5-5）。

（2）给药途径不准或技术不够熟练，如小鼠的尾静脉注射问题，由于技术不够熟练，有时3~5针都无法进药，甚至药品外漏等，导致小鼠整个尾部肿胀。有些操作人员对动物和人用药剂量的换算也不够准确。

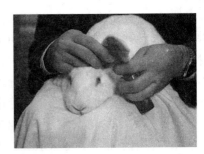

图5-5 采血时采用一种减少兔子应激的方式

（3）个别单位对动物的保定和麻醉不到位。试验中需要使用保定和麻醉，不同动物品种（系）对不同麻醉剂、麻醉方法的反应有所不同，必须根据试验要求结合动物种类加以选择。

麻醉的深度控制始终应是顺利完成试验，获得正确试验结果的保证。如麻醉过深，动物处于深度抑制，甚至濒死状态，动物各种正常的反映受到抑制；麻醉过浅，在动物身上进行手术或试验，将会引起强烈的疼痛刺激，使动物全身，特别是呼吸、循环功能发生改变，消化功能也会发生改变，从而给试验带来难以分析的误差。要特别注意妊娠动物、新生动物和有攻击性动物的保定和麻醉，以防止动物和人在操作时发生意外。

（4）疼痛问题。在教学以及科研活动中，兽医习惯于认为麻醉就足以阻止疼痛的发生。然而对痛觉复杂的过程缺少全面的了解，不能采用组合药物来减轻实验动物的疼痛感。

（5）禁食、禁水等试验导致动物营养不良。有些试验将药品添加在饲料中或通过饮水给药途径。试验者为了让动物能将药品全部服下，有时采用禁食或禁水的办法，不能保证动物有足够量的营养或水分供给，导致营养缺乏或动物脱水。

（6）试验季节和时间的选择不当。很多动物的体温、血糖浓度、基础代谢率、各种内分泌激素的水平等许多功能都有年、月、日节律性的变化。动物试验应注意动物的这些节律性变化，应选择在同样季节，每天在同样的时间进行操作，才能得到正确的试验结果。

（7）恐惧等心理问题。对实验动物保定、手术等实验时，接受试验的动物与未接受试验的动物未采取必要的隔离措施，造成其他动物目睹或耳闻同伴接受各种损伤试验，造成心理恐惧创伤，影响健康和正常生理活动，造成动物福利问题。

二、试验环节中福利的改善

随着人类文明的进步和科学技术的发展，动物保护成为动物试验中的核心问题之一（图5-6）。实际上，自开展动物试验以来，有关动物保护的研究也在同时开展。1822年，英国议会通过了马丁的提案，诞生了世界上第一部动物保护法。之后，又制定通过了实验动物保护法。1980年以来，西方各发达国家都先后进行动物保护和动物福利的立法，WTO的规则中也明确地写进了动物福利条款。医学研究院里建立了"动物伦理委员会"，审核和监督动物试验的计划和实施，保障动物的福利。我国科技部、卫生部颁布的法令、法规中，也对试验中动物的保护做出了明确规定。在进行动物试验时，应从下列几方面关注动物福利。

图5-6 实验动物福利

（一）试验前

1. 岗前培训 在对试验人员上岗培训的过程中，强调对试验动物的福利。所有参加动物实验的人员，必须参加相关的培训。

2. 试验必要性论证 在计划动物试验前，必须有大量的科学根据确定和证明该试验的意义和必要性，并提交申请。对于必须进行的动物试验，则需有明确的目的和合理的程序，避免没有科学目的的动物试验。如果其他学科已有相似的试验结果可以借鉴，则没有必要再进行试验。试验中限制使用进化程度较高的动物做试验，尤其要严格控制对非人灵长类动物的使用，从动物福利角度来考虑，灵长类动物更接近于人类，它们也有思想，有感受，但这并不意味不能用，主要是在数量上加以控制。这与极端的动物保护主义是不一样的。

3. 加强管理 用于试验的各类实验动物，要列入实验动物管理委员会管理，对试验设计方案中涉及实验动物部分要进行审定和批准，如饲养条件、处置方法、处死方法等是否符合实验动物的相关法规等。复旦大学药学院2006年成立了实验动物伦理委员会，将依据动物保护、动物福利、动物伦理和综合性科学评估五大原则对动物试验者进行审查。《重庆市实验动物管理办法》已制定出台，并于2006年7月1日起施行。管理办法中，除了采取种种措施保证动物试验科研安全、结果准确外，第18条还特别规定，"从事实验动物工作的单位和个人，应当关爱实验动物，维护动物福利，不得戏弄、虐待实验动物。在符合科学原则的前提下，尽量减少实验动物使用量，减轻被处置动物的痛苦。鼓励开展动物试验替代方法的研究和使用"。

4. 做好试验准备 在饲养过程中动物应受到良好的待遇。在做试验之前，要使其熟悉环境，不产生应激、焦虑等。只有在良好的环境下，动物的情绪非常稳定，开展的各种科学研究才有意义。这样做一方面是从动物的福利来考虑，另一方面也是为科学研究的需要着想。科学研究要求动物的状态应该是相对稳定的，如果动物处在压抑的状态下，试验的结果很可能会产生偏差，不能保证试验质量。

5. 遵循"3Rs"原则 以动物试验和实验动物减少、替代和优化为核心的动物试验替代方法理论在世界范围内得到认同，并已得到广泛应用。试验的设计和运作必须采用"3Rs"原则，如果可以用替代方法，就必须应用替代方法。

（二）试验中

1. 减少疼痛问题 疼痛，是对通过神经上传通路传达到大脑皮层的神经刺激的感觉。正常情况下，这些通路是相对明确的。有害刺激激活感觉器和其他神经末梢造成神经刺激，这些刺激主要来源于物理性和化学性的刺激。内源性的化学物质包括氢离子、钾离子、ArrP、复合胺、组胺、缓激肽、前列腺素等，电流也可以称为神经刺激。长时间的疼痛刺激，也可以造成平时沉默的神经通路激活而引发疼痛。

首先必须让试验参与者了解动物的疼痛通路，向大家展示痛觉的复杂性。所有临床动物（Viñuela-Fernández et al，2007）的疼痛通路是类似的。疼痛通路有四个部分，图5-7显示出了作用于每一个疼痛通路点的药物。

拿一只犬的左前爪为例，疼痛通路的四个部分是：①信号转导：因为组织被损坏，局部炎性物质被释放。这些炎性物质会形成一个化学信号，而周围神经（peripheral nerves）会识别这个化学信号并生成一个神经冲动。这种神经冲动的影响，可以使用非甾体类抗炎药（NSAIDs）的阿司匹林类药物来减轻疼痛。②冲动传导：神经冲动被传导到脊髓，局部麻醉药（如利多卡因）可以阻止神经冲动的传导。③传输和调节：在脊髓中，信号被修改并传输到大脑。如图5-7所列，一些药物可以干预这个过程，包括阿片类药物（吗啡类药物）。④痛觉：痛觉可以分为两大类：感官判断（sensory discriminative）感觉疼痛的位置；情绪

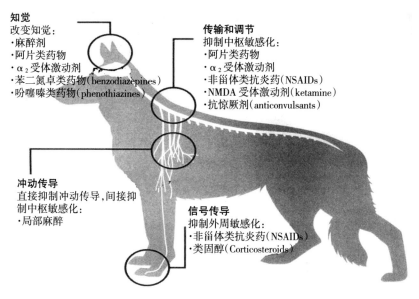

图 5-7 疼痛通路与作用药物
(图片来源：小动物从业者疼痛管理)

感知（motivational affective）反映刺激引起痛觉的敏感程度。疼痛刺激的感官判断，可能在皮层或皮层下完成，相似于上传的单一判断，如刺激的强度、持续时间、位置、性质。情绪感知则包括了上行网络形成的行为认知和皮层的觉醒，也包括丘脑输入到前脑和边缘系统的感知，如不舒服、害怕和沮丧。情绪感知也强烈影响边缘系统、视丘下部和自主神经系统，后者调节心血管、呼吸、垂体肾上腺系统，这些反应反过来影响大脑前部加强了情绪影响感知。痛觉信号被大脑感知。全身麻醉可以阻碍这种感知，但对于以上其他的三个疼痛通路无能为力。但其他药物（如阿片类药物）能在这个点起作用，帮助减少疼痛的感觉。

从经验判断，疼痛伴随大脑皮层和皮层下的活动。如果遇有缺氧，或由于药物、电击、冲击造成抑制，是感觉不到疼痛的。因此，安乐死药物和方法的选择并不是严格的，只要使动物麻醉或失去知觉，并且在死亡以前无知觉即可。

试验中应给予动物必要的镇静剂、麻醉剂；做好保定工作，减少应激反应。对动物伤害较大的试验应持谨慎态度。禁止使用能引起动物严重疼痛的试验方法，通过改变检测方法或选择其他措施，避免和减轻动物在试验过程中所遭受的损害。

如果试验中有引起动物疼痛而与试验目的无关的因素，则应在试验前给予防范和采取措施减轻疼痛。如果在试验中不可避免地引起动物疼痛、伤害或恐惧，应采取一切可能的途径或方法予以减轻。对那些必须接受注射的动物，则尽可能避免使用引起疼痛的注射针头。在所有引起慢性疼痛的试验中或反复进行这类试验时，应尽可能地减轻动物疼痛或消除恐惧，并在试验结束后继续进行特殊的照料。

2. 落实安全保障措施 实验外科手术中应落实实验动物的急救措施。在进行实验外科手术时，往往会出现一些意外的紧急异常情况，实验动物会因麻醉过量、血管破裂、心脏骤停、呼吸窒息等各种原因死亡。为预防动物的突然死亡，应有安全保障措施和责任，能及时组织抢救，将动物从死亡边缘抢救过来，使实验继续下去。

3. 采取必要的隔离措施 将试验中实验动物与其他动物隔离，避免将实验动物接受手术、灌服药物等试验信息传递给其他动物，造成其他动物应激。

(三) 试验后

试验后，对实验动物针对不同情况做相应处理，尽量将实验动物恢复至试验前的生活状态。对实验动物造成可逆的创伤应尽可能治疗恢复；对不可逆"试验伤害"的和淘汰的实验动物实施"安乐死"。"安乐死"是人们普遍认可的以人道手段快速处死动物的一种方法。它使动物在没有惊恐或焦虑的情况下安静地、无痛苦地迅速死亡（脑死亡），常用的方法有颈椎脱臼法、空气栓塞法、急性大量放血致死法和药物致死法等。实验动物最终都将为人类的科学事业和保障人类健康贡献出生命，提倡对实验动物实施"安乐死"，不仅是实验动物福利的重要组成部分，而且也是对实验人员心理影响的一种抚慰，是人类高度文明的体现。

第四节　安乐死中的福利问题与改善

随着人类对动物保护意识的加强和动物福利的伦理要求，对于必须使用实验动物进行研究的行业来说，安乐死问题越来越受到广泛关注。

安乐死一词来源于英文单词 euthanasia，意思是美好的死亡，快乐的死亡，无痛苦、平安和有意义的死亡。实验动物科学中的安乐死，指的是对实验动物实施人道的，仅具有微量疼痛和痛苦的处死方式。因为实验动物作为人类的替难者用于各种科学实验，人类有义务给予实验动物足够的尊敬，在动物活着的时候要尽可能保证动物福利，温和地善待它们，结束这些动物生命的时候也要遵循人道主义精神，尽可能缩短濒死时间，以减少动物疼痛和痛苦。

处死动物的技术，可以分为以下几种情况。

(1) 直接安乐死技术：单一手段的、一贯公认的用于安乐死的技术和方法。

(2) 条件安乐死技术：因为技术的状态或存在技术风险，或存在安全隐患，不能作为常规安乐死使用的技术，以及没有完整参考资料的安乐死技术。

(3) 非安乐死技术：公认的非人道的、残忍的或对实施动物处死人员有潜在危险的方法。

一、安乐死中存在的福利问题

(一) 动物本身的痛苦

在评价是否减少痛苦时，充分理解整个过程对动物产生的应激和痛苦是非常重要的。动物对于应激的反应，表示动物恢复正常精神和生理状态所必需的适应过程。这些反应包括神经内分泌系统、自主神经系统以及精神状态的改变，进而造成行为的改变。动物的反应随着其经验、年龄、种、品种、生理、心理状态而有所不同。应激及其产生的反应分为三期：应激（stress），无害刺激产生的适应性反应，通常对动物是有利的；中性应激（neutstress），对动物产生的反应既无害也无利；痛苦（distress），动物对干扰安康和舒服的刺激产生的反应。

（二）动物行为

为减少动物的痛苦，包括惊恐、焦虑和忧惧，必须考虑动物安乐死的方法。实施安乐死时温和地限制动物（动物熟悉的、安全的环境）、轻轻地抓取动物、与动物进行语言行为交流等做法均可以对动物起到安静作用。当然，适当的使用镇静剂和麻醉剂可以达到相同的效果，但镇静剂和麻醉剂对实施安乐死的药物作用时间有延迟，应予注意。对于新来的、不熟悉的动物进行限制和抓取时，可使用视觉、听觉和触觉的刺激使动物安静下来。如果抓取动物过程中有争斗，可能对动物造成受伤、疼痛和焦虑，也可能对人员造成危险，有必要使用镇静剂、止痛剂和麻醉剂。面部表情和身体姿势代表动物的不同精神状态，在评价安乐死技术中非常有用。动物对有害刺激的行为和生理反应，包括痛苦的叫声、争斗、试图逃跑、反抗、攻击、流涎、排尿、排粪、脱肛、瞳孔放大、心动过速、出汗、骨骼肌收缩反射造成的颤抖、震颤、痉挛。有意识和无意识的动物都可能产生这些反应，害怕可以造成动物不动或"假死"现象，兔和鸡表现尤甚。这种状态不能理解成意识丧失，事实上是有意识的。动物害怕时发出痛苦的叫声、害怕的行为、某些气味或信息素的释放，都可以引起焦虑和忧惧。因而，对敏感动物实施安乐死时，要避免有其他动物在场。

（三）人员行为

对动物实施安乐死的过程中，人类往往对于失去生命感到伤心。实施实验动物安乐死时，有三种情况可对人员造成心理和情绪的影响。

（1）兽医临床处置。动物所有者必须决定是否处死以及什么时间处死动物时，通常都是听取兽医意见，选择正确的动物处死方法和药物。处死动物时听到动物痛苦的叫声、看到动物痉挛时，可能对人产生心理上、道德上、伦理上的伤害。

（2）在饲养过程中看到意外的受伤、疾病需要大量杀死动物时，痛苦和不安会很快在工作人员中传播。

（3）实验中研究者和技术员对动物已经很熟悉，产生感情，对动物实施安乐死时会感到伤心。

二、安乐死中福利的改善

因为实验动物作为人类的"活标本"用于各种科学实验，人类有义务给予实验动物足够的尊敬，处死动物时尽可能减少动物的疼痛和痛苦。安乐死技术很难做到完全没有疼痛和痛苦，但通过改善实施安乐死的环境条件和熟练掌握技术，可以减少动物的痛苦。从定义中可以看出，安乐死技术包含两个方面的内容，一是减少疼痛，二是减轻痛苦。减少疼痛要求建立无疼痛死亡技术，减轻痛苦要求尽量减少动物感知。

为减少动物的痛苦，包括减少动物的惊恐、焦虑和忧伤，必须合理选择动物安乐死的方法。面部表情和身体姿势代表动物的不同精神状态，这些在评价安乐死技术中非常有用。一旦动物出现对有害刺激行为和生理反应表现时，操作人员应以温和的声音和行为，使动物安静下来再继续下面的操作。

(一) 安乐死实施原则

(1) 尽量减少动物的痛苦,尽量避免动物产生惊恐、挣扎、嚎叫,这也是安乐死最主要的目的所在。

(2) 注意试验人员安全,防止被动物伤害,并且在使用相关仪器和药物时也要提高保护意识,特别是在使用挥发性麻醉剂(乙醚、安氟醚、三氟乙烷)时,实验室内一定要杜绝使用任何火源。

(3) 方法比较安全且容易操作。

(4) 不能影响动物的试验结果。

(5) 尽可能缩短致死时间,即从安乐死开始到动物意识消失的时间。

(6) 判定动物是否被安乐死,不仅要看动物呼吸是否停止,而且要看神经反射、肌肉松弛等状况,防止"假死"现象。

对于实施安乐死的人员选择也非常重要。一般来说,应由经过严格训练的富有经验的技术人员来实施安乐死,以保证在安乐死实施过程中尽量减少动物的疼痛和痛苦。这些经验包括:熟悉需要实施安乐死的动物的行为,清楚安乐死技术让动物丧失意识和死亡的原理,熟悉实施安乐死的环境和条件。

(二) 安乐死的方法

1. 药物方法 如吸入药物、注射药物。常用安乐死药物有:吸入式麻醉剂(包括二氧化碳、一氧化碳、乙醚、三氯甲烷等)、氯化钾、巴比妥类麻醉剂、DDT 等。其原理主要如下。

(1) 直接或间接缺氧:药物方法进行动物的安乐死在任何地方都能够完成,并且可以依注入药物的不同速率造成动物意识丧失。没有疼痛和痛苦的死亡或仅有少量痛苦的死亡,一定是意识丧失先于动作消失(肌肉活动消失),而动作消失不等于意识丧失和没有痛苦发生。因此,导致肌肉麻痹而不能造成意识丧失的安乐死药物(如去极化或非去极化的肌肉松弛剂——士的宁、烟碱、镁盐等),不能作为安乐死的单一方法。

(2) 生命功能的神经元抑制:某些药物在实施过程中会使动物处于一种所谓激动躁狂期,动物可能发出叫声或肌肉剧烈收缩。但是药物的作用是首先抑制大脑神经元,随后才导致动物死亡。随着意识丧失动物会很快死亡,原因在于心脏停止跳动后,动物缺氧致死。

(3) 大脑活动或生命功能神经元的直接破坏:直接冲击破坏大脑或大脑神经元去极化,可以使动物马上丧失意识。中脑控制心脏和呼吸中枢,大脑破坏后可造成动物的死亡。虽然有时会见到动物剧烈的肌肉活动,但这时动物已经感受不到疼痛和痛苦,符合安乐死的原则。

(4) 二氧化碳安乐死法:由于具有对人类没有危害、使用方便、成本较低等优势,各国已广泛应用于小型实验动物上。主要方法就是将一定浓度的二氧化碳通入安乐死箱中,有研究发现,最理想的流量是每分钟通入容器容积的 20% 大小的二氧化碳。此法的优点是:①能很快起到镇静、止痛和麻醉的作用;②二氧化碳价廉易得;③不易燃易爆,在通风良好处正确使用更为安全,对人体无毒害作用;④不会改变乙酰胆碱或肾上腺皮质激素浓度。

但此法也存在一定的不足之处,如:①由于其密度大于空气,在没有充满二氧化碳的安乐死箱中的动物,有可能抬起头来避免吸入二氧化碳;②一些穴居动物对其有耐受性;③当二氧化碳浓度较低时(<80%),会对肺和上呼吸道组织产生损伤作用;④高浓度的二氧化碳,会使某些动物产生痛苦。

(5) 吸入药物：任何吸入药物都需要在肺泡中达到一定浓度才能导致死亡,因而动物死亡需要一定时间。药物的选择原则,在于动物开始吸入药物到死亡之间这段时间未感受到疼痛和痛苦。使用该方法应注意：①选择药物,能够快速达到较高浓度、快速使动物丧失意识的、比较人道的药物用作安乐死;②选择设备,能够满足快速使药物达到高浓度,并能够保持一定时间不泄漏;③多数药物对人是有害的,如麻醉危险(乙醚)、昏迷(氟烷)、缺氧(氮气和一氧化碳)、上瘾(一氧化氮)、长期危害健康(一氧化氮、一氧化碳);④肺泡换气缓慢易引起动物激动时,就应该使用非吸入方式安乐动物;⑤新生动物对缺氧耐受性强,不宜使用吸入方式安乐死动物;⑥高速气流易产生噪声惊吓动物;⑦一个箱子中只能放置一种动物;⑧爬行动物、两栖动物、潜水性鸟类动物和潜水性哺乳动物,都不能使用吸入方式实施安乐死。

(6) 非吸入药物：注射药物是实施安乐死较为快速和可靠的方法。如果不引起动物害怕和痛苦时,推荐使用药物注射方法实施安乐死。但动物限制和保定,会给动物增加额外的恐吓和不安,必要时使用镇静和麻醉的方法辅助进行安乐死。对有侵略性的、可怕的、凶猛的动物实施安乐死前,最好先使用镇静剂,然后静脉注射安乐死药物。当静脉注射安乐死药物有困难时,也可以使用无刺激性药物(非封闭神经肌肉药物)行腹膜内注射。但由于要经过Ⅰ期和Ⅱ期麻醉才能死亡,因此,需要将动物放在较小的安静的盒子中,避免刺激和外伤。深度镇静、麻醉或睡眠状态的动物也可行心内注射,不能使用肌内注射、胸腔注射、皮下注射、肺内注射、肝内注射、脾内注射、肾内注射、鞘膜内注射等非静脉注射法实施药物安乐死。

2. 物理方法 物理安乐死方法有刺椎、枪击、脱颈椎、断头、电击、微波刺激、处死陷阱、压胸、放血等。技术熟练人员使用器械实施安乐死,比其他的安乐死方法要好,动物几乎感受不到害怕和焦虑。因为速度快,动物也不会感受到疼痛。放血、击晕和脑脊髓穿刺不能作为单一方法使用,可作为其他安乐死方法的补充。

有人认为物理方法实施安乐死时不符合美学观点,但美学观点与人道有时是对立的。在某些情况下,物理方法是最合适的安乐死方法,因为这样可以避免或缩短动物死亡前所承受的不必要的疼痛和痛苦,但尽量要求实施安乐死的人员训练有素,并有美学观点。因为所有的物理方法都会产生创伤,对动物和人都存在潜在危险,操作熟练程度是至关重要的。

3. 辅助方法 击晕和脑脊髓穿刺等。

(三) 几种常用实验动物的安乐死方法

由于实验动物不同,其安乐死方法也不尽相同,以下分别介绍几种主要实验动物的安乐死方法。

1. 蛙类
(1) 断头法：迅速地用剪刀剪断蛙类头部即可使其立即死亡。
(2) 毁脑法：将蛙捉好,并用食指按压其头部前端使其头部向前倾,右手持金属探针由头前端沿线向尾方刺触以找到枕骨大孔所在的凹陷处。将金属探针垂直刺入枕骨大孔后,将探针前端转向头方,向前深入颅腔,水平方向呈扇形搅动将脑组织破坏掉。之后再退出探针,将针前端转向尾方,刺入椎管破坏脊髓。最后,对蛙进行检查,如果其四肢肌肉紧张性完全消失并且呼吸停止,则表示其已死亡。拔出探针后用棉球将针孔堵住防止出血。对于蟾蜍来说,注意在操作过程中要防止其耳后毒腺分泌物射入操作者眼中。

2. 大鼠和小鼠

(1) 断头法:一般需要两人操作。一人戴手套,两手分别抓住鼠头与鼠身,拉紧后暴露颈部;另一人持剪刀从颈部剪断鼠头(技术熟练者也可以单人完成),鼠因断头与大出血立即死亡。

(2) 颈椎脱臼法:常用于小鼠,左手持镊子或用手的拇指、食指用力向下按住鼠颈部,将鼠头固定,后手抓住鼠尾用力向后上方牵拉,此时造成鼠的颈椎脱位、脊髓断裂,鼠瞬间死亡。

(3) 击打法:用手抓住鼠尾并提起,将其头部猛击桌角,或用小木槌用力敲击鼠头部破坏延髓致死。

(4) 失血法:剪断颈总动脉放血,可结束生命。

(5) 化学致死法:

①吸入一氧化碳:一氧化碳浓度为 0.2%~0.5%,即可致死。

②吸入乙醚、氯仿:均可致死。

③注射氯化钾:处死大鼠剂量为 25% 溶液 0.6mL/只,静脉注入。

3. 豚鼠、猫、兔、犬

(1) 空气栓塞法:原理为将一定量的空气注入动物静脉中,在右心室内随着心脏的跳动而与血液相混合成为泡沫状,随血液循环到达全身,一旦进入肺静脉则会梗阻其分支,动物因发生空气栓塞而迅速死亡;或者造成心脏冠状动脉的阻塞,发生严重的血液循环障碍,动物很快死亡。空气注射剂量为:兔、猫等 10~40mL;犬 80~150mL。

(2) 急性失血法:使动物处于麻醉状态,如犬可以使用 846 合剂或与舒泰以 1∶1 比例配合,按照 0.1~0.2mL/kg 肌内注射麻醉。待动物进入深度麻醉状态后,用手术刀切开颈部,分离出颈总动脉,用止血钳或动脉夹夹闭两端,在其中间剪断血管后,缓慢打开止血钳或动脉夹,轻压胸部可迅速放出大量血液,动物立即死亡。或采用手术刀或剪刀直接将颈总动脉和颈总静脉全切断,可见血液大量喷出而致死。注意使血管切口保持畅通,如可使用自来水冲洗切口,动物在数分钟之内即可死亡,此种方法可以使动物安静死去。对于犬来说,还可以在麻醉状态下横向切开股三角区,切断股动静脉见血液喷出,同时防止血液在切口处凝固,也可以达到使动物死亡的目的。

(3) 开放性气胸法:将动物开胸,造成开放性气胸。此时,胸膜腔内的负压消失,胸膜腔内压等于大气压,肺脏因受到大气压缩而肺萎陷,纵隔摆动,动物因循环、呼吸衰竭而死亡。

(4) 药物法:静脉注射 10% 氯化钾溶液,注射剂量为:家兔 5~10mL;成年犬前肢皮下静脉注射 20~30mL。

(5) 破坏延脑法:如果脑部经过急性实验已暴露,则可用探针直接将延髓破坏导致动物死亡。对家兔也可用木槌用力击打其后脑部,导致延脑损伤而致死。

4. 特殊实验动物的安乐死方法

(1) 昆虫的处死方法:一般用烫死法,快速,还可避免昆虫挣扎或人的抓捏而造成虫体的损伤。

（2）狐的处死方法：将人用氯化琥珀胆碱针剂1支稀释100倍，注入其心脏中，在10~60s内昏迷，4~7min内死亡，昏迷后即可用于取皮。

目前来说，实验动物的安乐死技术很难做到完全没有疼痛和痛苦，但是相信随着科技的不断发展以及通过改善实施安乐死的环境条件和熟练掌握技术，可以最大限度地减少动物的痛苦。

思考题

1. 何为实验动物？为什么要使用实验动物？使用实验动物引人关注的原因有哪些？
2. "3Rs"原则是指什么？分别对每一点进行简要表述。
3. 试验动物饲养环境应注意哪些福利问题？
4. 试验过程中应如何做好动物的福利工作？
5. 动物安乐死的概念及常用安乐死方法有哪些？
6. 谈谈你在试验过程中如何贯彻动物福利原则。

参考文献

蔡守秋，2006. 论动物福利法的基本理念［J］. 山东科技大学学报：社会科学版（1）：27-34.
曹明德，刘明明，2010. 对动物福利立法的思考［J］. 暨南学报（1）：41-46.
柴同杰，2008. 动物保护及福利［M］. 北京：中国农业出版社.
陈琰，2010. 我国动物保护现状及其完善［J］. 陕西广播电视大学学报，9（12）：93-95.
董婉维，等，2006. 动物福利与动物保护的关系［J］. 实验动物科学与管理，3（23）：59-60.
李文文，2010. 浅析我国动物福利立法的必要性［J］. 法制与社会，1：276.
林利明，吴浩松，郭建红，等，2009. 我国动物福利立法探讨［J］. 中国检验检疫（8）：41-42.
林利明，许如苏，纪强，2010. 世界各国动物福利立法探析［J］. 中国动物检疫（5）：6-7.
陆承平，1999. 动物保护概论［M］. 北京：高等教育出版社.
邱晓蕾，寇迪，2010. 我国动物福利的现状及问题［J］. 饲料博览·技术版（9）：11-12.
王来有，王红光，陈宁，2010. 国内外动物福利状况与趋势［J］. 中国畜禽种业，36-38.
王禄增，王捷，于海英，2004. 动物暨实验动物福利学法规进展［M］. 沈阳：辽宁民族出版社.
谢军安，谢雯，焦跃辉，2005. 动物福利法律保护的现状及趋势［J］. 石家庄经济学院学报（1）：92-95.
朱兴东，2010. 中国动物福利法治展望［J］. 魅力中国：法学研究（4）：277-278.

第六章
猪 的 福 利

猪在集约化生产条件下通常会面临各种各样的福利问题，目前这些福利问题尚未完全解决。集约化养猪生产、运输和屠宰环节都存在很多福利问题，在此我们提出了包括哺乳仔猪、生长育肥猪、母猪、运输和屠宰等诸多环节的共性福利问题及改善对策。提高猪的福利水平没必要回归到传统的养殖方式，重要的是研究、开发可行的替代技术，使猪享受更高福利水平的生产系统。如生长育肥猪的舍饲系统、深床（垫料）饲养系统和户外饲养系统，妊娠母猪的室内群饲系统和户外饲养系统，哺乳母猪的舍饲系统和户外饲养系统。除此之外，运输和屠宰环节也有很多需要关注的技术关键点，良好的屠宰设备设施和人员的操作都是保证猪的良好福利的前提条件。

第一节 哺乳仔猪的福利问题与改善

一、哺乳仔猪的福利问题

哺乳仔猪面临的福利问题主要包括环境贫瘠、过早断乳和新生仔猪的损伤处理三方面。

（一）环境贫瘠

在自然环境中，3周龄左右的哺乳仔猪开始尝试进食固体食物，慢慢培养自己的觅食行为。但在集约化规模化的产仔房中，没有可供哺乳仔猪玩耍的材料。哺乳仔猪可能转而嚼咬母猪身体，这会引发母猪的不适和愤怒，甚至会严重伤害母猪。此外，缺乏垫料会导致哺乳仔猪间的烦躁不安、争斗以及相互伤害。

（二）过早断乳

过早断乳的目的是缩短繁殖周期，从而提高母猪的生产率。因此，生产中哺乳仔猪长到4周龄大时会被过早地与母猪分离，有的养殖场甚至在仔猪1～3周龄时断乳。母仔的过早分离会使哺乳仔猪由于以下原因而产生严重的焦虑：①母仔分隔，断乳仔猪会突然丧失母猪喂乳、养育和保护它们时的安全感，断乳本身对仔猪来说也是一个应激，仔猪经历断乳的突然变化，会导致其好几天不吃食，同时体重开始下降；②饮食改变，饮食上的突然改变，也会给断乳仔猪的消化系统带来多种问题；③不同窝的断乳仔猪混群发生斗争，一旦与不熟悉的断乳仔猪混在一起，断乳仔猪便会为建立自己的社群序列等级而发生严重的打斗；④有时被运到其他农场，陌生的环境加剧了仔猪的不安全感和焦虑。

过早断乳造成的心理压力,会对断乳仔猪的免疫系统产生不利影响,容易诱发断乳仔猪多系统消耗综合征(post-weaning multi-systemic wasting syndrome,PMWS)等疾病。过早断乳造成的心理压力还会影响断乳仔猪的行为发育,断乳仔猪会继续尝试吸乳的习性,如拱肚和嚼肚脐,导致这些部位发炎和肿胀,这些行为还可能在成长后期演变为更为有害的相互打斗和咬尾等异常行为。

(三)新生仔猪的损伤处理

新生仔猪一般在出生后一周进行一系列处理,主要包括剪牙、剪耳号、断尾和公猪去势等。这些处理一般是在仔猪没有麻醉或止痛的情况下进行,通常会导致仔猪疼痛或沮丧。

1. 剪牙 仔猪出生时有8个锋利的獠牙或犬齿。在野生条件下,猪的獠牙可用于防御捕食者。家养和野生的仔猪一般用獠牙建立优势地位序列和争抢乳头。争抢乳头的时候,獠牙能伤害同窝仔猪,此外,在哺乳期间可能撕破母猪的乳房。为了减少獠牙伤害母猪乳头或其他仔猪,出生后通常会采取修剪或去除獠牙的做法。研究表明,剪牙过程不仅给仔猪带来痛苦,还可能使牙髓腔暴露或震裂牙齿,引起感染(牙髓炎和龈炎)。另外,剪牙留下的尖锐边缘还可能伤害仔猪舌头和口唇。

2. 剪耳号或打耳标 为了有效记录每头猪的饲养、生病、治疗、生长、繁殖、系谱等信息,通常用耳号提供永久和价廉的识别系统,确保每头猪均有用于识别个体的耳号。实践中通常采用剪耳号或打耳标的方法。由于耳标有被拉下或掉落的可能,加上成本相对高于剪耳号,实践中多采用剪耳号方法。剪耳号通常用特制的耳号钳剪下仔猪耳朵大约6.5mm深的凹口。有时可能在耳朵上打一个孔。但剪耳号会给仔猪带来疼痛,有人观察到,剪耳号后,仔猪至少摇头2min。此外,如果凹口太浅,凹口可能封上,会引起其他仔猪的注意,导致血耳。

3. 断尾 在集约化生产中,咬尾既是生长育肥猪的经济问题,也是生长育肥猪的福利问题(见本章第二节)。断尾会导致动物不适,但能减少年龄较大猪咬尾的概率。通常,仔猪出生不久即进行断尾。有研究显示,断尾有助于降低被咬尾猪的数量。断尾至少要剪去尾巴长度的一半。留得太短,可能导致感染或尾巴脱落,或者猪可能会咬同伴的耳朵来替代咬尾;留得太长,可能影响断尾的效果。但是断尾通常没有任何止痛缓解措施。研究发现,断尾后至少前2h仔猪摇摆残缺的尾巴。尽管断尾可降低咬尾的发生率,但这一疼痛的过程只能治标,不能治本。为此,欧盟指令要求饲养员在选择断尾之前,必须先改善存在咬尾问题农场的饲养环境,降低饲养密度。

4. 公猪去势 性成熟公猪的肉中有令人难闻的"膻味",为了减少"膻味",将雄性仔猪去势。通常在出生后3~14d内,切除雄性仔猪的睾丸。通常情况下,去势时不给仔猪打麻药或疼痛缓解剂。去势会造成动物剧烈疼痛和情绪焦躁,去势后伤口的愈合期可长达2周。去势期间仔猪的尖叫声很大,声调也很高。研究还发现,刚被去势的仔猪更容易颤抖、摇腿或摆尾。去势后2~3d,仔猪躺下的动作缓慢,而且躺卧姿势也说明其疼痛。公众的压力已使欧洲自愿声明到2018年停止去势手术,作为第一步,签署国保证从2012年起,将疼痛缓解剂用于公猪的去势手术。

二、哺乳仔猪福利的改善

(一) 减少仔猪被挤压风险

可以采用多种方法降低仔猪被挤压的风险，但所有方法都不应该限制母猪的活动范围。主要有以下方法：①为仔猪提供母猪无法进入的安全区域，在仔猪的安全区域加上厚厚的垫料和红外线灯，能鼓励仔猪到安全区域休息。②在母猪躺卧、活动周围设置安全栏。③使用具有良好哺育能力的品种。④培养优秀的饲养员。优秀饲养员对于降低仔猪死亡率至关重要。产仔时，饲养员必须专注、细心，使母猪既能得到监督又不会受到造成心理负担的打扰。同时，密切关注母猪的状况和营养情况，有助于确保仔猪得到充足的营养，因为实际中，体格瘦弱的仔猪更容易被压伤。

(二) 选用窝产仔数较少、仔猪初生重较大的母猪

每窝产仔数较多的母猪往往会产下个头较小而且较瘦弱的仔猪。出于这个原因，建议养猪场减少饲养窝产仔数多的母猪，多饲养产健康仔猪的母猪。实际中，英国多个生产商又重新选择那些窝产仔数较少、仔猪初生重较大的老品种。这样做能够降低死亡率，因为母猪更容易照看身体健康的仔猪。窝产仔数较少，还可减少竞争，因此就没必要给仔猪剪牙。如果确实出现问题，可以改用砂轮将每个牙齿的末端磨钝，这样可减轻疼痛，降低伤害的风险。同时，牙齿感染导致慢性齿痛的可能性也随之降低。

(三) 给去势公猪局部麻醉

给每头去势公猪局部麻醉，会减轻去势造成的许多疼痛。但这样也仍有可能在去势后1周内出现术后疼痛，可通过服用止痛剂来缓解术后疼痛。

(四) 环境丰容

给断乳前和断乳后的仔猪提供一个丰富的环境，对于仔猪的福利有积极作用。给室内仔猪提供丰富的环境（丰容），可促进仔猪玩耍以及自然觅食习性的发展。给仔猪提供觅食的机会，可减轻仔猪给母猪施加的压力。最佳形式的丰容，包括提供温暖的环境和可供玩耍的材料。温暖的环境对仔猪来说很重要，因为仔猪很容易受凉。可供玩耍的材料包括稻草垫料、木屑、谷壳和花生秸秆等。

户外农场是仔猪最丰富的环境，仔猪拥有充足的空间可以四处走动，可以和同伴玩耍。仔猪还可以到处闻闻看看，没有必要给户外养殖的仔猪剪尾。

户外养殖的仔猪需要抵御寒冷和躲避有可能攻击仔猪的动物，仔猪需要铺有充足干燥垫料的棚屋。许多英国户外养猪场都在边界周围设置牢固的带电栅栏，以阻挡像狐狸这样的捕食者入侵。棚屋入口周围设有一块挡板，用以防止仔猪在不到3周龄时跑出去。这不仅为仔猪提供了抵御寒冷和捕食动物的保护措施，还有助于防止仔猪同母猪分离。

(五) 推迟断乳时间

推迟断乳时间有以下益处：①确保仔猪健康，同时不用定期服用抗生素；②降低断乳后

PMWS 造成的死亡率；③提高仔猪的生长速度；④降低仔猪饲料成本；⑤改善仔猪的福利。

新的欧盟法规禁止大部分养猪系统在 28 日龄前断乳（在采用严格的生物安全法规的"全进全出"系统中，可以在 21 日龄时断乳）。自 2006 年起，欧盟已禁止日常使用含抗生素的饲料。为确保仔猪健康而又不使用抗生素，欧盟许多农场主正打算推迟仔猪断乳时间。通过推迟断乳时间来减轻心理失调，可显著降低死亡率。丹麦养猪委员会的报告称，将断乳时间推迟到 4~5 周，可显著降低因 PMWS 引发的死亡率。在 5 周龄断乳的仔猪当中，死亡率为 1.9%；而在 4 周龄断乳的仔猪当中，死亡率则为 4.1%。英国的有机农业协会建议，仔猪应在 8 周龄或更晚的时候断乳。该协会还建议，只有当仔猪进食足够的固体食物时才能给仔猪断乳。推迟断乳意味着产仔区需要更大的面积，这样才能对母猪更有利。

然而，有专家担心推迟断乳尽管对仔猪的福利有益，但有可能对母猪的福利不利。母猪已经产下许多的幼仔，这本身就增加了产乳的需求。4 周后如果还继续吸乳，将会导致母猪和未来的幼仔体质下降。可以采取以下方法解决上述问题：首先选用脂肪层较厚、持续哺乳能力较强的母猪。其次将断乳时间推迟至 8~10 周龄时进行，到这个阶段，母猪一方面进食更多，另一方面开始减少哺乳次数，而且其身体状况亦开始恢复。同时，仔猪开始进食大量固体食物，逐渐开始不太依赖母乳。8~10 周龄时，仔猪往往独自扎堆躺在一起休息和睡觉，如此推迟断乳对母猪和仔猪都有好处。为了让母猪尽快受孕，将公猪引入母猪和仔猪群体中，以期将由于仔猪断乳晚、母猪受孕晚的损失降至最低。

第二节　生长育肥猪的福利问题与改善

一、生长育肥猪的福利问题

生长育肥猪主要面临饲养密度高、猪舍地面设计不合理、咬斗行为、转群、高浓缩饲料和生长速度快以及环境贫瘠等福利问题。

（一）饲养密度高

集约化猪场给猪提供的空间远远无法满足猪的实际需要。无线电遥测技术的研究表明，野猪有时每天漫游几千米。对大的户外围栏饲养的猪的寻觅行为观察研究发现，群体成员与其最近的同伴距离平均为 3.8m，畜群觅食时为 50m 或相距更大；与其相反，集约化生产中，在生长或育肥设施里，给猪提供的平均空间只有 0.7m^2。

猪是社群动物，自然状态下猪群由年幼猪和成年猪组成，通常有 2~4 头成年个体。但在集约化饲养方式里，典型的方式是将生长育肥猪饲养在群围栏里，每群数量达到 30 头。一些猪场在同一房舍内猪的数量大约达到 1 000 头。一些生产者正在尝试更大的群体规模，在一个猪栏里养 150~400 头或更多的猪。商业化的养猪生产者经常将猪按大小分类，而不考虑家庭群体，或群体的社会结构。

饲养密度高，会引起以下主要的福利问题：①空间缺乏。为了节省空间和成本，生长育肥猪彼此挤在一起。当弱小猪受到攻击时没有足够逃离的空间，加剧了猪群打斗的发生。转群时情况尤为明显，当一头猪单独面对多个攻击者时，可能导致严重的伤害甚至是死亡；与其相反，当给猪提供足够的空间时，畜群通常彼此疏远，简单地避免导致攻击的情况发生，从而最小化敌对情况发生的频率。②群体过大不易形成稳定的社群序列等级，存在争斗的潜在隐患。③加速了疾病的传播。对于育肥生产阶段的猪，呼吸道和肠道疾病是最常见的传染病。

（二）猪舍地面设计不合理

集约化生产条件下的生长育肥猪，通常饲养在裸露的水泥材料的漏缝地面或条板式地面上。漏缝地面的优点是能减少或避免通过粪便导致猪感染病原菌及寄生虫，减小劳动强度和节省人力。但水泥材料的漏缝地面也给猪带来了很多困扰，使育肥猪站立和运动时产生不舒适的感觉。由于漏缝地面很平滑并且很凉，经常导致猪擦伤、摔伤、骨折或蹄部发生扭曲以及关节炎等。在条板式地面上，腿部会产生裂纹，而且很快会发炎，进而导致腿瘸。生长育肥猪还会感染滑囊炎，感染时踝关节会肿胀起来。滑囊炎可影响96%的生长育肥猪。Tillon等报道，大量的猪外部损伤是由猪舍的设备引起的。大多数蹄部损伤和感染所导致的跛行发生与地板类型有关。Penny（1965）发现，条件差的水泥地面育肥猪蹄腐烂的发生率很高。另外，即使地面良好，限制和缺少运动也容易导致猪受到不同程度的伤害。

（三）咬斗行为

生长育肥猪经常发生咬斗现象，从而导致严重的福利问题。如啃咬同伴的同类相残行为，一开始表现为畜舍内某些猪咬嚼同圈猪尾或耳的行为明显增加，如不采取措施，随后圈内其他猪通过模仿而使咬嚼行为扩散到全群所有的猪。鲜血的吸引力又增加了同类相残的发展。引起同类相残的因素包括运动受限、饲养密度高、环境单调、气候恶劣以及日粮中养分缺乏等。

啃咬同伴的行为会导致暴发严重的群体啃咬行为。被啃咬的部位多是耳朵、腰窝以及猪的尾巴。伤口会吸引其他生长育肥猪，这样一来，这种行为就会很快波及整个群体。猪有时流血致死，有时咀嚼同伴尾巴到脊髓，导致感染、疾病甚至可能死亡。

咬尾是生理应激和心理应激的行为反应，当仔猪突然断乳或与不熟悉的猪混群时，更容易发生咬尾现象。被咬尾巴非常疼痛，可能导致长期疼痛，而且会使尾根受伤、脓肿和全身感染。情况严重时，可能咬后腿，逐步升级为同类相残，有时甚至导致更严重的后果，如感染、脊柱脓肿、瘫痪和死亡的极端情况。

咬尾是最大的福利问题之一。同时，也是造成经济损失的主要原因之一，因为被咬尾的猪的胴体经常会被丢弃。在条板式地面养殖的猪，有多达29%猪的尾巴被咬过。大量的因素可能导致咬斗行为，如疥螨感染、通风不良、饮水不足、营养不平衡、垫料不舒适等，咬斗也与遗传因素有关。舒适的环境和驱除疥螨可有效降低咬斗行为。

（四）转群

生长育肥猪经常被移到新猪圈中，与不熟悉的生长育肥猪混在一起。由于要确立新的等级地位，常常发生咬斗，给生长育肥猪造成不同程度的伤害。

（五）高浓缩饲料和生长速度快

集约化养殖生产者为生长育肥猪饲喂高浓缩饲料，由于浓缩饲料单位体积含有相对较高的能量和蛋白质,加上浓缩饲料经过加工处理以及生长育肥猪生长速度快,会增加疝气和脱肠的发病率。生长速度过快,还会导致代谢不适,进而引发溃疡、心脏衰竭和瘸腿等问题。

(六) 环境贫瘠

集约化养殖的生长育肥猪,主要面临缺乏垫料和很少有其他东西可吸引生长育肥猪注意力的环境贫瘠福利问题。

为了便于处理猪粪便,集约化猪场育肥猪舍的地面通常采用有孔地面,因为地面有孔,便于排出的粪便流到下面的集粪池中,而使用稻草垫料有可能会堵塞地面上的孔,影响排污。此外,圈舍粪便得不到及时的清除、通风不足,会造成环境中氨气等有害气体含量过高,造成病原微生物与寄生虫滋生和传播,使猪群疾病发生风险增加。

生长育肥猪在没有垫料的猪圈里,没有稻草用于做窝或翻拱,而且很少有其他东西可吸引生长育肥猪的注意力,满足不了猪探求和觅食行为的需求。这些猪不能到户外活动,也不能体验新鲜空气或日光。它们不能自然地表达行为,可能会感觉厌倦和沮丧。贫瘠的环境使猪圈配件和同伴成了育肥猪啃咬和咀嚼行为的目标,它们易于攻击和彼此咬架,有时甚至导致严重的伤害。饲养在未铺稻草猪舍的生长育肥猪,会更频繁地打斗、翻拱和啃咬猪圈里的同伴。

二、生长育肥猪福利的改善

(一) 改善措施

可通过以下措施,改善生长育肥猪的福利:①给生长育肥猪提供一个丰富舒适的环境,及时清除动物排泄物,保证圈舍环境卫生,及时清除疥螨感染,可减少咬斗行为,同时也没有必要剪尾,可尝试提供不同形式的丰容物,使生长育肥猪有事可做,如轮胎、塑料制品、树根、泥炭等,这些丰容物能大大减少甚至防止咬斗行为的发生;②降低饲养密度,提供足够的空间,为等级较低的生长育肥猪提供逃避区,以躲避争斗,使猪受到攻击时能逃跑;③将生长育肥猪的混群数量保持在最低水平;④通过育种和投喂,来降低受伤和代谢健康问题的发生率,饲养生长不太快的品种,饲料中添加足够的粗纤维,均能起到很好的效果。

(二) 生长育肥猪的友好型饲养系统

采用良好的饲喂系统,并且维持稳定的群体,能减少争斗所造成的损伤。

1. 舍饲系统 一般的室内饲养系统,主要提供稻草和其他的丰富条件,改善生长育肥猪的福利。多项研究表明,给每头生长育肥猪哪怕只提供一把稻草,都会使其忙 1h 以上,从而显著减少冲突和同类相残。实际上,欧盟目前要求为所有的生长育肥猪提供类似稻草一样的材料,让生长育肥猪能够翻动东西和玩耍。许多其他纤维材料亦能起到相同的作用,如北爱尔兰几个农场给猪提供含有蘑菇堆肥的饲草架,猪能够自己采食这些堆肥,并花上大量时间咀嚼和啃咬蘑菇堆肥,这样咬尾现象也消失了。实践证明,采用不可食用的物体,如足球、轮胎和链条效果不理想。尽管这些都能减少争斗行为,但由于这些物体都不能吃,生长育肥猪很快就丧失了新鲜感,因为这些材料无法帮助生长育肥猪实现其觅食行为。最近一项研究支持了这样一种观点,即与各种玩具以及其他丰容物相比,稻草会耗费生长育肥猪更多的时间。

随着生长育肥猪的生长，生长条件会变得更加拥挤，这就会导致争斗行为。有些农场减小群体规模，以规避这种问题。然而，这会导致不同窝的生长育肥猪混群，从而导致争斗。比如，如果将群体规模从30头减至20头，有些生长育肥猪就不得不加入到其他群体中，因此产生新的问题。斯帕肖特大学在生长育肥猪长到12周、体重为40kg时，将每个群体一分为二，从40头减为20头，从而解决了这一问题。这样就不需要混群了。还有一种方法是，将生长育肥猪转移至更大的猪圈中，或一开始就将这些猪养在小的群体里。

2. 深床（垫料）饲养系统（图6-1）适合于小型养殖场，对处于生命周期所有阶段的猪而言，最近全世界都有朝着深床系统发展的趋势，尤其对于生长育肥猪更是如此。

人们的兴趣都集中在这种系统的经济、社会、环境和动物福利优点方面。该系统使用了一层厚度达50cm的纤维材料，这种深垫料可以使用各种材料，如谷壳、花生壳、稻草以及磨碎木料。这些材料可吸收猪的排泄物。猪的排泄物分解所产生的能

图6-1 生长育肥猪的深床（垫料）饲养系统

量有助于水分蒸发，并保持材料干燥。在天气较为炎热的国家，30cm厚的一层垫料即已足够。然而，如果材料变得过于潮湿，就需要另外添加材料。有些农场主每周将这些材料翻动1次。

这种系统中出现同类相残和瘸腿的问题要比集约化养殖系统少。因为，有充足的机会觅食，猪就顾不上去咬其他猪的尾巴了。有的农场主还发现，垫草还会降低腹泻的发病率，待在垫草上的猪显得更为活跃，而且很少有恐惧感。据统计，这个系统的成本比条板式系统低40%~60%。氨气释放量低50%，硫化氢和其他恶臭气体也有所减少。这个系统产生的排泄物也少了许多，其产生的排泄物可成为更好的肥料，而且需要较少的人力进行运输。

3. 户外饲养系统 户外饲养系统对于生长育肥猪的福利具有最大的潜在改善空间。户外饲养系统提供了大量自然觅食的机会。由于通常都有充足的空间，饲养密度较低，这样便降低了争斗的风险，地位较低的猪可更方便地逃离攻击，尽管猪在不断长大，但没有必要改变群体的组成。

在英国，与室内养殖的猪相比，户外的生长育肥猪的生长速度更快，死亡率更低。这可能说明另外一个事实，即焦躁情绪的消失和更好的福利状况有利于养猪。户外放养的生长育肥猪，会花上数小时的时间来吃草和拱土。它们在生长时，需要充足的空间，否则它们会迅速地吃掉一切东西。天生的拱土行为能给牧场造成不小的损害。因此，可以采用在几个牧场之间轮流放养，从而解决猪破坏土地问题。电网可用来将猪关在围场中，而且可以很容易地移动至新的场地。

从传统意义上讲，猪都是在林地中放养的，因此，可选择在林地里养。生长育肥猪可从树林中获取充足的营养，因为它们的食量几乎可减少至它们在传统养殖系统中所获取日粮的75%。在冬季，将猪转移至田地里，在那里，生长育肥猪的拱土行为可以帮助松动土壤，以便为翌年春天的再次播种做准备。

第三节 母猪的福利问题与改善

集约化条件下饲养的母猪,反复经受妊娠、产仔和泌乳的快速循环。母猪妊娠大约114d,产仔前1周转群到分娩栏,在分娩栏里母猪产仔和哺乳。每窝10~12头仔猪,母猪在仔猪断乳几天后再次妊娠,下一次妊娠又开始了。通常采用人工授精技术,母猪每年平均产仔2.1~2.5窝。母猪的繁殖寿命约3年,一旦母猪不能有效地繁殖,就会被送去屠宰。

一、妊娠母猪的福利问题与改善

在集约化饲养条件下,大多数母猪花费接近4个月的全部妊娠期在母猪限位栏里(图6-2),妊娠期占据猪进入繁殖生产后高达64.37%~76.71%的时间,限位栏是单个的安装在混凝土地面或漏缝地板上的金属栏,妊娠限位栏长2.0~2.1m、宽0.6~0.7m,仅比猪大一点。在典型的养猪生产设备中,母猪妊娠限位栏设计为成排顺序排列,每个妊娠限位栏内仅容纳1头母猪,每个栋舍母猪多达100头以上,然而这大大妨碍了母猪基本的生理需求、社会需求以及自然行为需求。

图6-2 在限位栏里的妊娠母猪

母猪妊娠限位栏的设计,给猪带来严重的生理和心理伤害。这已经引起社会的广泛关注,在世界范围内公共政策正在开始改变,许多国家颁布法律废除母猪妊娠栏。欧盟国家的政策变化已经表明其彻底废除母猪妊娠栏的趋势。瑞典和英国首先废除母猪妊娠限位栏,整个欧盟成员国在2013年1月废除了妊娠限位栏。尽管一些国家仍然没有禁止,但塔斯马尼亚岛和新西兰早在2010年就禁止了母猪妊娠限位栏。在澳大利亚,养猪业已经开始自发废除母猪妊娠限位栏,南非正在讨论到2020年逐步淘汰母猪妊娠限位栏。尽管国际趋势明显,但在中国,母猪妊娠限位栏仍是普遍的养猪生产设施。

美国的9个州已经颁布了立法废除。佛罗里达州2008年11月、亚利桑那州2013年1月1日、俄勒冈州2012年1月1日、加利福尼亚2015年1月1日、缅因州2011年1月1日、俄亥俄州2025年,废除妊娠母猪限位栏。科罗拉多州在2008年和密歇根州在2009年10月,以10年的逐步淘汰期废除妊娠母猪限位栏。2012年,美国罗德岛州颁布立法,在一年的逐步淘汰时间内,废除妊娠母猪限位栏。

养猪业的改变也宣告了远离使用妊娠母猪限位栏的运动。2007年,Smithfield Foods(全球最大的养猪生产者,现已被双汇收购)和Maple Leaf(加拿大最大的养猪生产者)共同做出承诺,逐步淘汰使用妊娠母猪限位栏。Smithfield Foods在2013年,在美国自己的猪场近40%的母猪是群饲系统。他们在波兰和罗马尼亚的国际养猪场,已经在使用群饲。在墨西哥的合资公司 Granjas Carroll de Mexico 和 Norson，预期到 2022 年完成转型。美国 Cargill 已经废除了 50% 的妊娠母猪限位栏，2012 年 1 月 Hormel 宣布，公司拥有的所有设施到 2017 年都转成群饲系统。

美国通过主要猪肉供应商的改变，使美国零售产业以越来越快的步伐，出售非妊娠母猪限位栏的猪肉。在 2007 年，名厨 Wolfgang Puck 决定购买仅来自非妊娠母猪限位栏的猪肉，用于他所有的餐馆。Burger King 是宣布要求非妊娠母猪限位栏饲养的猪肉供应商的第一个主要的连锁餐厅。据不完全统计，自从 2012 年开始以来，在美国包括 Hormel Foods、Denny's Corporation、McDonalds、Wendy's 和 the Sonic drive-in chain 等超过 40 家公司宣布，不使用妊娠母猪限位栏饲养的猪肉。在 2012 年，美国几个零售业巨头，包括 Safeway、Kroger、Costco、Supervalu 和 Harris Teeter supermarkets 也宣布，开始不用妊娠母猪限位栏饲养的猪肉。更进一步，世界最大的餐饮服务公司——Compass Group、第二大餐饮服务公司——Sodexo、包括餐饮服务巨头——Aramark，都已经承诺在他们的供应食品中，没有妊娠母猪限位栏的猪肉。大量食品生产公司迫于消费者对动物福利的要求，正在自动开始逐步废除使用妊娠限位栏饲养的猪肉。

（一）妊娠母猪的福利问题

成年猪有非常强的社会群体关系，猪群中有清晰的社群序列。成群饲养的母猪会面临更多的伤害，伤害由不同的攻击行为导致（如咬阴户）。为了避免群体饲养带来的伤害问题，妊娠母猪单独饲养在妊娠限位栏里。人们往往认为母猪妊娠限位栏的使用可以带来较低的产仔生产成本，便于饲养管理和生长控制，防止猪攻击（如咬尾、咬耳、咬阴户），从而减少流产，增加仔猪存活率，提高养猪场的生产率。然而母猪在妊娠限位栏里被单独饲养，虽然可以消除群饲母猪经历的社会应激，但同时也会带来了严重的生理健康问题、心理问题和行为异常。

1. 生理健康问题 事实上，母猪几乎不动地在裸露地面和限制性的妊娠栏里，会导致繁殖母猪的福利水平严重下降。绝大部分的妊娠限位栏和分娩栏都太小，长度和宽度不能使猪不受空间限制地站立和趴卧。妊娠栏里的母猪遭受外伤和身体疼痛，还要被迫站立和躺卧在不适宜的地面或残留粪便和尿液里。Broom 的一项研究发现，需要离开生产的限位栏猪的 33% 是由于健康问题，相比之下群饲系统仅为 4%。围栏中没有任何垫草材料，母猪没有保温措施，得不到热保护，不仅会导致冷应激，还有可能促使或加剧皮肤和四肢伤害。同样的，肢蹄病、肌肉骨骼强度下降、尿道感染、心血管病和呼吸性疾病也是妊娠栏母猪的生理健康问题。

（1）身体伤害：空间限制是妊娠母猪受到伤害的原因，集约化限制妊娠栏里的母猪遭受外伤和身体疼痛，它们会被周围的猪栏或裸露的地面擦伤。由于妊娠栏狭窄，且并排放置在养猪生产舍里，当躺卧时，母猪不得不将四肢伸到邻近的猪栏里（图 6-3），猪的四肢可能被其他的猪踩踏；漏缝地板经常有尖角，尖的边缘的漏缝地

图 6-3 妊娠限位栏里的母猪

面能伤害猪的四肢、蹄和肩部，固定围栏的螺栓可能也带来类似的伤害；缺少食物的母猪试图接近邻近围栏里的料槽时，也能遭受头部和鼻子的伤害；另外，由于妊娠母猪限位栏勉强比母猪身体大点，母猪必须站立排尿和排便，妊娠母猪还不得不在狭小的带有剩余粪尿的地面站立和趴卧。研究显示，妊娠母猪受伤害的比例随着在妊娠限位栏里待的时间的增加而增加，尽管限位栏在大小上没有变得更小，但随着妊娠时间的加长，妊娠母猪体积的加大，与妊娠母猪的大小相比，限位栏实际上随着妊娠时间的推移变得相对越来越小。增加围栏空间能大大减少伤害，改善繁殖母猪福利。

（2）肢蹄病：在猪的自然栖息地里，猪逐渐进化成在林地和矮树中走动，而将母猪饲养在限位栏非自然的漏缝地面上，却改变了母猪蹄的受力，很容易导致蹄病的发生；由于不走动，猪蹄生长过度；水和饲料对水泥地面的腐蚀可能露出水泥残渣，伤害猪蹄。这些都易导致跛行、蹄和关节损伤。有报道发现，80%限位栏里的母猪遭受这些情况，有时妊娠限位栏甚至导致严重的猪关节伤害和跛行。

（3）肌肉群和骨骼强度下降：妊娠限位栏太窄，严重地限制了猪的活动，甚至限制了猪的正常姿势的调整，妊娠限位栏里的母猪不能转身，猪站立和趴卧困难，向前或向后移动超不过1～2步，无户外活动机会。移动限制会导致猪的肌肉重量下降和骨骼强度的大大降低，造成大多数猪难以完成基本的移动，母猪站立和趴卧时容易打滑和滑倒，导致母猪身体受伤。腿虚弱，如果再加上体型大，导致母猪躺倒时很痛苦，特别是畜栏陈旧、过于狭小时，会给体型较大的猪带来更严重的痛苦，连续的妊娠又加剧了肌肉群和骨骼强度减退的问题。

（4）尿路感染：由于妊娠栏里的母猪不活动，减少了饮水量，导致猪排尿次数减少，排尿少，易患泌尿感染。特别是如果畜栏不够长，就更容易发生尿道感染。母猪躺卧时，会阴区会接触到粪和尿，导致外阴/阴道沿着膀胱向上感染。与非妊娠栏的母猪相比，妊娠栏里的母猪尿路感染的发病率较高。这些感染能导致高死亡率，一项研究估计，繁殖母猪死亡的一半是由于尿路感染。相比之下，群饲母猪患尿路感染的比例较低。在商业化养猪场中，增加饮水并使用群饲系统，而不使用妊娠栏饲养，几乎能消除尿路感染的发生。

（5）心血管病和呼吸性疾病：研究发现，使用妊娠限位栏的母猪体重下降情况非常明显。连续妊娠后，母猪体重下降特别大，导致母猪被淘汰。与群饲母猪比较，妊娠栏里的母猪显示较高的基础心率，可能是由于肌肉下降，长期缺乏运动所致，更可能由于心血管健康的下降，许多在运输期间死亡的猪都有心血管问题。为了让母猪的粪和尿掉进下面的集粪池，限位栏的地面是部分或全部漏缝混凝土地板，母猪直接生活在它们自己的排泄物上，还接触令人厌恶的高浓度氨气，已经发现呼吸性疾病是限位栏里母猪显著的健康问题。

2. 心理和行为问题 猪智商较高，喜欢群居，且好奇心强，能够学习复杂的事物、感知时间和预测未来事件。它们生性活跃，有较强的求知欲。但在限位栏里，它们几乎没有活动的余地，缺乏群体交往。限位栏环境贫瘠，缺乏外界刺激，导致母猪出现心理和行为问题，伤害了它们的福利。

（1）无法表达自然行为：在自然环境下，母猪与它们的小猪生活在一个小群体里。它们白天花费大部分时间觅食和拱土寻找食物，用约31%的时间吃草，21%的时间拱土，14%的时间散步。猪也会通过行为改变来保持体温的行为，如打滚和寻找庇荫。如果有空间，母猪会将筑窝、采食和排泄的地点分开。

作为群居性动物，猪可以完成简单的任务，与家族成员互动。它们具有自己的行为和听觉信号系统，行为和听觉信号系统是它们社会结构的重要组成部分。研究人员发现，当猪在进行不同的社交活动时，如采食、玩耍、母性行为和交配，它们会发出20多种不同的声音。当将母猪从限制环境改成半自然环境时，母猪可以快速回归自然行为，包括拱土、筑窝和长途跋涉等。当给它们机会时，它们会花费大量时间从事这些活动。然而，集约化的限制几乎将所有这些行为都降低了，妊娠猪被剥夺了正常的活动，母猪不能打滚，不能寻找庇荫，不能拱土，不能筑窝，不能与同伴玩耍，猪的日常活动时间降到大约10min，而这段时间还是猪吃精饲料的时间。

(2) 刻板行为：由于环境贫瘠，动物的正常行为表达受到限制，母猪不能够表达它们的自然行为，加上缺乏运动和社会交往，没有给它们提供泥土或干草，满足它们用拱土寻找食物的本能，导致一些母猪会感到沮丧和表现异常行为。例如，图6-4中的母猪正在啃咬栏杆。刻板行为以移动或不正常重复无功能或无目的行为为特征，原因是贫瘠的环境受限制、受约束和需要得不到满足。研究人员将这种行为归为厌倦和沮丧。妊娠栏里母猪的刻板行为是常见的异常行为，包括重复啃咬栏杆

图6-4 限位栏里的妊娠母猪在啃咬栏杆

(图6-4)、摇头、反复摩擦栏杆、压饮水器而不喝水、做咀嚼动作而嘴里无食物（称为假装或无食咀嚼）。刻板行为会导致身体伤害，如摩擦栏杆过度导致疼痛，啃咬栏杆和无食咀嚼导致嘴部损伤。

为了防止母猪体重过度增加以及脂肪沉积所引起的繁殖性能下降，受限的母猪典型地饲喂相当于它们自由采食一半的饲料，导致猪长期处于饥饿状态，增加了猪抑郁的水平。限制日粮加上不能觅食，促进了刻板行为和应激的产生。与在舍内小群饲养的猪相比，限位栏里的母猪花费相当多的时间进行口腔的刻板行为。Broom等人的一项研究发现，限位栏里的母猪比群饲母猪表现高出大约10倍的异常行为。1头限位栏里的母猪花费超过40%的时间进行刻板行为，母猪进行刻板行为的时间随着在妊娠栏里待的时间的增加而增加；相比之下，母猪在比较复杂环境中有较大的自由，刻板行为的发生实际上是零。

刻板行为是猪有严重的沮丧和应激的表现，限位栏里的母猪表现的行为，可算是临床抑郁症。欧洲联盟兽医委员会认为，刻板行为的程度是衡量母猪动物福利差的一项重要指标。

(3) 缺乏活动和反应迟钝：猪天生活跃、好奇，有强烈的探求驱动力。在自然环境中，猪花大部分时间采集和处理食物。行为研究显示，猪在茂密的森林里大概花费日常生活50%以上的时间觅食。在缺乏丰富和趣味性的工业化生产设施里，猪经常把它们的自然好奇心用在装置和同伴身上。它们开始可能闻咬对方，或多数时间什么都不做。不活动和反应迟钝尤其频繁出现在受限的母猪身上，不活动和反应迟钝是由缺乏刺激和厌倦导致的，是动物福利差的指标。科学家认为，商业化限制性生产的人工环境，导致了猪的沮丧和"持久的厌倦"。

母猪的无反应性是另一个动物福利差的指标。随着时间的推移，妊娠栏里的母猪对外部刺激反应越来越少。对外部刺激包括水喷洒到它们的背上，母猪发出的咕噜声、电子蜂鸣声，甚至仔猪的尖叫声，它们都没有反应。欧洲联盟兽医委员会发表评论，不活动性和无反应性表明动物行为异常，表明妊娠栏里的母猪有可能得了临床抑郁症。

（4）攻击：限制攻击，通常是将母猪放在母猪妊娠限位栏里的理由。然而研究显示，母猪妊娠限位栏可能导致支配关系混乱，从而引起更高的攻击水平。一些未被解决的好斗个体会相互作用，随着连续妊娠，可能导致应激和恶化。已经发现妊娠栏里具有好斗经历的母猪，不愿意避开打斗，其打架现象高出群饲母猪3倍。尽管攻击是群饲的一个福利问题，但在群饲条件下，负责任的管理和科学实践能消除攻击。

（二）妊娠母猪福利的改善

1. 改善措施 妊娠母猪的福利，可以通过以下措施来改善。

（1）提供活动空间：活动对健康有利，母猪需要在白天保持活跃状态，以避免无所事事带来的厌烦感。

（2）提供单独的活动、休息和排泄区域：猪是天生爱干净的动物，如果可能，猪总是选择一个离休息和活动区域远一点的地方排泄粪尿。在自然条件下，排泄区一般是灌木和树木之间的天然走道。在农场环境下，猪一般不会在睡觉的地方排泄粪尿，情绪处于极度焦虑时就另当别论了。

（3）提供有垫料或其他实物的丰容场所：在不睡觉时，猪的大部分时间都花在探求和觅食上面。虽然在饲养条件下猪不缺乏食物，但猪的觅食天性仍然存在，因此，应该为猪提供有垫草或其他实物供猪觅食和探求。为猪提供可食并且含纤维的垫料，能促使猪觅食，以缓解饥饿感，同时也使猪有事可做。提供稻草或其他含纤维的食物，还可减少投喂时的争斗行为，因为有垫料的环境能减低母猪的饥饿感。

（4）让母猪待在小而稳定的群体中：理论上讲，母猪应待在一个小而稳定的群体中。母猪天生生活在小群体中，而且经常是姊妹群。

（5）给猪提供在打斗时能够躲避的场所：当母猪混养在一起时，有一点至关重要，那便是给母猪提供充足的空间，以使得体格较弱的母猪能够在社群序列等级建立的打斗中逃脱出去。

（6）采用减小争斗情况的投喂系统：一个良好的饲喂系统能减少争斗造成的损伤。

（7）提供能够使猪在需要时自我调节温度的场地：猪汗腺不发达，很大程度上借助猪自己的行为调节体温。当天气炎热时，猪会寻找一个凉快的地方或直接到泥里打滚降温；当外界温度低时，猪经常会挤在一起，并利用垫料保暖。

（8）隔离好斗母猪：应该将任何一个过于好斗的母猪分隔出去。可以让好斗母猪暂时离开一段时间，通常能很好地解决争斗问题。

2. 妊娠母猪限位栏的替代系统 改善妊娠限位栏带来的妊娠母猪福利问题的直接方法是寻找替代妊娠限位栏的生产方式。替代妊娠栏的主要方法为户外饲养系统和室内群饲系统。非妊娠栏生产的研究已经发现，户外饲养系统和室内群饲系统提供了母猪健康和长寿的福利。

（1）室内群饲系统：室内群饲系统（图6-5）是妊娠栏的主要替代系统，饲养在舍内，母猪群体达到几十头，通常用厚垫草，给猪提供草垫和自由活动的机会，让猪有机会进行社交。设计室内群饲系统时,应满足母猪对空间、运动和觅食的行为需求。应给猪提供休息、活动和排泄粪便的隔离区域。

提供厚厚的稻草、木屑或其他材料的垫料,是满足猪获取含纤维食物需要的最佳手段。母猪会花费数小时觅食,这就使猪有事可做,并消除其饥饿感。欧盟法规现在规定,必须为所有母猪提供能从中寻觅含纤维食物和垫料的环境。稻草垫料会增加清洁猪圈的人力,但这可以通过合理的设计(即允许母猪选择垫料和排泄的隔离区域),以及通过稻草流动系统来降低人力消耗。

图6-5 妊娠母猪室内群饲系统

投喂时厮打会增加争斗,因为每头猪都想吃到每一口食物。争斗会造成伤害,而体格瘦弱的母猪可能吃不饱。为了克服投喂时的争斗问题,最好是所有的母猪都应彼此分离开来,然后同时进行投喂。人们已开发出许多专为减少争斗行为而设计的投喂系统,以提供不同的解决方案。目前,有以下投喂系统:投喂栏;电子式母猪投料器;分散式投料器;自卸式投料器;点滴式投料系统;自由进入栏。

群饲系统减少了限制饲养所导致的伤害和尿路感染,有较早的初情期,较多的产仔数和较低的死胎发生率。欧盟常设兽医委员会(Standing Veterinary Commerce,SVC)报道,群饲母猪"能更多地运动,更多地控制它们的环境,有更多的机会进行正常社会交往,更多的机会拱土或处理材料"。因此,群饲母猪显示较少的骨骼异常和肌肉发育异常,相当少的异常行为,极端生理反应的可能性小,与不活动有关的尿路感染少,心血管比较健康,当前在欧洲超过400万头母猪是室内群饲。

一项研究母猪行为的研究显示,在一个较宽阔的围栏里时,母猪每天转身近200次,甚至当围栏变窄,如围栏仅是母猪身长的50%,使母猪转身困难时,母猪还是持续努力转身。显而易见,转身行为对母猪非常重要。妊娠栏,尤其与限饲结合时,可能通过限制行为,包括觅食和游走姿势改变对福利产生负面影响。其他会导致母猪福利差的影响因素包括运动受限、环境贫瘠、拱土或咀嚼材料缺乏、母猪不能控制周围环境。科学研究已证实母猪不应被限制在妊娠栏里,当母猪在整个妊娠期都不受限制的时候,其福利状况相对较好。

(2)户外饲养系统:在户外饲养时,给母猪提供典型的可移动的房舍或庇荫,有足够的轮流牧场,给猪提供最佳的自由和材料,使猪能表达如筑巢和拱土等自然行为(图6-6和表6-1)。

图6-6 户外养猪生产方法(妊娠猪通过打滚和饮水保持凉爽)

表 6-1 户外与室内养猪

(Compassion in World Farming, http://www.fao.org/file admin/user_upload/animal welfare/gap_book_pig%20production.pdf)

项　目	户外猪群	室内猪群
每群猪中的经产母猪和后备母猪的平均数量	703.80	339.20
母猪年更新率（%）	37.80	43.14
母猪年死亡率（%）	2.84	5.92
每头母猪年窝产仔数	2.17	2.23
窝产活仔数	10.75	10.92
窝仔猪出生死亡数	0.79	0.96
每窝断乳养育的生猪数目	9.74	9.64
每头母猪每年养育的生猪数目	21.14	21.49

1. 户外饲养系统的优点　户外饲养系统在母猪福利方面具有很大的潜力，户外饲养系统的优点如下。

①母猪拥有大量的活动和觅食机会。

②母猪可以进食大量的含纤维食物，如青草和树根，这类食物有助于抵御饥饿。

③当打不过其他凶悍母猪时，母猪有地方逃避。

④可以大范围投放饲料，以减少进食时的争斗行为。

⑤母猪可以更方便地通过改变自己的行为来调节体温。

⑥投资少，只需较少的资金就能建一个户外猪场系统。因此，英国超过30%的母猪都养在户外。户外养殖的有机猪肉在许多国家都有市场需求，那些生长期较长的猪肉受到消费者青睐。

2. 户外饲养系统的缺点　户外饲养系统的缺点就是猪拱土，会迅速破坏放牧场中的植被，并且需要更多的土地资源。可以结合以下方法，减少猪对植被的破坏。

①给母猪提供饲养密度较低的充足空间。

②在几个猪圈或牧场间轮流放养，使植被有时间复原。

③选择喜欢吃草而较少拱土的品种的猪。

④提供其他饲料或高纤维食物。提供诸如青贮饲料、甜菜浆或蘑菇堆肥，可减少猪花在食草和拱土上的时间。实际操作中，提供高纤维饲料只会稍稍减缓草场的破坏，但在为饥饿的母猪起到充饥的作用方面，仍不失为一种良好的福利实践。

⑤允许猪在白天或特定季节进入放牧场。如果仅允许猪在白天或一年当中的部分时间进入牧场，那么猪就应该像在良好的室内群饲系统中一样，当在室内时，有稻草或其他可食的纤维材料。

⑥将猪的拱土行为转变为优点。如有的农场用猪清除林地的矮树丛，便于新树发芽。有的有机农场种植"绿肥"饲料作物，供猪翻动和进食。

二、哺乳母猪的福利问题与改善

(一) 哺乳母猪的福利问题

现代养猪业的一个关键目标是使每头母猪每年产下的仔猪存活数量达到最大。仔猪死亡的常见原因是仔猪被母猪意外压死。在集约化养殖中,为了防止母猪突然转身或躺卧造成仔猪意外伤亡,多数集约化猪场采用哺乳母猪产仔限位栏(图6-7)。母猪的产仔限位栏是一个狭小的有金属栅栏的单独小格间,将母猪与仔猪躺卧的区域分开,地板是坚硬的混凝土、板条或部分板条,通常没有垫料。产仔限位栏宽和长都太小,母猪站立和躺卧困难,移动受到限制。在生产上典型的做法是在母猪将要产仔前的5~7d,将母猪转移到产仔栏里,母猪一直待到仔猪断乳,然后再转出。

图6-7 集约化养猪场的产仔限位栏

产仔栏压缩了所需的室内空间,也简化了母猪的管理,因而节省了成本。母猪的饲喂、饮水和粪便清理都会变得容易。尽管产仔限位栏可简化管理,保护幼仔,但严重损害了母猪的福利。

1. 剥夺母猪的基本需求 产仔限位栏类似于妊娠母猪限位栏,哺乳母猪自然习性受到阻碍,母猪的许多正常行为被剥夺,给猪造成了挫折感和痛苦。母猪无法走动、无法转身、无法舒服地躺下、无法接触到其他伙伴、无法自然地和仔猪互动、无法做其他诸如筑窝的重要行为、无法到休息区域以外的地方排泄粪尿。尤其在刚要分娩前,母猪有一种强烈的筑窝愿望,以保护它的幼仔。筑窝是一种驱使性很强的习性,而产仔限位栏剥夺了母猪筑窝行为。在产仔栏里,母猪通常没有材料做窝,但是它们仍然尝试完成做窝行为。当行为受限时,挫败母猪产仔前的强烈筑窝动机,尤其栏中没有产床时则更严重。当刚被转到产仔栏中时,母猪会表现出强烈的无所适从和烦躁不安的情绪,这种焦虑情绪在母猪临近产仔时会加剧。它们会不停地啃咬栏杆、不断地咀嚼,且试图拱土。这种不适迫使它们不断改变自己的姿势。而且产仔栏也会使母猪无法摆脱仔猪的伤害,例如,母猪无法躲避仔猪啃咬其乳头,而沮丧和应激又会严重影响母猪对仔猪的照顾。

2. 母猪产仔前紧张 在产仔栏中,母猪仍然试图通过拱土、拱地板和拱栏杆的行为表达筑窝的意图。这一受挫感,可刺激"应激/焦虑激素"(如可的松)的产生。当母猪年龄更大些时,这种紧张反应会变得不太明显。然而仅为产仔栏中的母猪提供稻草,无法缓解这种情况,还必须给母猪提供空间,以供母猪自由活动。此外,与母猪紧张情绪有关的现象包括:碰伤、划伤和抓痕、无所事事带来的乏味和高体温。生产过程本身就是很紧张的,而阻挠其筑窝的受挫感会加剧这种紧张。这种情况下母猪产仔的时间会更长,产仔时间越长,产死胎的风险就会越大。

3. 母猪无法躲避仔猪 母猪在产仔栏中待到3~4周后,强行将仔猪从母猪身边移走,仔猪断乳。在断乳前的这段时间里,母猪还会出现"应激/焦虑激素"产生的另一高峰。人们认为,母猪之所以再次出现应激焦躁情绪,是因为无法从持续吃乳的幼仔身边获得片刻的休息。这是因为贫瘠的地面没有任何东西可供仔猪玩耍,仔猪只好啃咬母猪的身体。由于无法从仔猪身边短暂离开,母猪也需要一直进行产乳,这都会给母猪造成很大的焦虑。

(二) 哺乳母猪福利的改善

自然条件下,一方面,母猪待在一个自然的稳定群体中;另一方面,母猪又需要在安静的地方产仔。这两方面的需求应该得到兼顾。在自然环境中,母猪拥有充足的空间使其在产仔时能够躲开同伴,1~5周之后,母猪和它的幼仔会一起返回到原来的群体中。产仔母猪的关键福利是母猪始终有活动的自由,给母猪提供筑窝用的稻草,母猪有单独的猪圈以及减少干扰。

为了提高哺乳母猪的福利,人们研究出了哺乳母猪产仔限位栏的替代系统,主要有哺乳母猪的室内饲养系统和户外饲养系统。但不论哪个系统,最好给哺乳母猪提供活动的自由以及垫料,同时,还要避免仔猪被挤、压倒或被踩倒。为了克服这一问题,必须注意以下几点:①挑选和选择哺育能力强的母猪品种;②培养优秀饲养员;③给母猪提供筑窝需要的充足稻草或其他垫料;④为仔猪提供安全区域;⑤为即将产仔的母猪提供单独的产房,母猪一般会选择在一个角落产仔;⑥为母猪提供足够的空间,母猪需要活动的空间,这样它才能使自己的行为与其幼仔保持协调,从而避免母猪躺下哺乳时挤压到它们。

1. 室内饲养系统 人们已开发出单独的产仔猪圈,满足母猪的福利需要。这种猪圈具有良好的仔猪保护装置,如仔猪逃离区和防挤压栏杆。法国 Scheithal 系统还设计1根中心杆,效果比较好(图6-8)。

2. 户外饲养系统 户外饲养系统(图6-9)是最具福利潜力的饲养系统。户外饲养系统带有供母猪躲避和产仔的棚屋,母猪可表达其大部分的自然习性。然而,户外饲养系统也存在缺点。户外养殖的母猪可能会面临极端的气候条件,从而导致较高的仔猪死亡率。

图6-8 室内母猪产仔系统

图6-9 户外产仔系统

第四节 装卸、运输和屠宰环节的福利问题与改善

一、装卸、运输和屠宰环节的福利问题

当猪达到上市体重时,需要将养猪场的猪运到屠宰场屠宰,在此期间经过以下环节:将

猪装上卡车、运输、到屠宰场后卸载、宰前处理、猪被击晕和放血。以上各个环节均有可能给猪带来福利问题，由于猪在运输或屠宰时会产生应激，严重影响肉质或导致胴体损害，甚至死亡，这会导致一定的经济损失。

（一）装卸环节的福利问题

许多研究显示，猪在装卸过程中遭受的应激比运输途中的应激大，在此环节主要有以下福利问题。

1. 装载坡道坡度大 与其他养殖动物相比，猪更难适应坡道。陡峭的坡道会导致猪心率升高，并且花更多的时间攀登。与走上装载坡道相比，猪更难走下卸载坡道。卸载坡道是猪的主要障碍，高坡度的卸载坡道会导致猪心率升高并延长卸猪时间。

2. 打架 装车时，不同群的猪混在一起时会引发打架现象。

3. 身体磨损 装卸时，猪与周围墙壁的强烈接触会导致身体磨损，因而有可能受伤。

4. 装车速度快 如果装车太快，随后会出现更高的死亡率。

5. 噪声 噪声使猪心率升高，移动加快，行动改变，试图逃跑。

6. 阴影 阴影会干扰猪的移动，猪会犹豫或停滞不前。

7. 黑暗 猪往往厌恶向黑暗移动，更容易从黑暗走向明亮的地方，猪遇到黑暗会犹豫停下来。

8. 电击棒 当工人使用电击棒强行让猪从卡车下来时，猪会拒绝移动。电刺激给猪带来非常大的应激，导致心率升高和血液参数变化，进而导致胴体损伤和猪肉品质变差。

（二）运输环节的福利问题

在养猪场将猪装上卡车，随后的运输能导致猪应激，有的是短暂性的创伤，也有的是永久性的。

1. 饲料和饮水不足 在去屠宰场的运输途中，不给猪提供饲料和水，使其挨饿。脱水和营养供给不足会导致猪的应激和疲劳。采用这种做法有多种原因，包括：①防止猪晕车呕吐；②减少取出内脏时肠道穿孔危险；③防止因猪胃充满食物更容易在运输途中死亡；④减少饲料成本，因为猪在屠宰前不吸收在此时间饲喂的饲料。

2. 多种应激源 运输可能造成过多应激，虽然每次运输的条件不同，但猪都会经历一系列的应激源，包括潜在的粗暴处置，陌生环境，恐惧，与陌生的个体重新组群导致的斗殴、拥挤、极端温度、车行速度变化和车辆震动。由于猪汗腺不发达，在运输途中特别容易遭受热应激。

在运输中，猪的舒适和姿势稳定性是受司机行为影响的。突然停下和加速，以及快速转向，可引起猪遭受相当于自己体重的20%~33%的水平荷载力、应激和由于摔倒造成的伤害。运输期间猪会晕车，猪在卡车行进过程中可能会呕吐。

猪肉品质改变是养猪业一个重要的经济问题。猪经历使猪肉品质改变的生理反应，易导致猪肉出现黑干（DFD，dark，firm，and dry）肉，猪肉"黑、硬和干"；出现的另一种猪肉是白肌（PSE，pale，soft and exudative）肉，猪肉"苍白、松软和有渗出性"。有应激反应症候群的猪，更容易产生PSE肉，严重时甚至会导致死亡。

3. 高温 卡车内部和外部的温度都能影响运输途中猪的舒适度和福利。与外界环境温度相比，卡车里的温度通常会在装车过程和卡车不动时升高，而在卡车行驶时下降。猪汗腺不发达，在运输途中特别容易遭受热应激。猪会自然地使用行为方法来给自己降温，如果允许，猪在泥里打滚。但当猪被限制在运输车辆里时，猪无法进行调节体温的行为。高温引起猪体温升高，心率加快，夏季运输还能增加 PSE 肉的发生，严重时会导致猪死亡。

4. 高湿 湿度可能会降低动物开始体验热应激时的温度，因为湿度限制蒸发散热，实际上加剧了高温的影响。2008 年的一项研究指出，"总损失"（指死亡和不能行走的猪）随着温湿指数以及运输车的装载密度的增加而增加。

5. 低温 极冷的条件对猪也是有害的，已经在寒冷的季节里发现高发病率 DFD 胴体和无法行走的猪。寒风使得正在行走的卡车中的温度明显低于外面的环境温度，如果猪遭受冰冻的雨水淋湿，可能会致命。

6. 疲劳和死亡 长途运输导致的疲劳是一个警钟，较长时间的运输与产生较大风险 DFD 肉有关，与到达屠宰场死亡猪的数量相关。如果长途运输超过 15h，影响更加严重。许多相互作用的因素造成了运输过程中猪的死亡，包括环境条件、在农场的装车距离和相关人员。死于运输中的猪经常显示心脏扩张，是应激造成的心脏衰竭。由于死亡率大部分是由恶劣的运输条件造成的，因此，死亡率是衡量所有运输途中猪的一个福利指标。

7. 运输车 运输车存在以下福利隐患：①运输车里猪的密度过大，猪不能改变位置，还会导致猪互相堆积、踩踏；②运输车没有水平停置给猪平稳站立带来困难；③运输车空气流通不畅，导致运输车内空气混浊。

（三）屠宰环节的福利问题

猪在屠宰场从运输车卸下来，直到被宰杀面临诸多福利问题。

1. 宰前处理的福利问题 猪到达屠宰场后，从运输车上卸下，转到待宰圈里，然后从待宰圈里出来，走到屠宰点。在此期间主要存在以下福利问题（卸车环节的福利问题见本节"装卸环节的福利问题"）。

（1）在待宰圈里猪的混群，加上环境陌生，加剧了猪的焦虑，更严重的是混群导致争斗，使皮肤受损，胴体质量下降。

（2）受伤和生病的猪没有立即被宰杀，使之继续遭受痛苦。

（3）强迫猪移动的速度超过它们平常的移动步伐，许多猪在遭受装卸和运输后疲劳，移动过快会使体弱的猪滑倒、摔伤。

（4）猪群的踩踏，会造成伤害和死亡。

（5）为了让猪移动，采用抓眼睛、拉耳朵、拖尾巴等伤害猪的方式。

（6）在击晕入口处使用电击棒，当猪不愿意进入击晕间时，工作人员使用电击棒驱赶猪。

（7）待宰圈设计不合理，猪得不到好的照顾。待宰圈设计不合理会加剧猪群打架，加上待宰圈里的猪一般得不到好的照顾，使待宰圈里猪的状况变差。

（8）饮水的缺乏。

2. 击晕的福利问题 普遍采用的击晕方式是电击晕和二氧化碳（CO_2）窒晕，但这两种方式都存在福利问题。

（1）电击晕的福利问题：电击晕是为了造成猪瞬间无知觉，让电流通过猪的大脑和心脏，使猪处于癫痫状态和心脏骤停。电击晕是最常用的击晕方法，如图6-10和图6-11是三点式电击晕。电击晕使猪昏迷的效果是暂时的，目的是让猪快速失去意识，并且保证这种无意识的状态足够长，直到猪通往心脏的主要血管被有效割断，动物死亡。

图6-10 三点式电击晕生产线　　　　图6-11 三点式电击晕设备图

除了三点式电击晕，国内还普遍存在两点式电击晕的情况。在电击晕过程中，存在以下福利问题隐患，给猪带来痛苦：①将猪赶入电击晕的房间时，地面湿滑，猪容易滑倒；②击晕时有金属叮铛声等噪声，使猪烦躁；③击晕钳压力过度，导致猪挣扎和发出叫声；④击晕钳边缘不光滑，会伤害猪；⑤击晕钳突然松动、颤抖或移动；⑥电流强度不足，电流强度不够，达不到有效击晕；⑦电流波动，会导致猪淤点出血；⑧提前给电极通电，导致猪受惊和尖叫；⑨击晕钳放错位置，电流不能横跨猪的大脑，不但不能有效击晕，反而给猪带来不必要的痛苦；⑩电压不足，达不到有效击晕。

（2）二氧化碳窒晕的福利问题：二氧化碳窒晕的原理是能引起猪严重的呼吸困难，适用于将一群猪同时击晕。将一群猪赶入充满二氧化碳窒晕仓内，直到猪失去意识。二氧化碳窒晕如图6-12所示，将猪只从右侧电梯赶进气舱电梯。电梯下部充斥着二氧化碳气体。猪只在电梯下行过程中，经过一段时间，由于氧气浓度下降，二氧化碳浓度不断升高，导致血红蛋白无法结合氧，最终窒晕。在猪只窒晕后，电梯升上来翻向左侧进入刺杀轨道。在窒晕系统下降20s时，浓度达到80%~82%，可使猪有效昏迷，最下层的浓度为98%，整个操作系统耗时150s，可控制的升降系统，可使不同大小、种类的猪都被有效窒晕。

图6-12 二氧化碳窒晕设备

然而，二氧化碳窒晕方法本身存在着福利问题：首先，二氧化碳窒晕不是瞬间的；其次，二氧化碳是一种酸性的、辛辣的气体，高浓度二氧化碳对猪来说是厌恶的，引起猪只的不适。有些基因型的猪对二氧化碳的反应非常强烈，一接触二氧化碳就表现狂躁，企图逃离。除了二氧化碳本身给猪带来的福利问题外，在击晕过程中也会带来福利问题：①运猪机械过载，使猪倒在同伴身上；②猪暴露在二氧化碳气体中的时间不足，有的猪在屠宰前明显恢复知觉。

3. 放血的福利问题　电击晕或二氧化碳窒晕后，猪无意识、无知觉的状态很短暂。为了确保猪死亡，电击晕或二氧化碳窒晕后必须立即刺杀放血，最终导致猪死亡。放血方法差，经常会导致猪恢复意识：①击晕后，没立即刺杀放血；②仅切断一侧颈动静脉；③放血不充分。

二、装卸、运输和屠宰环节福利的改善

猪装卸、运输和屠宰各个环节，都应做到福利的改善。可以从以下几个方面进行。

首先，设施维修良好。实践证明，设施维护不当，会给猪带来很大的福利问题。

其次，及时发现福利问题。当一个福利问题发生时，在装卸、运输和屠宰期间，工作人员必须能仔细断定出现问题的真正原因，如人为原因或设备原因，并且应使用合理的评分体系。

最后，采用处理和击晕的数字评分体系。处理和击晕的数字评分体系能帮助维持较高的福利水平，使管理者确定实践中福利是在改进还是在恶化，应测量以下指标的变化：①猪有效击晕的百分比；②保持昏迷的猪的百分比；③用电击棒刺激猪的百分比；④在处理时倒下的百分比；⑤由于应激而发出声音的百分比。

（一）装卸环节福利的改善

应该从人员、动物和设施三方面，改善猪在装卸过程中的福利。总体来说，装卸时尽量做到使猪容易移动，没有阻碍，猪不停下或倒退。

(1) 使猪处于平静状态下进行装卸。

(2) 小群装卸，单列通道，通道两面设隔板。

(3) 尽可能不采用驱赶棒驱赶猪。当不得不使用驱赶棒时，应遵循以下原则：①尽量使用不使猪应激但足以使猪向前移动的驱赶工具，如面板、旗帜、塑料划桨等；②猪没有移动空间时禁止使用驱赶工具，驱赶工具的使用以使猪清晰地向前移动为目的，如果失败，不能重复使用；③仅限于使用靠电池供电的电击棒，电击棒不能触及猪的敏感区域，如眼睛、嘴、耳朵等。

(4) 禁止为了让猪向前移动，对其大声喊叫或制造噪声。

(5) 装卸猪时，尽量不干扰猪。一头安静的猪会朝向吸引它注意力的干扰方向看，除非找到和消除所有的干扰，否则不可能安静地装卸猪。

(6) 避免猪从明亮地方走向昏暗地方，尽量从昏暗地方走向明亮地方。

(7) 驱赶猪时，避免强劲气流吹向猪。

(8) 避免光滑、潮湿或反光地面。

(9) 装卸坡道小于 20°，注意防滑。坡道与运输车尽量无缝结合。
(10) 装卸猪时，尽量减少周围噪声，间断的噪声比持续的噪声对猪的干扰更大。
(11) 尽量避免阴影、反光和小物体的突然移动，避免人和机械在猪面前晃动。

(二) 运输环节福利的改善

可以采取以下措施，改善猪运输过程的福利。
(1) 运输工具有减震装置。
(2) 运输车设计合理。运输车内地面无突出物，地面防滑；运输车水平放置，通风良好；运输车里猪的密度适中，确保猪不堆积和互相踩踏。
(3) 尽可能避免在气候炎热和寒冷的季节运猪，如果夏季，尽量在夜晚运输，冬季要对运输车采取保温措施。
(4) 尽可能在平坦的道路运输，不要急促改变车速和行驶方向。
(5) 尽可能短途运输。

(三) 屠宰环节福利的改善

1. 宰前处理福利的改善　将宰前处置应激降至最低，应该遵循以下的原则。
(1) 检测、评估所有猪的福利状况和问题。
(2) 采用人道的屠宰方式，立即屠宰受伤和生病的猪。
(3) 在此期间要避免人为地伤害猪，如抓眼睛、拉耳朵、拖尾巴等。
(4) 猪前进的通道两侧为不透明的墙体。
(5) 通道转弯处不能太急，避免采用直角。
(6) 待宰圈的设计要合理，尽量设计成长窄形，带有不透明的墙体。

2. 屠宰过程中动物福利的基本要求
(1) 宰前的处置和设施应尽量减少动物的应激。
(2) 训练有素的、关爱动物的工作人员。
(3) 适合的、能达到预期效果的设备。
(4) 快速使动物失去意识和知觉，或者不让动物遭受恶性应激，从而使动物进入一段无意识的时期。
(5) 保证到放血前都不会使动物苏醒。

3. 电击晕福利的改善　应采取以下措施，改善电击晕造成的福利问题。
(1) 地面防滑，避免噪声。
(2) 将电极放在头部正确的位置上。
(3) 电极设备干净，边缘光滑，没有尖锐边缘。不要过度挤压其头部，避免猪挣扎疼痛。
(4) 电流强度适当且不波动，猪有效击晕所需要的电流是 1.3A，在 1s 内达到这样的电流且维持至少 3s。最好采用电子系统来控制电流的波动，因为不稳定的电流会导致猪出现淤血。
(5) 猪在被刺杀前必须被致昏，应能够使它们瞬间失去意识和对疼痛的知觉，并且维持这种状态直到死亡。

（6）有效击晕要确保其立即失去意识并维持至死亡，在屠宰一开始就应监控致昏的效果，此后应至少每2h监测1次，同时记录结果。

（7）在每次评估击晕的有效性时，至少应监测10头猪。

（8）只有确保猪会随后被立即刺杀放血时才能对其实行击晕，击晕-刺杀的间隔不应超过15s。

（9）如果有任何迹象表明无效击晕，或者动物表现出从昏迷中恢复的症状，那么必须立即执行二次击晕。猪被有效击晕后，会先后经历10～20s的僵直阶段和15～45s的抽搐阶段。

4. 二氧化碳窒晕福利的改善

（1）应保证窒晕仓内二氧化碳的浓度不低于90%。

（2）二氧化碳窒晕仓内需安装警报装置，在舱中二氧化碳浓度低于80%时，给操作人员以提示。

（3）如果舱中二氧化碳浓度低于70%，猪不得进入或在舱中停留。

（4）二氧化碳窒晕仓内需设置探头，以随时查看舱中二氧化碳窒晕仓和氧气浓度。

（5）猪进入二氧化碳窒晕仓后，应在30s内使二氧化碳窒晕仓内的二氧化碳浓度达到90%。

（6）猪应待在窒晕仓内90s，确保猪窒晕。气体窒晕有效的症状包括：①猪瘫倒；②失去节律呼吸；③瞳孔放大；④失去眼角膜反射。

（7）猪的密度适中，应避免猪昏迷后彼此堆积。

（8）运送带和击晕间的光照强度适中，让猪能看到周围环境和同伴。

（9）猪在二氧化碳窒晕仓内，二氧化碳气体放出时，在紧急情况下，能监察二氧化碳窒晕仓。

（10）开发动物无嫌恶感的惰性气体混合物击晕猪，如氧气不超过2%，其他气体为氩、氮或其他惰性气体；二氧化碳不超过30%，氧气不超过2%，其他气体为氩、氮或其他惰性气体。猪暴露混合气体的时间要充足，确保猪在放血和心脏停止跳动死亡前不恢复知觉。

5. 放血福利的改善

（1）放血福利的改善：正确的放血方式应能将猪所受疼痛、压力和恐惧降到最低，立即使猪失去意识和知觉。

（2）放血时猪肉品质的改善：将猪杀死后，应立即进行放血，这不仅是出于猪福利方面的原因，也是出于对猪肉品质的考虑。

①击晕后尽量在15s之内开始放血。

②在胸骨前凹陷处的颈中线处插入刀子，然后用刀尖轻轻地挑起皮肤。

③刀刃长度至少12cm，应保持清洁、锋利。

④当刺入时，降低刀柄以便刀刃靠近心脏的位置，然后向上推刀切断主要血管。

⑤刺杀时，应确保切断2根颈动脉或从心脏出来的主要血管。

⑥放血应迅速、彻底，最好的放血方法是刺穿胸腔，割断颈动脉。最好击晕后30s内完成放血过程。

⑦猪的失血必须快速、充分，以保证其迅速死亡。

⑧在血管被切断后，至少要等待20s，确保充分放血后再进行下一步加工。

人道屠宰可以大幅减少动物承受的不必要的痛苦，显著减少肉品损失，减轻工人劳动强度和压力,是对动物、企业都有利的措施。

第五节 其他共性福利问题与改善

一、其他共性的福利问题

集约化生产条件下的生猪均面临着以下共同的福利问题。

(一)环境问题

环境问题主要涉及两个方面。

1. 空气质量差 在集约化养猪生产条件下,猪会遭受其废弃物分解产生的有害气味和粉尘的伤害。有害气体包括氨气、硫化氢和甲烷等。其中,尤以氨气和粉尘的危害最大。

(1)氨气:长时间接触超过 35mg/L 浓度的氨气,会引起猪的生理免疫反应,包括单核细胞、淋巴细胞和嗜中性粒细胞增加。尽管最大安全浓度为 25mg/L,但猪舍的生产建筑环境控制较差,氨气浓度可能会超过 30mg/L。研究表明,幼龄猪能察觉到氨气,躲避有氨气的环境,甚至当氨气浓度低到 10mg/L 时,它们还是更喜欢新鲜空气。众所周知,高浓度的氨抑制了猪的活动水平。

(2)粉尘:与普通粉尘不同,猪舍内的粉尘是有生物学活性的。猪舍内的粉尘中含有危险的诸如真菌和细菌等微生物。粉尘的来源包括饲料颗粒、皮屑和猪排泄物。当猪排泄物干燥时,猪排泄物细化、雾化形成的粉尘颗粒能被猪吸入体内。粉尘和有害气体也会对在猪舍中工作人员的健康产生严重危害,包括引起肺部疾病、肺炎和胸膜炎等。

高浓度的氨气和粉尘能降低猪抵抗细菌感染的能力,包括降低对传染性萎缩性鼻炎的抵抗能力,能导致出生仔猪死亡率增加。空气质量差也会导致其他疾病的发生,包括地方性肺炎、猪繁殖与呼吸综合征和猪流感。生长育肥猪的死亡多数是由于呼吸道问题。

2. 裸露的混凝土地面 集约化养猪生产的舍内设施以混凝土、漏缝地板和钢固定物为特征。漏缝地板便于处理粪尿,猪的粪尿通过漏缝地板落到下面的深坑里。在漏缝地板下面收集粪尿,随后粪尿被运到外面的保存区。由于使用垫料成本高、难于清洗和与漏缝地板不相容,因此,通常不给猪提供像稻草这样的垫料。

猪总是会面临跛行和各种蹄问题,而将猪饲养在漏缝地板是影响它们福利的一个关键原因。在生产设施中,漏缝地板的最初引进导致了像蹄损伤的蹄失调。虽然有许多因素导致运动问题,但维护不善或地板滑仍旧是导致身体受伤的普遍原因。英国有关室内和室外猪场的一项调查显示,允许在室外活动的猪肢蹄损伤的发病率较低,而在限制性室内的硬的、漏缝地板的工业化养猪生产的猪有更多的挫伤、皮肤结痂、移动问题,偶尔会出现滑囊(在腱和骨之间的充满液体的囊状结构)发炎。科学研究发现,猪喜欢土质的地面,不喜欢混凝土地板。

(二)管理问题

1. 缺乏对猪个体的关注 新技术和机械自动化,如自动喂料机和自动饮水机,再加上经济压力,已经使员工在每个动物身上花费的时间在减少,所以,现在的情况是较少的工人饲养较多的动物。因此，通常缺乏对于动物的个体关注度。无论是在大农场还是小农场，工作人员对动物所遭受的痛苦变得越来越不敏感，特别是当员工劳累过度或者习惯了猪定期出现生病和死亡的时候。由于每个员工需要管理太多的猪，员工只能按优先分配原则先照顾最需要照顾的猪，这样使平均每头猪的照顾打了折扣，患病和受伤的猪也会被忽略。

2. 在农场不能及时宰杀患病猪 当猪生病或受伤时，疼痛和痛苦无法得到控制，或者生产者不能断定治疗在经济上是否划算，应该在农场宰杀猪。而实际上，养猪场通常并不能对猪进行及时宰杀。

（三）选择性育种问题

猪的育种目标过多地强调生产性能，如生长速度、饲料转化效率和胴体瘦肉率。从20世纪90年代开始，"极端瘦杂交"猪越来越普遍。有选择地培育快速生长和瘦肉猪，已经导致猪的行为和健康问题。如猪应激综合征（porcine stress syndrome，PSS）是因为在养猪业内追求瘦的肌肉发达的胴体的快速生长，遗传选择的非故意结果。那些有PSS特定遗传条件的猪对应激有较高的敏感性，受影响的猪可能表现出呼吸困难、皮肤青紫，以及当它们在装卸和运输过程中紧张时会出现体温增高。当这些猪兴奋时，可能诱发心脏病，甚至高死亡率。当屠宰装卸或运输猪时，瘦肉型的杂交猪更容易兴奋和反应，或更可能突然停滞不前，带来装卸问题。瘦肉型品种的选择，可能也倾向于选择有不正常的咬尾行为的猪种。

（四）饲料问题

1. 不适宜的饲料 从生物学角度，猪胃适于消化少量的高纤维饲料。然而，在集约化限制性生产中，猪没有机会接触粗粮，细粉状或颗粒状的低纤维日粮能引起猪胃肠酸过多和黏膜损伤，因此被猪场淘汰的猪会有胃溃疡的倾向。兽医发现这种情况会随着猪生产集约化的增加而增加，一定程度上是由于限制、拥挤、强调饲料效率、消化率和使用粉料导致的应激造成的。情况严重时，可能会导致猪胃出血，血进入胃部，能导致突然死亡。那些可以接触到稻草、木屑、或户外小牧场的猪，与那些限制在光秃秃的、固体的或者漏缝的混凝土地板上的猪相比，有更少的溃疡问题。

2. 饲料添加剂问题 饲料添加剂常是集约化养猪条件下猪饲料的常规组成成分。有许多不同类型的饲料添加剂，如增加生长速度和饲料利用率的添加剂、驱虫药、氧化锌、铜化合物和益生菌添加剂等。但一些饲料添加剂却会造成福利问题。

（1）抗生素：在集约化生产中，抗生素的使用可能会提高猪的福利，因为抗生素会减少发病率和死亡率，但是非治疗用途的使用会掩饰管理问题。而且，在人类医学中使用的抗生素重要种类用于猪，可能导致出现耐抗生素病原体，如弯曲杆菌、沙门菌、大肠杆菌和耐甲氧西林金黄色葡萄球菌等，并会导致抗生素对人类的有效性降低。

（2）莱克多巴胺：莱克多巴胺（ractopamine）属于在结构上类似于肾上腺素和去甲肾上腺素的一类化合物，作为一种饲料添加剂使用。研究表明，使用莱克多巴胺的育肥猪表现出冲动性攻击增加，异常行为增多以及走路困难。使用莱克多巴胺的育肥猪心率和儿茶酚胺浓度升高，这些猪更活跃，更难以装卸，运输应激增加。此外研究表明，饲喂莱克多巴胺的猪更容易患前后蹄损伤。

二、其他共性福利问题的改善

(1) 培训高素质、善待猪的员工。
(2) 给猪提供足够的空间。
(3) 给猪提供可供玩耍、纤维含量高的材料,如稻草。
(4) 提供非坚硬(适宜)的地面。
(5) 控制饲养密度。
(6) 饲养不易产生应激的猪品种。
(7) 适当饲喂含粗纤维高的日粮。
(8) 慎用添加剂。
(9) 采用深床或户外的养猪方式。

思考题

1. 提供哺乳仔猪福利的主要措施有哪些?
2. 集约化生产条件下的生长育肥猪面临哪些主要福利问题?
3. 装卸环节有哪些福利问题?
4. 运输环节存在哪些福利问题?
5. 集约化养猪场生产条件下的猪面临的共性福利问题有哪些?

参考文献

陈润生,1995. 养猪学 [M]. 北京:中国农业出版社.

滕小华,2008. 动物福利科学体系框架的构建 [D]. 哈尔滨:东北农业大学.

Fraser D,1975. The'teat order'of suckling pigs:Ⅱ. Fighting during suckling and the effects of clipping the eye teeth [J]. J. Agric. Sci.,84:393-399.

OIE. 2013. Terrestrial Animal Health Standards Commission/September.

Palmer J Holden,John McGlone,1999. Animal Welfare Issues:Swine [J]. Animal Welfare Information Center Bulletin (9):3-4.

Penny R H C,Osborne A D,Wright A I,et al.,1965. Foot rot in pig:observations on the clinical diseases [J]. Vet. Rec. (77):1 101-1 108.

Tillon J P,Maedc F,1984. Diseases affecting confined sows. Data form epidemiological lob servations [J]. Ann. Rech. Vet.,15:195-199.

Weary D M,Fraser D,1999. Partial tooth-clipping of suckling pigs:effects on neonatal competition and facial injuries [J]. Applied Animal Behaviour Science,65:21-27.

第七章
家禽的福利

家禽主要包括鸡、鸭、鹅等。我国是家禽的生产大国,消费量也很大。提高家禽的福利,改善其饲养质量,对肉类生产和食品安全都有非常重要的意义。

家禽生产阶段的福利控制关键点包括饲喂营养、环境条件、设备设施、疾病防控以及管理人员的专业素质。在良好福利条件下进行的养殖、运输、屠宰既可以保证家禽的健康和肉品的安全,又能有助于增加养殖企业的经济收益。

第一节 养殖环节的福利问题与改善

一、肉鸡饲养环节的福利问题与改善

(一)肉鸡饲养环节的福利问题

肉鸡一般指繁育作肉食,6～8周龄体重在2kg左右出栏屠宰的仔鸡,又称为肉用仔鸡。它们通常大群饲养在平养或笼养的舍饲系统中,终生圈养在密度很高、非自然光的受控环境中。最常用的肉鸡生产方案是采用"全进全出"制,即同一栋鸡舍饲养同批、同日龄的雏鸡,同一天开食饲养,同一天出栏销售。

同其他的家禽相比,肉鸡的生命周期短,只有7周左右就屠宰上市,这个阶段肉鸡还未进入所谓的"啄序"期(pecking order),因此,啄羽所带来的生产及福利问题表现得并不严重,所以肉鸡也不用断喙。这与群养型圈舍中的蛋鸡不同,因为它们圈养在一起的时间要长得多。然而对于肉鸡,严重的问题是生产模式给肉鸡带来的损伤(图7-1)。主要的福利问题有以下几个方面。

1. 饲喂问题 养殖肉鸡的目的是使肉鸡快速生长。肉鸡的采食量比同龄蛋用型鸡大很多。对种禽必须限制食物摄取量,否则它们就会超重,这会导致肉鸡关节疾病而使其遭受痛苦。在肉鸡生长中,较大群体中对食物的竞争可能导致有些肉鸡挨饿。此外,跛足在肉鸡中非常常见,这会阻止它们获得食物和水,有些肉鸡会因此而脱水。

2. 圈舍环境差 圈舍的优劣主要取决于养殖密度,肉鸡个体长得更大时几乎没

图7-1 肉鸡饲养

有活动空间。灰尘和氨气浓度过高,都可能使肉鸡易于患上呼吸道疾病而造成福利问题。

3. 健康问题 肉鸡易于出现重大的健康问题:其肌肉骨骼的快速生长会导致较高的肌肉量,但是却伴随着不成熟、不能支撑体重和肌肉的腿骨,以及不成熟的循环系统。其后果是肉鸡腿部关节、骨骼和肌腱畸形,造成其疼痛异常。与此相关,如果养殖密度非常高,褥草会变得很湿且受细菌污染严重。跛足的肉鸡躺在受污染的褥草上,褥草上的氨水会引起肉鸡身体与褥草接触部位的皮炎,包括脚部、腿关节和胸部的感染。细菌很容易进入皮肤伤口引发疾病,特别容易造成骨骼的感染。

与高生长率相关的另一问题是快速生长的肌肉对整个身体的循环需求对心脏造成了压力。比起肌肉,心脏的生长更缓慢,因此,肉鸡可能出现心功能不全问题,而导致呼吸暂停。

肉鸡没有同类相残的行为,不需断喙,但生产肉鸡的种禽情况不同。用来繁育母鸡(蛋鸡)与肉鸡的种用母鸡和小公鸡通常需要断喙,以防止同类相残。此外,雄性种禽(小公鸡)通常会被修爪去距,以减少在交配时对母鸡的伤害,并减少群体内的打斗。小公鸡也可能被切除鸡冠和肉垂,以减少饲喂系统对它们的伤害。同样,因为肉鸡小鸡的自然快速生长和巨大胃口,必须限制成年肉鸡的饲料,因此,会将饲喂区用网格覆盖,而这会伤害小公鸡的鸡冠和肉垂。

有些雄性肉鸡可能会被去势,以避免使它们产生更多的脂肪,在某些市场上这种肉更受欢迎。然而所有这些操作都会引起疼痛,在某些国家有些做法是非法的或受到严格监管。

在行为方面,肉鸡的问题相对较少,因为它们无需经历像大型农场动物那样的移动和混群。也因为在它们短暂的一生中,没有经历对环境需求不同的各个成熟阶段。即使这样,商业条件下过于单调的圈舍通常会限制肉鸡行为,这点对种禽更为重要。

(二)肉鸡饲养环节福利的改善

1. 户外自由散养 户外自由散养,是从养殖环节入手改善动物的福利。进行户外自由散养,肉鸡将不再受鸡舍肮脏的垫料和舍内氨气浓度过高的影响。户外自由散养还可以使肉鸡充分表达天性和自然行为。

许多消费者认为,从集约化养殖系统转向有机户外自由放养系统应当是所有解决方式中最好的选择。然而,两种养殖系统都会产生福利问题。有机系统可能要求肉鸡在8周大时屠宰,而不是6周。如果养鸡场尝试改善福利(以此来获得更优价格),却仍使用遗传选择上适于高产系统的肉鸡,由于这些鸡的快速生长会使它们的营养需要加大,如果不采取措施,则会导致生长缓慢或饥饿问题。

(1)食物和水:这种生产方式,可能需要给鸡饲喂一定量的工业饲料,以克服可能的营养不良问题。而有机标准却禁止在饮食中添加合成营养成分,这样,如果养鸡场使用快速生长的品种,在有机饲养中可能有更多的鸡出现腿部问题。

(2)健康检查:传统系统中肉鸡会出现许多健康问题。在高产家禽养殖系统中没必要配备诊疗设施,无论是为种禽或蛋鸡,因为这些鸡和蛋的市场价值都比较低。如果配备诊疗设施,那么养殖场的成本就会攀升。

(3)户外环境要求:散养系统中的户外区域,必须考虑到以下问题:通过设计和管理,来确保鸡舍周围的区域不会被践踏成泥浆;有主要由鲜活植物所覆盖而成的牧草。在户外时，散养的肉鸡应能够进入排水系统良好的区域进行休息。如果在散养区域存在滋生寄生虫或疾病的风险，则应进行轮牧或采取其他的疾病控制措施。同时，饲养者应采用合理的措施，让鸡群在散养区活动。

散养的肉鸡应能自由到达有遮蔽物的区域，这样不仅可以避免使它们遭受恶劣的天气影响，也可以给它们提供有差异的丰富化空间。建议使用各种类型自然或人造的遮蔽物。自然的遮蔽物，应包括种植的树木和灌木，或可以轻松种植和移除的非永久性植被，如朝鲜蓟和羽衣甘蓝。研究已证实，肉鸡喜欢较高的植被，即树木和灌木。人造遮蔽物，可以包括支起的帐篷和遮阳伞，这种丰富的环境对肉鸡的生长很有好处。

（4）疫病的预防控制：管理者需要制定意外事件的预备处理方案，其内容应该尽量详细，当某种传染性疾病，如禽流感暴发时该如何管理鸡群，如何处置病害鸡。另外，如果必须要延长鸡群在室内的饲养时间的话，该如何管理这些鸡群等。

妥善解决动物福利和经营管理矛盾的关键是找到两者的平衡点。无论是哪种养殖方式，最重要的是要遵循前面讲过的五项基本原则。在此基础上，户外自由散养确实是符合动物福利的最优选择，但这种散养系统在管理上无疑要花费更多的时间和精力。

2. 集约化平养 肉鸡舍饲集约化的平养规模，一般在几百只到几千只之间浮动。育肥期间维持24h的连续光照，以刺激鸡的采食活动，来保证鸡的高生长率。这种养殖系统的主要问题是，对鸡群密度的控制和管理。由于密度过高，体弱、有病、受伤的个体难以发现，往往得不到及时救助。

（1）食物和水：提供给肉鸡的食物应该与它们的物种相适应，可以保证动物处于良好的健康状态，并满足其营养需求。在一般情况下，鸡只应该能够随时获取食物和水。喂食器和饮水器应设计合理，既能避免食物和水的浪费，也能在整个喂食系统中将饲料均衡地分配。在饲养场内的任何区域，鸡群与食物和水之间的距离不应太大，以保证其随时能找到食物和水。

（2）环境要求：饲养肉鸡的环境应与它们的福利需求相适应，在设计上应满足动物福利五项原则的基本要求。不应受到外界环境因素的伤害，如噪声、大气污染、不利的天气条件、天敌以及不良的土壤环境。此外，如果没有足够的遮蔽处，户外系统中的母鸡很可能因极端的温度而遭受痛苦。所以，不管是室内系统还是户外系统，都要加强管理才能保证动物的福利。

必须根据当地气候条件，来设计和建造饲养场。在肉鸡生活的环境内，必须去除可能会对鸡群造成不必要伤害或应激的因素。内部的墙面必须光滑、无阻碍物，其墙体材料应为抗清洗的耐用材料。除了将防腐剂作为杀虫剂的区域外，鸡群不应接触有毒的气体或表面，如油漆、木材防腐剂或消毒剂等有害物质。

（3）密度要求：根据鸡群所能获取的地面空间，可以计算出养殖密度，该密度不应超过 $30kg/m^2$（20只/m^2）。如果饲养密度超过 20 只/m^2，则可能增加鸡群内部争夺地面空间、饲料和水的风险。研究表明，如果饲养密度超过 19 只/m^2，则会增大死亡率，每天的腿部伤残问题会增多，并且鸡的行为表达也会受限。另外，当提高养殖密度时，良好的通风和垫料管理就显得更加重要。

（4）空气质量和环境温度：在舍饲中，不论是自然的或者是人工的通风系统，应确保良好空气质量。鸡舍内的可吸入灰尘、一氧化碳和其他空气污染物的含量，应控制在合理的范围内。在所有室内系统中，空气质量，特别是氨气的浓度都是需要关注的问题。灰尘水平是舍饲系统需关注的问题。高浓度的灰尘和氨气使母鸡易于患上呼吸道疾病。

此外，相对湿度应保持在50%～70%，也应确保鸡群始终都能在一个温度舒适的环境范围内。鸡舍的设计，应使高温现象降至最低；为了保证温度，可以安装蒸发冷却装置或屋顶隔热层。

（5）环境丰容：对于集约化养殖的肉鸡来说，强烈建议使用有助于改善贫瘠环境的物件，提高鸡的活动量，减少腿部发病的比例。丰富化的环境可提供下列物品：稻草包、栖架（perch）、可啄食的对象如芸薹属植物（如卷心菜、菜花、芽菜、西兰花）、可吊挂的木块等（图7-2）。

图7-2 丰富化的环境

二、蛋鸡饲养环节的福利问题与改善

蛋鸡，顾名思义就是以产蛋为目的而饲养的母鸡。在集约化生产过程中，它们大多数被养殖在多层铁丝笼中，生活空间非常狭窄，对鸡的活动限制很强。在这种方式下确实可以得到高产且廉价的鸡蛋，但是这种饲养方式严重违背了母鸡的生理需要和行为展现，对母鸡的健康和福利造成了严重的影响，使母鸡的使用年限降低。

（一）蛋鸡养殖过程中的福利问题

1. 人工强制换羽 家禽在生长过程中会出现羽毛定期更替的自然现象，这个过程称为换羽。换羽需要额外的营养和能量，所以，在换羽期母鸡的体脂大量减少，体重大量减轻，采食量下降，产蛋量也因此大大下降。随后，鸡长出新的羽毛，体重也会增加，产蛋又会恢复。所以，在实际生产中，为了缩短换羽时间，延长蛋鸡的生产利用年限，一般母鸡可能要在产蛋周期结束时进行"人工强制换羽"。就是在第一产蛋期快要结束时，人为地采取一定的措施，而使鸡停止产蛋而进入换羽期。

人工换羽的方法包括限饲，改变光照周期（如缩短光照周期），调整日粮成分，以及使用影响神经内分泌的药物等。这些都可以导致产蛋期的突然停止，并伴有体重下降和羽毛脱落现象。目前，我国最常采用的强制换羽方法为饥饿法，原因是这种方法极为有效，并且可以降低饲料成本。但该方法严重损害了动物的福利，违背了避免饥渴的动物福利要求。通过禁食进行强制换羽以后，可引起钙的完全缺乏，此过程鸡还在生产，将导致骨骼强度急速下降。

人工换羽过后，母鸡又重新开始新一轮的产蛋。很显然，这种做法可最大化每只鸡的产蛋量，根据当地市场的定价结构，这对农户来说很经济。然而，强制换羽是强加给母鸡的严重限制。而且，由于需要控制光照，这种做法仅用于笼养母鸡，它们没有空间或设施来表达自然行为（如觅食）。因此，出于动物福利的原因，强制换羽是非常不人道的做法，在一些国家被列为非法。

2. 笼养系统　笼养系统和密集的舍饲系统，都可能引起不适。例如，在笼子里，每只母鸡的空间区域通常不会大于一张 A4 纸，甚至比这还小。狭小的空间不允许母鸡移动、舒服地休息，或具有强烈欲望表达的行为，如筑巢、展翅。笼养系统也不会提供褥草，相反通常只有铁丝地面，这会使鸡的脚部受伤，且不能为鸡提供较软的休息区域。

3. 啄羽　几乎在所有系统中，蛋鸡都面临各种健康问题的威胁。

首先是同类相残引起的伤害。所有系统中都存在这种现象，与舍饲系统或自由放养系统相比，笼养系统的这种现象发生得更多。这种现象在产蛋周期的任何阶段都可能突然暴发，从而导致 10%~15% 的母鸡死亡。同类相残的原因还不完全清楚，啄羽有可能是某种程度群体学习的后果。

啄羽的一个原因可能是缺乏顺利觅食的机会。自然状态下，母鸡通常不会生活在舍饲系统或某些自由放养系统拥挤的大型群体中；母鸡通常也不生活在笼养系统拥挤的较小群体中。两种情况下，母鸡都在拥挤环境中无法自由觅食。在这些系统中，母鸡可能将觅食行为转向为相互啄羽，而且可能是专啄一只母鸡。这种啄羽进一步发展有可能造成同类相残，造成高比率的受伤或死亡状况。

4. 断喙　啄斗是鸡的一种生物学特性，如啄去身上的脏物，为争夺地盘和采食空间或争夺配偶，也要进行激烈的争斗。自然状态下很少有鸡会被啄死，但是对于困在笼中的蛋鸡来说，它的许多行为都不能施展，一旦发现异物，就会引起它的好奇心而去啄它。而红色和血腥会进一步激发鸡的啄击欲望，形成啄癖，导致鸡群伤亡率上升。

由于啄羽的严重后果，母鸡断喙在养殖很常见。断喙是一种预防啄癖经济有效的方法，研究表明，早期断喙可以减轻后期痛苦。断喙后，应该增加饲料的厚度，便于鸡的采食。但是，断喙的程序非常痛苦，也可能造成慢性疼痛。

5. 骨折损伤　蛋鸡的另一问题是骨质疏松症导致的骨折。骨质疏松症是骨骼的病理学变化，是由钙的长期流失而形成。这种流失发生是多种原因联合作用的结果，包括运动受限，以及对钙的高代谢需求。蛋鸡被繁育到可每天产蛋 1 只，在 12~14 个月期间产蛋约 300 只。此后，母鸡的生产率会变低，于是被送去屠宰，除非强制换羽开始第二个产蛋周期。母鸡肠道不可能吸收频繁生产蛋壳需要的所有钙，因此，只能从骨骼中抽取钙出来。随着时间发展，母鸡的骨骼会变得非常脆弱，因此很容易骨折。而且母鸡在笼子里没机会锻炼腿和翅膀，这使脆弱的骨骼情况变得更糟。不过，骨质疏松症造成的伤害可能在舍饲系统中更为常见：如果母鸡不知道如何登上栖架或在上面休息，它们在飞上栖架时就很容易使胸骨骨折。

用于蛋鸡的传统鸡笼存在固有的低福利问题，拥挤的鸡笼不允许母鸡觅食，也没有提供足够的空间，本身也确实没有这样足够大的空间。一般来说，舍饲系统或自由放养系统允许母鸡觅食、筑巢、尘浴和在栖架上歇息，因而能提供更好的福利。

然而，栖架系统的不正确使用也可能会增加胸骨骨折的比例，这与提高动物福利的做法相互矛盾。改进的办法就是，在母鸡还是小鸡时就训练或使其习惯使用栖架。从根本上说，导致胸骨骨折的主要原因是高产蛋率使母鸡患上了骨质疏松症。

6. 疾病　规模化蛋鸡饲养疫病流行的风险更大，特别是在饲养卫生条件差的高产量系统。适当疫苗接种和驱虫处理等生物安全措施非常必要，疫苗接种是动物健康福利的重要保障。如果没有这些常规手段，系统中的母鸡不仅会因微生物导致的疾病而遭受痛苦，而且，对养殖者本身的经济效益造成损失。

生活在舍饲系统或户外的母鸡，会因体外寄生虫（鸡皮刺螨）而遭受痛苦。这在全球都是严重的问题，这种螨虫会引起出血，而且可能是其他疾病的带菌者，并且也会引起瘙痒并降低产蛋量。

（二）蛋鸡养殖过程中的福利改善

1. 舍外自由散养　在有条件的地方，鸡舍应建在地势较高、背风向阳、土地较平坦的山中，林下种植紫花苜蓿和黑麦草这类青绿饲料，供蛋鸡啄食（图7-3）。在广大区域的周围用高2m的铁丝网围住，以防家禽天敌（犬和狐狸等肉食动物）的侵袭，铁丝网还应该深入地面至少20cm，以防天敌挖洞钻入鸡场。此外，要严格做好防疫，远离居民点、公用道路和其他企业。

这种环境系统可以有效地提供给蛋鸡充足的环境条件，来表达其筑巢和沙浴行为，

图7-3　舍外自由散养

比其他的体系更具有明显的福利优势。首先，蛋鸡的活动空间加大，能自由地表达其基本行为；其次，采食范围广，营养全面，生产速度快，产蛋率高，具有良好的生态和经济效益。

此外，散养方式可以增强鸡的抗病能力，在林地果园养殖远离村庄，可减少对居住地环境的污染，避免和减少鸡病的相互传播，提高鸡的成活率。放牧养鸡，可使鸡能够自由地表达天性，有效地防止了啄羽、啄肛等啄癖的发生，改善了家禽的福利状况，是适合中国国情解决家禽福利问题的生产方式。同时，放牧饲养的鸡肉产品风味独特，品质优异，是真正的绿色食品，深受消费者欢迎。

虽然散养蛋鸡的产品质量好又满足福利要求，但是养殖成本和管理成本却大大增加，其土地基本建设和设备投资费用等明显增加。如果蛋鸡没有良好的人员管理又很容易出现问题，而造成大量损失。所以，从真正意义上做到放牧养鸡需要进一步的努力。

2. 舍内垫料平养　将鸡饲养在铺有垫料的地面上，垫料可用锯末、稻草、麦秸、干树叶等（图7-4）。要求垫料清洁、松软、吸湿性强、不发霉。要勤换垫料，保持垫料干燥、平整。房舍内均设置产蛋箱或部分高床地面（用作栖架）。该方法的优点是投资少，简单易行，管理方便，而

图7-4　舍内垫料平养

且基本能满足鸡的福利要求。缺点是需大量垫料,常因垫料质量差、更换不及时,鸡与粪便接触易患病;劳动强度大;舍内空间利用率低,饲养密度小;蛋易被污染,破损率高;鸡舍内尘埃量几乎是笼养蛋鸡舍的5倍,这些因素不利于蛋鸡和饲养人员的健康,所以这种方法在国内很少采用。

3. 改良型笼养(图7-5) 丰富改良的鸡笼,包括蛋巢、栖木、干草、沙浴地以及帮助母鸡磨短脚爪的磨棒等。这些装置可丰富蛋鸡的生活环境,满足其各种基本行为,如栖息、筑巢和沙浴等。这些改良型的新式鸡笼经过商业化生产后,即被称为富集型鸡笼或装配型鸡笼。这些装配型鸡笼有不同的形式,从只安装栖木的层架式鸡笼到配备产蛋箱、栖架和沙浴池的大型鸡笼。一只笼内饲养量一般为5~10只,每只鸡所占面积在国内仅为500cm²以

图7-5 改良型笼养

下。荷兰的研究认为,产蛋箱至少为100cm²才能取得满意的效果。同时,栖架必须注意其材质和结构,以取得较好的卫生状况,垫料用木屑较为合适。

改良型鸡笼给予产蛋鸡更多的使用空间,并增加了鸡笼高度,这样降低了蛋鸡的饲养密度,改善了蛋鸡的生长性能,但也会增加生产成本。且改良型鸡笼的空间和设施也非常有限,使得母鸡仍然无法进行它们的自然行为或得到任何有意义的锻炼,并可导致挫败感、非正常行为及肢体退化。

4. 大笼饲养管理 大群笼养(多级系统),包括底层的产蛋区域和不同水平的多层结构。这种多级系统包括有网孔的底层和栖架,鸡在此采食和饮水。粪便可通过有网孔的区域达到机械清粪系统,以便按时清理。该饲养方式还包括产蛋箱或大群产蛋箱。产蛋箱可从多级系统中分离出来,也可与其整合在一起。该系统可以较高的密度进行蛋鸡大群饲养。丹麦于1989年建成了一种底网饲养系统,其特点是用倾斜的金属丝和栖架做成底网,底网距地面5cm,用铡碎的稻草围成鸡窝,且底网表面积的20%用沙子覆盖。

大笼饲养是集约化生产的理想替代方式。它利用传统的厚垫料系统结合加长的网式或漏缝地面,地面设有饲槽、饮水器和产蛋箱。最大的优点是,其饲养密度可比一般厚垫料舍要高,这样可以降低单位面积的生产成本和增加鸡舍内温度,减少饲料转化率,即可以在舍内自由活动。有人做了试验比较,结果表明,在大型饲养舍内鸡的规癖行为比笼养低5~10倍,舒适行为的表现比笼养鸡高14%~19%。从生产成绩看,笼养鸡平均年产蛋260枚,而大型饲养舍的鸡也能达到250枚,而每只鸡的生产成本十分接近。研究发现,即使是在饲养密度较大的条件下,与厚垫料饲养和笼养相比,大型饲养舍生产系统的生产性能与笼养方式相当,但鸡行为上有较大的自由,在福利方面却大大优于笼养系统。

5. 其他方式 包括厚褥草和半厚褥草养鸡,舍内均放有产蛋箱或具有部分高床地面。这种方式的明显缺点是,啄羽和同类自残的恶癖发生率明显增加,地面产蛋导致蛋和蛋鸡本身被粪便污染。此外,劳动力投入增加,其尘埃量是笼养蛋鸡舍的5倍,不利于蛋鸡和饲养人员的健康。与传统笼养方式相比,生产成本大大增加,包括土地、基本建设、饲料、垫

料、光照、通风和劳动力等。

尽可能避免断喙和强制换羽，尤其是断喙对个体伤害最大，完全可以通过改善环境而减少鸡的主动啄羽行为。在舍内增加可用于沙浴的环境，以满足鸡的自然天性的表达，改善福利状况。

关注鸡的养殖福利，管理水平是很重要的一方面。管理水平可适当解决生产中出现的某些问题，如合理调整鸡群的密度及保证良好的通风效率，可以提高其整体健康水平，增强机体的抗病力，从而减少对抗生素的依赖。这不仅可节约饲料成本，还可以提高产蛋量及饲料转化率。畜牧生产的潜力，可以通过提高动物机体的免疫力而得到发挥，完全依赖在饲料中添加药物的做法本身就反映了管理水平的低下。提高管理水平既要考虑条件，如对鸡群饲养密度的要求，寒冷的冬季不同于炎热的夏季，又要考虑许多技术环节的问题。如果掌握得不好，管理水平无法提高，就会出现福利性或者生产性问题。规模较大、集约化程度较高的牧场，应该追求工艺的规范化、管理的程序化及操作的准确化，从提高整体的管理水平入手，提高生产力水平。如果不重视生产管理水平，集约化生产的真正优势根本无法发挥。

三、鸭、鹅饲养环节的福利问题与改善

（一）鸭、鹅饲养环节的福利问题

在中国，鸭和鹅是最常见的水禽，它们不仅是餐桌上常见的美食，还是人们冬季保暖品羽绒制品的主要来源。绝大多数水禽被圈养在饲养密度高并且昏暗的棚舍中，没有可游泳的水池，这对水禽来说是一个值得关注的福利问题。跛腿、啄羽、呼吸道问题和眼睛感染等现象很常见，此外，大部分动物的喙会被剪掉，而这种做法会带来疼痛。除家禽普遍的福利问题之外，水禽还有强制填饲和活拔毛这类格外严重的福利问题。

1. 肥肝生产——强制填饲 煎鹅肝是法式大餐的一道精品菜。只有肥腻、细嫩的鹅肝，才能烹饪出顶级美味的煎鹅肝，而要使鹅肝生得肥腻和细嫩，其实是采用一种极其残酷的方式，将动物原本正常的肝脏肿大成6～10倍的脂肪肝，令人垂涎的美味鹅肝其实只是饱受病患痛苦的鸭或鹅的病变组织。

骡鸭（或者很少比例的鹅）从出生后的第6周开始就不得随意进食，而是每天一餐，并且只有一小段进食时间；在第10～12周，每天的有效食量增加，这使它们吃得更多、长得更快，有助于扩大食道，为强制饲喂做准备；在第12周开始强制饲喂，约2周后，便屠宰。

鸭子每天被"填鸭式"喂食2次，共持续12～15d；鹅每天3次，共持续15d、18d甚至21d。第一次填鸭式喂食时，鸭子被塞进190g的食物，然后逐渐增加，屠宰前达到450g。每次填鸭式喂食的平均量比正常摄取量多得多，但与24h无进食后的鸭子自愿摄取量相同。然而，每天重复2～3次填鸭式喂食，并且，2～3周填喂法时所喂的高能量食物量比自愿摄取的量大得多。如果停止了填鸭式喂食，禽类在几天内所摄取的食物量将大大减少。基本饲料是含有脂肪和盐分的水煮玉米，玉米至少是一年前所产，以便更利于淀粉消化。脂肪起润滑作用，帮助食物进入禽类食道，盐分则促进消化。为了加速脂肪肝的形成，此类食物含糖量高，极度缺乏营养。水要始终保持供应。

负责强制饲喂的人需要将禽类圈养并限制在某一位置，这很容易做到，因为它们都在小围栏里或者鸭笼里，而头可从顶部前方的孔中伸出。用带有20~30cm长管子的漏斗强制喂送食物，管子由螺旋钻或气压系统组成，可以将玉米强制送入食道。螺旋钻在喂食管内，由手动或电动机摇动。在较大的密集型工厂，则使用气动或液压装置。饲喂过程中，饲养员只需抓住禽颈，若是在围栏中，只需将其对准喂食管。将喂食管插入食道，压入食物。达到要求的食量时，拔出喂食管。饲养员需保证喂食管的摇动和喂入的食量不撑破或撑裂食道，否则会导致动物受伤或死亡。

2. 活拔鹅、鸭毛 羽毛是水禽生产中的重要副产品，强制换羽是将胸部的绒毛和羽毛拔掉，对水禽刺激很大，一般在种水禽产蛋结束后拔毛。在拔毛前应将水禽放在安静和遮蔽的场所，保持羽毛干燥，然后将其转移到一个封闭的圈舍或车内，能够容纳拔下的羽毛。拔除羽毛结束后，将水禽转移到一个能够遮挡风雨的干燥地方。

研究发现，拔毛可以使血液中的红细胞总数和血红蛋白含量明显下降，这很可能是皮肤充血或者局部微出血造成的。拔毛后，血清总蛋白和血清球蛋白均有所减少，可能是由于拔毛刺激了甲状腺作用加强而使它们的合成受阻。拔毛后，血清乳酸脱氢酶、丙氨酸氨基转移酶、天冬氨酸氨基转移酶、淀粉酶的活性增强，血清碱性磷酸酶的活性减弱，这表明拔毛可使心、肝、肾功能和消化生理受到影响。

（二）鸭、鹅养殖过程中的福利改善

目前，鸭和鹅可以在各种各样的条件下饲养。全世界的养殖系统包括东方国家的大面积群养和西方国家的高度集约化、现代化生产。无论采用哪个系统，一个要满足的最基本的要求，就是保证动物的健康。在饲舍内安装复杂的设备之前，首先要考虑动物福利问题。对动物的限制程度越增加，动物利用自己本能调节不舒适环境的能力就越小，如果出现机电故障，水禽就会越痛苦。然而，水禽的动物福利是可以在不同的饲养系统中得到保障的。换言之，生产系统应该能满足水禽的健康、行为的表达和正常的生理需求。因此，合理的饲舍结构对于满足这些需求来说是必需的。

1. 养殖模式 一般采用全封闭式或半封闭式饲养。半封闭模式是由室内系统和户外散养系统结合的养殖方式，这也是推荐采用的生产模式。正确设计和安装的现代化鸭舍，可以在很大程度上保护鸭免受极端气候条件和疾病入侵造成的影响。现代化的全封闭鸭舍，通常采用大跨度桁架结构，绝缘性和机械通风性好。不同日龄的鸭可以分开饲养在不同的鸭舍或饲养在有固定分隔物隔开的鸭舍内。地面的设计有两种形式：全部采用铁丝网、铺设垫料和铁丝网相结合，网上要安装饮水器。因为水禽平时饮用和排泄大量水分，需要额外增加通风和加热系统，排出多余的水分，保持合适的湿度。

野生鸟类进入鸭舍是疾病引入和传播的重要因素，要注意预防和控制。

2. 光照 研究表明，低光照饲养鸭子可以提高其生产率，有助于减少啄羽和攻击行为，但也可以引起其他问题，如跛腿、视力发育受损和恐惧感增强等。低的光照度，使禽类视觉敏感度丧失。建议鸭子饲养在14~16h的稳定光照环境中，紧接着需提供至少25min的低光照度使其眼睛适应。在夜间提供弱光照，有助于防止动物的恐惧反应。英国推荐在舍内采用混合的光照制度。在喂料器和饮水器上方采用高的光照度，有助于其发现饲料和食物。

3. 密度 过度拥挤对鸭的健康、生长发育及产蛋的危害非常大，在鸭生产的每个阶段

为它们提供充足的活动空间，是成功饲养的基本条件。然而对于鸭来说，有时处于相对拥挤的环境中也不都是坏事。在寒冷季节，让鸭的密度大一些，可以使鸭自身产生的热量维护整个鸭舍的温度，需要人员根据实际情况进行及时的调整。

4. 温度　在气候温暖的地区，鸭多数为户外饲养；在气候适中的地区，室内饲养更为普遍。阴凉的环境适合鸭生长和健康，过度的曝晒可以引起鸭子死亡。

5. 地面和垫料　在铺设地面时，要避免伤害鸭爪踝部皮肤，鸭爪掌部的光滑皮肤角质化程度不如其他陆生禽类，所以，当鸭舍内地面太粗糙时，爪部皮肤容易受伤害。漏缝地板、金属网和笼底也会伤害爪和腿，要保证地面表面光滑、不磨爪、没有锋利的边缘。地板对鸭爪部的伤害程度随着鸭日龄和体型的增大、舍饲时间的变长而增加。

6. 食物和水　随时随处都可以获得符合水禽营养要求的饲料和水。由于开阔水槽使鸭子的羽毛得以舒展，而且覆盖脚趾和足垫的皮肤出现的变化较少，它们出现羽毛损伤的概率也就更低，因此与使用钟形饮水器的鸭子相比，使用开阔水槽的鸭子死亡率也更低。

7. 活拔和肥肝　对于活拔，目前市场上并没有一种可替代的系统，因为生产成本会提高，操作者的工作条件会变差，农场也会失去赖以为生的工具。对于肥肝的生产，目前已有规定只能在传统生产肥肝的农场执行强制饲喂。出于民意和政治等原因，欧洲一些国家已经取消了肥肝的生产，如意大利和波兰过去都曾有生产肥肝的传统，现已停产。但目前的规则只适用于欧盟成员国。根据WTO规则，肥肝生产并没有被禁止，因此这些规则并不适用于其他国家，其他国家仍可以进行肥肝生产，用来满足消费需求。但是这种状况会导致不公平竞争，因为产品进口并没有欧盟所制定条约的卫生和福利保证。

第二节　运输、屠宰环节的福利问题与改善

一、运输环节的福利问题与改善

（一）运输环节的福利问题

肉鸡在运输和屠宰时的处置，是存在潜在福利问题的主要方面。因为肉鸡与人类的互动非常少。运输家禽的最基本福利问题是，在鸡舍中捕捉肉鸡的应激造成伤害、疼痛和痛苦。

1. 捕捉　工人从巨大且拥挤不堪的禽舍中捕捉家禽，一般非常迅速粗暴。他们一般根据捕捉家禽的数量获得报酬，而不是根据所花费的时间。因为这属于"计件工资"方式，所以他们的目标是工作完成得越快越好。肉鸡经常被脚朝上、头朝下的方式拎着，工人经常一手拎着3～4只鸡。肉鸡已经因为生长过快的问题承受着痛苦（虚弱的双腿支撑其沉重的身体），这样的方式会加重鸡腿部的疼痛。

2. 运输　运输工具简陋、不规范，是导致健康福利降低的主要方面。一般来说，家禽的运输是多层模块式板条箱有序码放在运输车上，每个模块式的板条箱都带有几个抽屉。这些可以组装的板条箱体系，在车辆到达加工厂后通过简单倾倒板条箱的方式卸载，家禽可能会直接跌落到下方的传送带上。

还有非正式的运输方式。这种情况下，家禽被挤塞到一个非专用的容器中，容器中没有足够的空间，而动物还有可能因为颠簸跌出容器掉到地上。家禽有时还会被倒挂在运输工具（如自行车）的外面，这都导致它们身体上的不适和恐惧。

(二) 运输环节中的福利改善

1. 捕捉 捕捉鸡的环节，会对鸡造成各式各样的损伤，增加鸡到达屠宰厂时的死亡率。荷兰最近对5家专业捕捉鸡的公司的3 800万只肉鸡做了一项研究表明，与良好的操作相比，不良操作会使鸡到达屠宰厂时死亡率（DOA）增加1倍多，前者造成的死亡率为0.35%，而后者则为0.75%。

为了帮助改善家禽运输过程中的福利，肉鸡和群养的蛋鸡可以通过一个自动系统进行捕捉。这个系统通过会旋转的软性"手指"缓慢地穿过围栏，轻柔地将家禽移送到传送带上，而传送带会将它们送进板条箱，最后板条箱被装入运输工具。但是该种自动化设备可能会造成更多的死亡率，该系统的优缺点还有待进一步研究和评估。

大多数养鸡场或农户与加工企业之间是合同式的关系，或者属于垂直整合式加工企业的一部分。为了改善肉品质量、降低高死亡率、减少经济上的损失，一些加工企业控制或部分参与了对鸡的捕捉和运输过程。

由于需要雇佣抓鸡工来进行家禽的捕捉，培训和管理就显得尤为重要。徒手捕捉家禽时，最佳方式是抓住双腿后提起，每只手不能超过3只鸡。不建议只抓一条腿的捕捉方法，以免造成动物福利的问题。但是在国内甚至在世界上大多地方，只抓一条腿的方法还是一种被普遍使用的商业化捕捉方法。但与双腿捕捉法相比，它会造成更多的淤血、脱臼和骨折。

除此之外，在某些亚洲和拉丁美洲国家还会利用一种全身捕捉法，具体来讲，是用双手托举起肉鸡的身体，对其整体性地进行移动。这种方法所花的时间较长，除非雇佣足够多的捕捉人员同时操作，才可以缩短工作时间。

在捕捉时，如果只是抓住鸡头或单只翅膀会造成损伤、疼痛和应激。这种方法是不被OIE所接受的，而且也是被欧洲法律所禁止的。捕捉方法是由法律、质量安全法规或者顾客的要求（消费者的要求是肉品质量或者没有骨折）等综合因素所决定的。此外，可雇用的人员数量和费用，鸡群的大小，以及搬运箱的种类，也会影响到对于捕捉方法的选择。

捕捉大型鸡群时，需要考虑正在被捕捉鸡的福利以及正在等待被捕捉或已被安置到运输车上的鸡群福利，应该使两者之间的关系达到一种平衡。如果捕捉速度过慢、捕捉花费时间越长，会增加已经被装在车中鸡群的等待时间，有可能增加地面上鸡群窒息和死亡的风险。

除了捕捉方法，还有一些人员需要注意的事项。捕捉尽量在弱光或蓝色灯光的地方，从而使鸡的恐惧降至最低。由于为了屠宰而捕捉圈舍中某一部分鸡的时候，也会损害到其余鸡的福利。例如，捕捉后剩余在圈舍中的鸡会受到以下因素的影响：暂时的停止供水供食；抓鸡过程中的噪声和扰乱；圈舍内叉式升降机的运行；抓鸡后圈舍内的混乱状况；环境温度变化导致的不舒适。所以操作者应富有同情心并训练有素地进行抓鸡操作，从而可使上述问题降至最小化。

2. 运输 采用符合标准尺寸的箱笼运输是关键措施。此外，培训所有的动物管理者和司机使用正确的处置方式，并支付适当的报酬，这都可以帮助减轻由于赶工和草率处置带来的伤害。随着肉鸡育种的遗传学研究在不断进步，也许能够帮助培育出具有更强健肌肉骨骼系统的鸡，这也能帮助防止运输途中的疼痛和伤害。如果大型家禽养殖场在农场附近建立屠宰场，长时间运输带来的特殊问题，以及因此所导致的动物饥饿问题，就可以得到解决。改善板条箱的设计、适当的运输密度、更好的通风状况，也都能够有所帮助。

大多数的鸡都是被装在各种形式的搬运箱中被运到屠宰场的，从移出搬运箱到进行拴挂的过程，是处置大多数鸡的唯一阶段。因此对运输中装载鸡的箱子需要有一些基本要求。可以将搬运箱看作运输的一种方式，而且应该按照一些基本要求去搬运它们，从而使鸡群的福利得到保护。搬运箱的设计、鸡群进出箱子的方式、箱体的材质、搬运箱子的方式，都会影响到鸡的福利。搬运箱的设计要求如下。

（1）容易装进取出，设计成敞口式：为了方便操作人员在捕捉鸡群时更容易地把鸡装进去、在拴挂时较容易地将鸡移出，并且不会使鸡群受到伤害或损伤。

（2）底面防滑：在运输过程中，鸡群可能会坐下，但是由于车辆在运输时会晃动，它们需要抓紧地面来保持身体的稳定，并且也能够调整自己的姿势，所以搬运箱的底面应该是防滑的。

（3）大小要与鸡的个体大小相适应：为了避免使鸡群受到伤害和痛苦，搬运箱在设计上必须要与每只鸡的个体大小相适应，可以承受鸡群的重量，并能够在装载、运输和卸载时支撑它们的活动。

（4）材质和构造要能耐磨和耐损耗，适应长途运输和反复使用：对于那些在长途运输中使用的搬运箱或者被反复使用的箱子来说，它们的材质和构造要求更高一些。那些被频繁使用的搬运箱，必须是耐磨和耐损耗的。操作人员应该经常检查这些箱体，因为如果出现漏洞或破损的话，可能会对鸡群造成伤害。如果不能对它们进行有效的修复，必须要将它们废弃并更换新的箱子。

（5）搬运箱的表面应易清洗、易消毒：这对于疾病的控制很重要，而且也会使下一批被运输鸡群的健康得到保障。

此外，人员在进行装载和卸载时，要将箱子直立摆放，而且一定要避免晃动它们。只有这样，才会使箱内鸡群受伤或应激的风险降至最低。切记在任何情况下都不能抛扔装有活鸡的箱子，也不能使它们倾斜或倒置。

在运输过程中，主要的困难是如何保证空气质量和通风，这样对整个鸡群都是很重要的。考虑到家禽是有羽毛的动物，环境温度较高或湿度较大，对于无法良好散热的鸡来说是一种威胁，捕捉、装车和运输时会有严重的热应激风险。在炎热的天气下（25℃以上），必须在夜间或在一天中凉快的时间内运输鸡。必须采取措施来避免潮湿和高温，如可以在运输车上安装合适的幕帘。密闭的车体内不能充分通风（甚至在较高的温度条件下），是导致鸡在运输过程中较差的福利状况和较高死亡率的重要原因。同样，运输过程中的冷应激，也是导致肉鸡福利问题的主要原因。例如，透过缝隙的风会使处于湿冷环境（低于8℃）中的鸡体温降低。

如果需要使鸡停留在静止的车上，驾驶员则应采取行动来避免使鸡受到冷/热应激。如在炎热的天气里，将汽车开动起来使之有流动的空气而保证通风凉爽。在寒冷的户外系统中，应该用稻草或者其他覆盖物进行保温，以避免鸡群的冷应激而造成死亡。但是在汽车行驶的过程中，内部的空气会向车厢前部的上方运动，并流动到外部的车厢上方，同时，外界的空气会从车体尾部被吸入车内。这样就会在车厢前部的低层形成一个高温区域，而这一区域内的鸡群更可能会遭受热应激。所以,运输人员应该加强此区域温度的检查监控,以避免鸡只出现严重的福利问题。

二、屠宰环节的福利问题与改善

(一)屠宰环节的福利问题

屠宰家禽多为自动化系统(家禽拴挂经水浴电击后刺杀放血):家禽在击晕前被头朝下悬挂("挂钩悬挂"),沿自动化流水线向前移动。虽然挂钩悬挂可提高屠宰效率,在某些情况下会减少动物在屠宰前遭受强烈刺激的时间,但采用脚部倒挂的方式会使动物极度痛苦。有些家禽在挂钩悬挂时可能挣扎和鸣叫,也有一些家禽会进入一种强直静止的状态来应对这种情况。家禽静止不动且体型比哺乳动物小,是人们广泛接受对有意识的动物使用挂钩悬挂的原因。

挂钩悬挂的应激源包括被头朝下绑定的不良体验:重力使腹部器官对心脏和呼吸系统施加更大的压力(因为家禽没有横膈),这增加了心脏和呼吸系统的负荷,家禽会随时间而感受到更多的不适。挂钩悬挂家禽的另一应激源是家禽不能摆正体位。然而,对家禽因挂钩悬挂而导致痛苦的程度几乎没有研究。在一项研究中,研究人员评估了3群肉鸡被分别悬挂30s、60s和120s的应激。根据行为测量以及皮质酮与乳酸的测量,研究人员认为,这些肉鸡在挂钩上悬挂超过60s就会引起过度的应激。

屠宰场中被拴挂有意识的家禽还会有在其他福利问题。

(1)至少有5%的肉鸡有腱炎和关节问题,将其腿倒挂于挂钩上,可能会增加肉鸡的疼痛。

(2)吊挂时的挣扎会造成更多的骨折、淤血和损伤。造成更大的福利问题,因此吊挂的时间很重要。

在许多国家对家禽屠宰悬挂的时间有法律规定,但没有统一的标准。随着公众对动物福利关注度的提高,气体致昏法在屠宰前使用得越来越多,以避免挂钩悬挂。但气体致昏时由于家禽羽毛会吸附大量的气体,会导致致昏效果的不确定性,所以,气体致昏法也有待进一步完善和改进。

通常情况下,击晕后肉鸡已失去意识,进而可以进行下一步操作——刺杀放血。可是有些操作系统的不良使用会延迟刺杀放血时间,造成肉鸡的复苏,这种情况下进行刺杀放血不符合动物福利的要求。

(二)屠宰环节中的福利改善

在肉鸡被送至屠宰场经过或长或短的待宰后,经过拴挂进而水浴电击最后进行刺杀放血。

1. 待宰 屠宰场内的鸡群可能会因为待宰环境的原因遭受冷应激和热应激。热应激会导致较高的死亡率,冷应激会增加鸡的压力和痛苦。动物(也包括人类在内)会持续不断地从自己的机体内部产生热量,同时,也会从周围的环境中吸收或散失热量。鸡的代谢水平(如进食量)会严重地影响到它们所产生的热量。

鸡是恒温动物,通过平衡身体的产热和散热来维持一个恒定体温。鸡正常体温在41℃

左右。在一个特定的环境温度范围内，动物可以保持相对恒定的身体温度，这一范围被称作热稳定区。它由宰前活重和采食量决定，与空气温度没有任何关系。设立待宰圈的目的就是将鸡的体温控制在这个温度范围内。

大多数鸡可以在一定时间内对抗低温。但是，短时间高温对它们来说可能是致命的。如果鸡的体温超过了正常体温，它就会遭受热应激，俗称过高热症。当鸡的体温仅仅超过正常体温的4℃时，它们可能就会死掉。热应激的表现：试图远离其他的鸡群；靠近较冷的墙壁；快速喘息；抬起翅膀来降低隔热性；暴露没有羽毛的皮肤区域；通过休息减少由活动产生的热量；增加饮水量；把水喷溅到头上和颈部的鸡冠处。当鸡的体温低于正常体温时，它们会遭受冷应激，俗称低体温症。但是，即使当鸡的体温低于正常体温7~8℃时，如果采取保暖措施，它们还是会恢复的。冷应激的表现：发抖；羽毛变得松散；蹲伏；聚集成群；弯下头部；将头部埋进自己的翅膀里。

大多数的鸡是被装在搬运箱中运输到屠宰场的，为了减少工作量，工作人员会把它们一直留在箱子中直到拴挂、屠宰时才将其取出。由于鸡群没有机会进水或进食，而且箱子中的空间也有限，因此，它们的福利取决于停留时间、箱子内部条件以及待宰圈的内部条件。

在箱子里，由于鸡与鸡之间靠得很近，不能自由活动，这样就降低了它们通过辐射、对流和传导散热的能力。虽然它们可以通过蒸发散热（慢速喘息），但是这只有在湿度低的时候才会奏效。为了保证鸡只的福利，建议到达屠宰厂后应立即对其进行屠宰，不超过1h。

在待宰圈内停留的前2h内，搬运箱内部的温度会上升大约10℃。当热空气上升时，底部箱子内的温度会比上层的高。如果箱子内鸡群密度很高，并且箱子被码放得非常紧密，此时，即使待宰圈内有一定的空气流动，鸡群周围的空气流动和通风性可能也会很低。所以在装箱时，必须要根据气候状况严格控制每只箱子中鸡只的数量。

对于待宰地点，有封闭、半封闭和露天式。不论是封闭式的还是露天式的，想要完全控制鸡群周围的环境是很困难的。但是我们可以限制鸡群从环境获得热量，也可以转移走由鸡群本身产生的热量和水蒸气。从以下几方面来保证动物福利：提供待宰遮挡物；增加空气流动（风扇）；对箱子进行特殊码放，以保证通风。

2. 宰前检查 对动物福利及公共卫生而言，动物到达屠宰场时应完好、无外伤、无疾病、无痛苦。通过宰前检查，我们可较早地认识到所存在的问题。可以通过以下方法来判断鸡群是否健康。健康鸡的特征：抬头，眼睛明亮，冠光鲜；眼睛鼻孔无分泌物；能保持正确姿势；呼吸正常、安静；对陌生环境表现出积极兴趣；没有热应激或冷应激现象；无异常肿块、疼痛部位、淤青、打痕和伤口；没有翅膀或腿部的骨折的疼痛的表现；触摸无发热现象，触摸感觉不冷也不热。

通过以下环节，对鸡健康和福利进行检查。

(1) 卸载环节：可以在早期发现鸡的健康或福利方面所存在的问题。

(2) 待宰环节：尤其要注意观察有无热应激现象。

(3) 拴挂环节：不适合人类食用的非健康的鸡，必须将它们挑出来进行急宰。在检查时，我们会发现一些在运输途中和在待宰时死掉的鸡。造成死亡的一个最普遍的原因就是代谢疲劳和脱水造成的心脏衰竭。除此之外，也有一些鸡是由于受伤而死亡的。这种情况下我们要对鸡只进行急宰，并对这些非正常的死亡鸡进行人道销毁。

控制死亡率的关键因素：箱子内部的鸡群密度，高密度会增加死亡率；运输时间，运输时间长会增加死亡率;待宰圈内的停留时间,停留时间过长会增加死亡率。

3. 拴挂环节 使用拴挂轨道,是快速加工动物胴体的一种机械化手段。在使用某些特定的击晕或刺杀方法时,要将鸡倒挂在拴挂轨道上。但将鸡拴挂起来后,会对鸡造成某些福利问题,如腿部疼痛、倒挂应激、挣扎和扇翅时引起的疼痛和伤害。所以,应该尽量缩短鸡群倒挂在轨道上的时间。倒挂后最严重的问题是鸡只的扇翅,挣扎和扇翅时不仅可能会引起疼痛,也会使鸡受到额外的伤害,尤其是扇翅会对胴体造成极大的损伤。

改善拴挂环节的福利状况的措施包括以下几种。

(1) 为避免鸡受到伤害和骨折,应对拴挂工人进行全面的培训。

(2) 有足够的人员和拴挂速度,并保证他们在工作时小心和勤奋。

(3) 挂钩的大小和类型:拴挂后不会引起不必要的痛苦或应激。

(4) 拴挂工人的拴挂技术:拴挂后用手沿着鸡只身体轻轻对其进行抚摸或者双手轻轻按住双腿 1s 也可以有效降低鸡只的挣扎和扇翅。

(5) 必须同时将鸡的两只腿进行拴挂。

(6) 在轨道上或转弯处不能有不平坦处引起拴挂钩的晃动。

(7) 可设置胸部抚摸板以防止鸡的扇翅和抬头。

(8) 减少噪声水平和降低光照强度。

4. 水浴电击 水浴电击设备中水的电位要高于用来拴挂鸡的金属挂钩的电位。当挂钩接近水池时,它会接触到一个金属横杆并形成一个完整的电流回路。当鸡的头部接触到带电的水体时,电流便会自动地通过鸡的身体形成电流回路。当电流通过鸡的头部时,它会破坏其大脑的正常脑电活动,并使其失去对疼痛的意识和知觉,这就是水浴电击的原理。

达到良好的电击效果,需要注意以下几方面。

(1) 水浴电击池必须安装在适合相应鸡的数量和尺寸的高度处。

(2) 这个高度必须是能使所有鸡的头能浸没在水中。

(3) 释放通过每只鸡的平均电流不小于 120mA。

(4) 在频率为 50Hz 的正弦交流电下工作。

(5) 每只鸡接触电流的时间最短是 4s。

(6) 水位必须足够深,可以浸没鸡的头部。

(7) 水不能从入口处溢出。

(8) 没入水池的电极板,必须延伸至整个水池的长度。

(9) 水浴电击池的设计和安装必须可以防止鸡遭受致晕前的惊吓。

(10) 必须装配一个电表,以便准确监测挂满鸡时通过水池的电流。

此外,小心防止鸡在水浴电击池入口斜坡处受到电击前惊吓。如果水从水浴电击池中溅到斜坡上或者斜坡根本没有与水浴电击池绝缘,将会使斜坡带电,导致电击前惊吓。所以,水浴电击池的斜坡入口处垫高出来一些,可以有效防止电击前惊吓。斜面应该延伸到水面之上,这样当轨道拖着鸡通过斜坡后,可以平滑地摆动到水中。这样可以使鸡的头部和翅膀同时浸没在水中,及时有效地进行电击。最后需要注意的是,必须检查所有离开水浴电击池的鸡,确保它们已被有效致晕,然后,才能进行放血。

5. 放血 电击致昏后无意识状态是短暂的。为保证鸡能彻底死亡并防止苏醒,应该进行无延迟的放血。放血时,应将其颈部的 2 条颈动脉同时切断。

可以采用人工或机械化方法进行颈部切割，机械化的切割方式更常见于大批量生产的屠宰场。

（1）人工切割：让刀环绕鸡的颈部，以切断所有主要的血管。良好的操作，会造成快速的血液流失。

（2）机械切割：带有双刀片的设备是最为有效的，因为它可以快速切断颈部所有的主要血管。单刀片的设备有可能只切断1条颈动脉和1条颈静脉，这就会增大鸡再次复苏的风险。同时，还要注意不应将机器设置成只对颈部后侧进行背面切割，因为这样不会造成鸡的快速死亡。

在宰杀后，应该确保鸡在进入烫毛池前就已经由于失血而死亡。同时，必须有人随时对此进行检查。尽管在刺杀后放血时间的长短，是由刺杀方法的有效性决定的，但是在鸡被致昏后，从刺杀到进入烫毛池前的时间不能短于60s。

思考题

1. 提高家禽福利的主要措施有哪些？
2. 集约化生产条件下的家禽（蛋鸡和肉鸡）面临哪些主要福利问题？
3. 家禽装卸环节有哪些福利问题？如何解决？
4. 家禽运输环节存在哪些福利问题？如何解决？
5. 家禽屠宰环节应注意的动物福利问题有哪些？

参考文献

顾宪红，2008.动物福利与肉类生产［M］.2版.北京：中国农业出版社.

陆承平，2009.动物保护概论［M］.3版.北京：高等教育出版社.

吴国娟，2012.动物福利与实验动物［M］.北京：中国农业出版社.

赵兴波，2011.动物保护学［M］.北京：中国农业大学出版社.

赵永聚，2007.动物遗传资源保护概论［M］.西安：西南师范大学出版社.

第八章
牛、羊的福利

牛、羊是人类养殖的主要农场动物之一，为人类提供肉、乳、皮、毛等大量动物产品。随着社会发展，人口增加，对动物产品需求的增多，畜牧生产方式由传统的粗放式经营向现代的集约化经营转变，生产水平提高，生产规模扩大，产生了很大的经济效益。随之也带来一系列动物福利问题，如疫病不断暴发流行、养殖环境卫生管理不当、动物的自然习性得不到很好表达、多种异常行为出现等，这不仅影响到动物健康，对生产效益影响也较大。

牛、羊养殖、运输、屠宰过程中都存在不同程度的福利问题，如牛在养殖环节中的限位笼、漏缝地板、高密度养殖、跛行、乳腺炎；在生产环节中的断尾、去势、早期断乳等福利问题，严重影响到牛的健康，还可能产生如卷舌、吮吸等异常行为。羊在养殖环境中的早期断乳、腐蹄、跛行、混群等，在生产环节的断尾、去势等操作，不仅影响羊的身体和生理健康，还导致产生如拔毛、咬尾咬蹄等异常行为。

OIE对动物的陆路运输、海上运输、航空运输和屠宰等有严格的法律章程，但在我国，牛、羊的运输环节还存在如滑倒、短期禁水禁食、混群等福利问题；屠宰过程存在非人道屠宰、动物未被有效致昏就直接放血等。如何改善这些问题，应引起广大生产者和科研工作者的重视。倡导科学合理的饲养和管理，提倡积极良好的福利，不仅关系到牛、羊的健康，更能提高动物产品的质量，关系到人类的健康。

第一节 牛常见的福利问题与改善

牛的驯化历史已经有几千年。牛是人类养殖的主要农场动物之一，具有多种用途，提供的肉和乳可供人类食用；皮张、毛绒可以作为工业原料和服装原料；牛还可使役为农业生产服务。20世纪50~60年代，发达国家的畜牧生产方式开始由粗放式经营向集约化生产方式演变，农场主为维系生产，保证获得更大的生产利益，放弃了传统的粗放式生产模式，开始了生产效益较高的集约化生产。集约化生产方式的出现是近代农业生产史上的一大进步。

集约化生产方式提高了生产效率，降低了生产成本。但也出现了一系列的问题，如饲养环境卫生变差、动物疾病增多、动物自然习性得不到很好表达、异常行为增加、个体间互相伤残现象严重、动物产品质量下降等。

一、牛饲养环节的福利问题与改善

牛的饲养也与其他农场动物一样，在集约化生产方式下，产生许多影响动物健康的福利问题，表8-1是一些主要福利方面关注的问题，尽管不太全面，但至少可以说明牛的生产中存在很多问题。

表 8-1 牛生产环节存在的动物福利问题

牛的品种和发育阶段	常见动物福利问题
犊牛	限位笼饲养，空间太小，不能转身或舒适地躺下 日粮中缺乏足够的粗饲料或铁，导致贫血 缺少群体接触的机会 早期与母牛分开
肉牛	催肥期的高谷物日粮引发的代谢问题（酸中毒、蹄叶炎、肝脓肿） 去角、去势、烙印引起的疼痛 活体长距离运输 高密度饲养、热应激 非人道屠宰和致昏技术（有意识状态下屠宰）
奶牛	缺少放牧机会 分娩后的代谢问题及疾病感染 跛行 去角的疼痛 运用牛生长激素（bovine somatotropin，BST）增加产乳量

（一）奶牛饲养环节的福利问题

奶牛业生产有两种形式：一种是放牧饲养；另一种是圈舍饲养。在放牧生产系统中，奶牛的大部分时间是在草场上度过的，只是在严寒冬季的几个月里转入舍饲越冬（图 8-1）。由于放牧形式比较符合牛的生物学习性，牛的很多自然行为能得到很好表达，福利问题不突出。主要福利问题出现在圈舍饲养方式。

1. 定位拴系（tethered）　在我国，奶牛圈舍饲养是主导方式，舍饲方式大致有两种：一种是定位拴系（图 8-2）；另一种是舍内散养。一般都设有舍外活动场，奶牛每天都能得到一定量的户外活动。拴系时，用铁链或绳索将牛的颈部固定在饲槽前，不许奶牛自由走动，奶牛也无法舔舐自己，且站立和趴卧都十分的困难。由拴系而导致的问题，主要是肢蹄病的增多和增加乳头损伤的机会。

图 8-1　奶牛

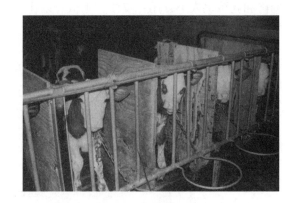

图 8-2　定位拴系舍饲

2. 舍内散养（raised in group）　机械挤乳的牧场一般不采用舍内拴系的方法，而是散养。畜舍内设有足够的牛床供个体选择，牛数与牛床数之比要求不低于1：(0.7～0.85)。虽然散养对个体的福利有利，但个体活动的增多却增加了粪便对牛床的污染程度，肢蹄病、乳腺炎等疾病发病率相应增多。

3. 漏缝地板（slatted floor） 漏缝地板是集约化舍饲经常应用的工艺，常见于奶牛生产中。该工艺利用了动物的行为习性，方便了管理，减少对排泄物的清理力度。但由于漏缝地板采用水泥、塑料或金属等材料，对牛的腿、蹄、肘及乳房等部位的危害较大，还能致使乳腺炎的发病率升高。对动物的肢蹄影响也很严重，经常导致肢蹄病发生，如蹄部溃疡、瘸腿病等。瘸腿病是奶牛生产中的一个主要问题，发病率为5.5%～14%，也是危害生产的主要问题之一。

4. 高饲养密度（high stocking density） 高密度饲养是现代集约化生产的主要特征之一，可以降低生产成本，因此，高密度饲养广泛应用于各种农场动物中。如果饲养密度适中，问题不大；但如果密度过大，不仅危害动物健康，也直接影响生产效益。研究结果表明，密度过高，牛舍内空气质量的恶化对动物的健康产生直接影响。表现为抵抗力降低，发病增多，日增重下降，死亡率升高，生产直接受损。在畜舍密闭条件下，高饲养密度还会使舍内空气恶化，且排风系统工作不良，舍内的有害气体及湿度就要增加，会引起呼吸系统疾病的发生。

5. 跛行（lameness） 跛行也是监控奶牛福利影响的重要指标，跛行会降低产乳量和繁殖性能，增加被动淘汰率。跛行是由多种因素造成的，如蹄部疾病；地面过硬、地面过于光滑或粗糙、地上积水等造成蹄部损伤；同时，饲料中如果营养缺乏尤其是有效纤维含量低，会造成奶牛酸中毒和蹄叶炎。另外，由于管理不良，如滑倒、跌打损伤、钉子、瓦砾等突出物刺伤蹄部，长期粪便污染等，都可引起牛的跛行。跛行对采食量和产乳量影响很大，与经济利益密切相关。在奶牛饲养中跛足病出现的程度为：在美国，每年每100头奶牛中有35～56头牛患有跛足病；在英国，每100头牛有59.5例；而在荷兰，被检奶牛中发病率超过83%。在我国，牛跛行也是临床常见病，奶牛常发，但肉牛、役用牛也时有发生。确切数据依赖于评估方法，而且大部分的跛足病都没有经过兽医外科的治疗，但是，毫无疑问跛足病是一个非常严重的福利问题。跛行是通过步态评分来确定的，通常病牛患足不愿落地、不愿承重，行走时弓背；而健康牛行走时步态舒适，背部平直，行走时后蹄应刚好放在同侧前蹄腾出的蹄印上。

6. 乳腺炎（mastitis） 乳腺炎对于哺乳动物来说，是非常痛苦的。奶牛对于触摸感染组织非常的敏感，并且正常功能明显减少。乳腺炎流行通过预防和治疗等手段已减少很多，但是乳腺炎的发病率并没有减少到应有的水平。据报道，在英国每年每100头奶牛中平均有40头患有乳腺炎。我国奶牛养殖中，乳腺炎发病率也很高，2009年，罗金印对兰州、成都、哈尔滨、郑州、济南和南昌6个城市2 173头奶牛、8 540个乳区进行乳腺炎的调查发现，奶牛隐性型乳腺炎和临床型乳腺炎发病率分别是59.36%、5.38%，乳区发病率为31.62%、1.65%。

7. 牛生长激素（bovine somatotropin，BST） 在奶牛生产过程中，有些国家或地区会使用牛生长激素来提高产乳量。但使用牛生长激素会导致一系列的奶牛福利问题，如乳腺炎、跛足、繁殖障碍等。欧洲科学委员会动物健康和福利分会关于牛生长激素的应用而导致福利问题的报告中得出如下结论：牛生长激素被用来提高产乳量，常用于那些已经很高产的奶牛。牛生长激素的使用已经导致大量引人关注的福利问题，如蹄部疾病、乳腺炎、繁殖障碍和其他与产乳量有关的疾病发生率增加。同时，人们每隔14d就重复注射生长激素的方法，将导致奶牛的局部组织肿胀，并引起奶牛的不适感。这种情形使奶牛产生痛苦，体质下降，同时，导致被处理的奶牛产生非常差的福利。从动物健康和福利的角度看，欧洲科学委员会动物健康和福利分会得出生长激素不适用于奶牛的结论。

8. 生产环节对奶牛福利的影响 生产方式和饲养方式的弊端都可能造成对动物福利的影响，大致可分为急性短暂影响（如烙印、去角）和慢性长久影响（如圈养的方式）。前者持续的时间很短（秒、分钟或小时），因此，在相对较短的时间影响到动物的福利；后者则持续相当长的时间（周、月或年），因此，影响动物福利的时间也更长。

（1）断尾（tail docking）：奶牛用尾驱赶蚊蝇，并接触身体的其他部位。当尾污染含有病原体的粪便时，极易污染牛身体的其他部位，可增加乳房感染的危险，此外，尾对挤乳者和奶牛场其他工作人员也造成极大的威胁。鉴于上述，在20世纪80～90年代，对奶牛断尾极为流行。农场主采用不同的方法对奶牛断尾，如使用弹性环限制血液流动，造成尾部远端部分坏死；或使用断尾剪刀切断尾巴，并灼烧残端。

但是断尾可能对动物福利产生更持久的影响。把犊牛和成年牛尾部神经切断将会导致神经瘤结节的形成，这可能导致慢性疼痛，断尾奶牛会招致更多的苍蝇，表现出更多趋避苍蝇的行为，这都对奶牛的福利造成影响。

（2）去角（dehorning）：在饲养过程中，牛角不仅在牛栏和饲槽上需要较大的空间，而且会互相伤害，尤其在运输过程中，牛角可能对牛体造成一定伤害，有伤痕的胴体和牛皮会给生产者带来直接的经济损失。奶牛3月龄时角开始发育，如果再大些就要借助些外科手术（如铲、剪切和锯），从生理反应来看，这些操作很痛苦。更大些的奶牛去角，可能在去角100多天后体重增长受抑制。采用化学试剂或热烙铁可以阻止角的生长，也可采用工具直接将角从头上凿下来，这样就会导致牛角周围的血管和组织被割断，导致流血。可见，去角过程不可避免地给动物带来痛苦，不利于动物福利。对多数奶牛养殖去角的替代方法是培育无角种牛。

（3）断乳（weaning）：奶牛和牛犊母子分离，是现在生产牛乳的方式。在集约化养殖体系中，一只奶牛每年都要产下一只牛犊，这样才能在接下来的10个月里不断分泌乳汁。在自然条件下，一只牛犊的断乳期不会少于6个月，有时甚至会延续到9～11个月。断乳，既包括牛乳摄入量的逐步减少，也包括离开母亲群体独立性的增加。在集约化奶牛生产体系中，牛犊在出生后的12h里，在它们吃够了富含保护性抗体的初乳后，就被人从它们母亲身边分开，由饲养者给它们喂乳，牛犊会被养作奶牛或肉牛。由于出生后几天或当天就将犊牛与母牛分开，不仅影响了母牛的情绪，还导致犊牛也产生不适的反应。因为过早断乳，犊牛得不到足够的初乳而表现抗病力下降。改食人工乳，犊牛又难以消化而出现吸收不良反应，犊牛的健康受到严重影响。因此，在管理上补饲抗生素类的药物已成为必需规程。

把奶牛母子强行分离，会给动物造成很大痛苦。犊牛降生后的头2周里，奶牛母子之间会形成牢固的情感纽带，这个时候断乳会给奶牛母子带来深切而漫长的痛苦。世界农场动物福利协会认为，幼年动物断乳过早，且迫使动物过早断乳的方式在养殖业中被普遍采用，这是一种违背动物家庭关系和生理健康的不可接受的做法。

（4）处死（put to death）：人们通常觉得纯粹的奶牛品种产下的犊公牛不会产太多的牛

肉,因此,这些犊公牛在出生的时候就会被杀死。据估算,仅英国每年就有大约 300 000 只犊公牛在出生时就被杀掉。

(二) 肉牛饲养环节中的福利问题

1. 饲养环节中的福利问题

(1) 限位饲养 (limit feeding): 限位饲养,是指犊牛通常被关养在一个 (56~61) cm×150cm 大小的限位笼里,或拴系在固定的一个位置,动物不许转身及自由活动,只允许站立及趴卧 (图 8-3)。前一种饲养方式在欧洲比较常见,而在我国主要以拴系为主。不管哪种方式,动物的许多行为都受到限制,健康和福利受到影响。

饲养在限位笼中的犊牛,靠牛乳或代乳品及补加精饲料为饲料来源。育肥到 15 周龄时,屠宰获得的牛肉称为小牛犊肉。用于生产的小犊牛,一般是来自奶牛群中的公牛犊和淘汰的母牛犊,出生后 4~5d 强制断乳,然后送至育肥场,育肥期大约 15 周龄,体重达 150kg,再送到屠宰场屠宰。

图 8-3 犊牛限位笼

(2) 集中育肥 (fattening): 肉用犊牛通常和母牛一起放牧到 8 月龄,以母乳及牧草为主要食物。8 月龄后,将牛转入育肥场,进入育肥期,一般要育肥到 18 月龄,体重达到 450~500kg 时,育肥结束。该阶段称为集中育肥。

集中育肥是肉牛业的一种主要生产经营模式。饲养规模通常在几百头到几千头之间,有的在户外,有的在室内。饲养密度过高会影响肉牛的生产性能。据报道,占有 3.7m^2 面积的个体增重性能比占有 1.9m^2 的个体要好。有些户外集中育肥场没有给动物提供庇护场所,动物经受风吹雨打、冬冷夏晒等,不仅影响日增重,还易导致慢性肺炎、严重瘸腿及肝坏死等病的发生。

(3) 早期断乳 (weaning early): 早期断乳广泛应用于奶牛、肉牛等集约化生产过程中。早期断乳违背幼畜的发育规律: 一方面消化机能尚未发育完全,过早采食会导致生理应激;另一方面早期断乳后,幼畜的吮吸动机还在,往往会吮吸环境中的突出物或同伴的身体某个部位,最终导致不良行为的产生,有些行为可能危害动物的健康。如犊牛会产生幼犊吮吸,成牛产生成牛吮乳等异常行为,同时,犊牛可能过度吮吸同伴的包皮,会食入体毛,在瘤胃内形成毛球。轻者,影响消化功能;重者,导致死亡。

2. 生产环节中的福利问题

(1) 标识 (branding): 用烧红 (电加热或火烧) 的烙铁灼伤皮肤,并以此造成不长毛发的伤疤组织作为标记,是肉牛生产中一个操作规程,便于个体识别和登记。烙印至少包括三个动物福利的问题: 操作时的紧张、烙印时直接的疼痛和可能发生的术后疼痛。

从动物福利角度来讲,为肉牛首选的永久性标识方法包括耳标、耳槽、文身、冷冻烙印、无线射频识别系统 (RFID)。一般说来,热铁烙可能会被推荐甚至作为肉牛唯一的永久标识方法。如果用烙印作为标识，操作时应该迅速、专业，以及应用合适的工具来完成。

烙记号会给牛带来直接的痛苦，引起采食量减少，直接导致牛体消瘦和体重下降。

（2）去势（castration）：为了减少动物之间相互攻击，保护人的安全，避免牛群中意外妊娠的风险，并提高生产效率，对肉牛去势，是许多肉牛生产体系所采取的措施。对必须去势的肉牛，生产者应寻求兽医指导，以便根据肉牛的种类和生产体系确定去势的最佳方法和时间。肉牛去势方法包括手术切除睾丸法，缺血性压迫法，粉碎、破坏精索法。在实际操作中，公牛去势应在3个月内，如超出这个年龄后，也应该尽早在最佳时间内进行去势手术。

（三）牛饲养过程中的异常行为

1. 非营养性吮吸（non-nutritive sucking） 在集约化养殖场，犊奶牛通常在一出生或出生后4d之内就与母亲分开。许多情况下，接下来犊牛被每天用铲斗饲喂2次。犊牛可在几分钟内喝完饲喂的牛乳，要比吮吸乳头和乳嘴快很多，这些犊牛非常明显地表现了许多非营养性吮吸行为——吮吸其他犊牛或栅栏（图8-4）。由于快速饮完牛乳不足以满足犊牛饲喂动机的欲求行为，就可能出现其他的吮吸行为。但如果允许犊牛可以用乳嘴装置随意地从容器里喝到牛乳，则可获得快速生长率并减少不良的吮吸行为。

图8-4 非营养性吮吸

2. 相互吮吸（cross-sucking） 相互吮吸主要发生在育肥犊牛及育成牛，主要特征是犊牛用力吮吸其他犊牛的阴茎、阴囊、包皮、乳房、耳朵等突出部位，吮吸阴囊在牛犊中非常普遍。睾丸会由发生吮吸行为的牛犊的鼻子而提高，然后牛犊会吮吸空的阴囊。但多数随着犊牛的生长发育而消失。如果吮吸的是其他犊牛的皮毛，大量的毛发可能被摄入，这会导致毛球病的形成。如果吮吸到阴茎常会引发排尿，尿液可能会被吮吸的犊牛摄入，这会导致肝脏失调和营养物摄入减少。相互吮吸的另一个不利后果是，犊牛被吮吸的部位可能会发炎、受损和感染。

表现这种行为的犊牛，采食量显著减少，生长发育缓慢，瘤胃中有毛球，多量时可引起消化异常。一般来说，被动的个体能够忍受被吮吸，有时几头牛形成吮吸链。此现象的发生，主要是由于早期断乳和人工哺乳引起的。犊牛的哺乳期每天大约哺乳6次，每次约10min，每天吃乳的时间大约用去60min。而人工喂乳方式多使用乳桶，每天吃3～4L乳，只需6min左右。这就增加了犊牛的哺乳动机，且为犊牛群饲喂吮吸行为提供了机会。矫正互相吮吸最好的方法是，使用人工乳头，这样能增加哺乳时间。另外，还可以通过减少乳汁的浓度，增加饱腹感，来减少哺乳的欲望。

3. 卷舌（tongue rolling） 卷舌即牛的头部向前伸平，舌头伸出口外，舌表面保持平直或蜷缩，或将舌头伸出再卷回，有时将舌头垂出口部，来回摆动，如此反复不断。牛在卷舌时还经常伴随着吞咽空气的动作。导致牛卷舌的原因尚不十分清楚，可能与营养缺乏症有关，特别是在铜、钴及镁等矿物质元素缺乏的条件下。精饲料多、粗饲料少，缺乏充分的咀嚼活动，可引起卷舌现象。对发生卷舌的牛应隔离饲养，以免其他牛模仿（图 8-5）。

图 8-5　牛卷舌
（引自费荣梅）

4. 成牛吮乳（adult cows sucking milk）　这是泌乳母牛及育成母牛所表现的行为。有两种形式，一种是吮吸其他牛的乳；另一种是吮吸自己的乳。在许多情况下，吮乳牛往往在牛群中选择一个固定的对象，形成结伴现象，有时也会有结伴双方互相吮乳现象。大多数吮乳发生在下午挤乳前的一段时间。在自然状况下，母牛每天给犊牛哺乳 6 次左右，而机械挤乳每天只有 2～3 次，这是母牛愿意接受吮乳的原因。成牛吮乳造成的乳汁损失会变得非常明显，除了损失牛乳之外，更大的危害是成年动物频繁吮吸会导致乳头损伤、病变和乳房变形，引发乳腺炎等，有的甚至造成乳头缺失。

导致成牛吮乳的主要原因，不外乎遗传影响、营养缺乏症、管理方式、神经激素功能失调及模仿。矫正方法一般是给有此习惯的牛套上带有利齿的鼻环，一旦想要吮乳时，被吮乳者会被利齿刺痛，从而主动躲避。但部分装置会阻碍受影响动物的采食。一种电击装置的鼻环扣紧在牛的前额上，当电路由于头部压力合上时，装置会给予佩戴者一次电击，这种装置能获得良好的结果，并且不会伤害被吮牛。

（四）牛福利问题的改善

在牛的饲养过程中，要严格按照各国制定的良好动物福利操作指南或饲养标准进行，同时，还应严格按照 OIE《陆生动物卫生法典》中的动物福利相关条款执行。应注意观察牛的行为，发现有相互吮吸、卷舌等异常行为，要及时将该牛隔离，以防其他牛的模仿，并对该牛进行适当关照，校正异常行为，减少动物痛苦。如果牛被饲养在漏缝地板的牛棚，板条和缝隙宽度应与牛蹄大小相适应，以防止牛受伤；在稻草或其他垫料系统中，牛床应保持干燥和舒适，以给牛提供躺下来的地方；混凝土巷道的表面应设槽或适当的纹理，为牛提供合适的基垫；确定放养密度时，应使拥挤程度不影响牛的正常行为。这包括自由地躺下而无损伤的风险，在牛栏内自由走动，能接触到饲料和水。此外，确定放养密度时，还应考虑拥挤对增重和躺卧持续时间没有不利的影响。如果出现异常行为，应采取措施，如减少放养密度。对于去势操作，应选取无痛或麻醉状态下去势肉牛，特别是对于老年牛。对肉牛进行去势的操作者，应接受过专门的训练，能够完全胜任这项工作，并能够识别可能的并发症。在运输、配种、检查、注射疫苗等操作过程中，为了防止牛应激，可给牛带上眼罩，能很快使它们安静下来。眼罩应该由一个柔软、安全不透光的材料做成，不能有锯末、稻草、沙石等任何异物。

二、牛运输环节的福利问题与改善

无论从牛场到育肥场,还是从育肥场到屠宰厂的运输过程,对动物福利要求都是十分重要的。不仅要考虑动物运输过程中死亡和脱水造成的生产损失,还要考虑运输条件不佳或长途运输造成的肉品质量下降,恶劣的运输条件和长途运输会危及动物福利。运输过程中,混群打斗、疼痛、缺水、缺食、疲劳等都会使动物遭受应激,并会影响到肉品质量。由于在长途运输过程中,动物遭受的应激持续时间长,长期性应激会导致黑干(DFD)肉的产生,即肉色黑、肉质硬、表面干。

OIE 的《陆生动物卫生法典》,对动物海上运输、陆路运输、空中运输有明确的福利要求。

(一) 牛运输环节的福利要求

运输前要制订严格的运输计划,包括动物种类、大小、性别、数量;运输动物的健康状况;运输设备是否满足动物福利要求,包括车辆的设计、地面的设计、运输车内的照明、通风、饮水和喂食的设计等;同时,还要考虑运输人员资质,运输时的天气变化、运输的时间、距离等。

运输工具必须满足以下基本要求:足够强度的防滑地板,可以支撑所运载的动物重量;吸水的地板草垫或其他清除粪尿的方法;足够的空间和甲板高度,让动物能够以自然的姿态垂直站立;足够的通风;易于清洁;能防止逃脱;没有使动物受伤的尖锐边缘或者突出物;适当的装载或卸载斜坡,让动物安全而舒适地进入运载工具。

运输过程中动物会消耗大量的能量,因为它们需要在运动的车辆上努力保持平衡。良好的驾驶和运载工具对帮助动物保持平衡是很重要的,这样它们就不会摔倒,也不会伤害自身或其他动物。

与短途运输相比,长途运输过程中动物更容易遭受饥饿、口渴、脱水、疲惫或受伤。为了保护动物福利,用于长途运输的运载工具的标准必须更高。在欧盟,人们已经认识到动物需要进行长途运输时,必须使用符合额外要求的"高度规格化"(标准运载工具要求以外的)的运载工具。这些要求是建立在动物福利科学的证据之上的,包括足够的草垫;适当的食物;入口直接通向动物;可控制的通风;可移动的围栏分隔物;运载工具要配备水源接头,停下时可以接入水源。

驾驶员是运输过程的主要负责人,如果他们在操作中没有很好地按照动物福利的要求去做,而是动作粗暴,那么即使具备了达标的设备和设施,也同样会给动物造成恐惧、应激和伤害。所以有必要对他们进行适当的培训,如驾驶员必须要了解一些基本点:了解在装车和卸车期间如何处置动物,以防止动物受伤;了解种属特异性的要求。驾驶员应知道运载工具上可以安全装载的动物数量,应知道根据甲板间高度要求,适合于运载工具的最多动物数量。

牛的运输是牛生产的重要环节,按照 OIE《陆生动物卫生法典》的要求,不适于运输的动物包括以下情况:生病、受伤、虚弱、残疾或疲劳的动物;不能独立站立或四肢不能负重的动物;双目失明的动物;没有受到伤害,但不能移动的动物;脐带未愈合新生的动物;分娩 48h 内不带有幼畜的母畜;卸载时处于妊娠期最后 10% 阶段的动物;最近接受过手术治疗（如去角）没有痊愈的动物。

另外，要选择适合动物运输的天气，可减少运输风险。运输过程中有遭受不良动物福利，特定风险需要特殊条件（如设施和车辆的设计，以及行程的时间）或需格外注意的动物包括非常大或肥胖的个体；幼龄或老龄动物；易激动或具攻击性的动物；易患晕动症的动物；与人接触较少的动物；处于妊娠后1/3时期或哺乳期的动物；毛发长的动物等。

（二）牛运输过程中福利问题

1. 滑倒（slip）　　牛在运输中的主要危险是滑倒发生踩踏，在装载密度很大情况下，该风险会极高。因为在道路斜坡、车辆拐弯、刹车、地面不防滑、牛失去平衡等情况下，牛通常会通过交换或移动脚步来重新获得平衡。在密度大时，动物不能移动，如果装载密度为$585kg/m^2$，挤压和跌倒会相应增加（表8-2）。当牛在高密度装载的车上跌倒时，会被其他牛挤压而困在地上不能站起，甚至造成死亡。

表8-2　618kg荷斯坦奶牛24h道路运输不同装载密度对失去平衡的影响

（引自家畜操作处理与运输）

失去平衡	装载密度（kg/m^2）		
	448	500	585
移位	153	142	26
挣扎	5	4	10
跌倒	1	1	8

2. 牛"运输热"（transport heat of cattle）　　牛运输过程中最重要的疾病就是"运输热"（牛呼吸系统疾病），这是由于牛从一个地方运输到另一个地方造成的应激所导致的。大多数美洲、欧洲和亚洲国家都报道过"运输热"。在北美，估计1%育肥牛死于运输应激及其后效应；牛呼吸系统疾病占死亡损失的50%，以及疾病的75%。"运输热"产生最主要的因素是由应激引起的一系列反应从而降低动物的抵抗力；然后，由多杀性巴氏杆菌、溶血性巴氏杆菌、昏睡嗜血杆菌与副流感病毒3型、支原体等病原体入侵机体引起。在运输的诸应激因子作用下，动物的免疫力下降，这些共栖于呼吸道黏膜的微生物成为致病因子，导致牛发病。主要症状为牛呼吸性疾病，包括高烧、呼吸困难和纤维素性肺炎，很少有胃肠炎，偶有内出血。

3. 犊牛死亡（calf death）　　犊牛运输是奶牛生产中的一大特征。运输是对犊牛最大的应激，表现为体重下降，抗病力降低，死亡率增加。据报道，未满月的犊牛运输后，死亡率会高达23%；假如对1日龄犊牛运输，死亡率可达到35%。因此，应避免犊牛的过早运输。

在欧洲，许多小奶牛在7日龄就被送到市场上卖掉。买主可能在同一市场上购买来自不同农场的犊牛，将这些小牛混装在卡车上，然后运回自己的农场。对犊牛而言，会感觉非常紧张，使它们非常容易罹患肠道疾病（如轮状病毒感染）以及呼吸道疾病。许多犊牛到达农场后不久生病了，有相当多的一部分死亡，或者患上慢性疾病，如咳嗽。

在我国，由于犊公牛是奶牛养殖的副产物，对犊公牛的用途并没有给予足够的重视，一般认为主要用途是出生后直接抽提犊牛血清。据不完全统计，到20世纪90年代末，国内估计有近千家犊牛血清生产企业。2000年起，国家为了提高犊牛血清质量、整顿市场，出台一系列标准和规范,并对犊牛血清生产企业进行检查,检查达标并颁发有"牛血清生产达标企业"证书的企业才能生产犊牛血清。到 2007 年年底,全国仅有 8 家企业,因此,犊公牛用作血清原料的比例直线下降,仅占 36%。近几年,由于牛肉价格过高,犊公牛育肥在各地兴起,成为另一种主要用途。据调查,约有 54% 的犊公牛被育肥,其中,18% 的奶牛养殖者选择自己育肥,36% 的养殖者将犊公牛出售给他人育肥。因此,在我国也存在犊牛运输的福利问题,如应激、呼吸道和消化道疾病增加等而导致的高死亡率。

(三)牛运输福利问题的改善

牛运输福利问题的改善主要包括运输前动物的准备和检查,检查动物是否适于运输;对运输车辆的准备,包括通风系统、减震系统、车辆的内壁和地板、车辆防动物逃逸的措施、车辆内供水供料设施、垫料等;同时,还要考虑运输时的天气、运输距离、是否有专业兽医和执业驾驶员,还要考虑运输过程中牛所占的空间大小(表 8-3)。

表 8-3 牛公路运输空间参考值
(引自良好农业规范:畜禽公路运输控制点与符合性规范 GB/T 20014.11—2005)

重量(kg)	每只牛占用面积(m²)
55	0.30~0.40
110	0.40~0.70
220	0.70~0.95
325	0.95~1.30
550	1.30~1.60
超过 700	超过 1.60

重要措施之一是缩短运输时间。不同动物对运输应激的耐受性不同,大型反刍动物如牛,身体较强壮,对热应激的抵抗力较强。而且,瘤胃对食物与水的储备较其他单胃动物充分,因此,能耐受较长时间的饥饿与干渴。某些国家对动物运输的时间做了法律规定,如英国在《运输动物福利条例》(The welfare of Animals during Transport Order,1992)中规定,在给予动物饲喂、饮水与休息后,对犊牛与绵羊的运输时间最长不能超过 15h;当动物运输时间超过 24h,必须出示周密的运输计划,安排好动物的饲喂、饮水并提供与动物品种相适应的有关设施,当运输计划变化时,安排动物的饮食。专家甚至建议,对小于 3 月龄的犊牛,限定最长运输时间不能超过 6h。

减少对动物的不必要刺激,是抗应激反应的主要措施。由于受交通工具等的限制,往往不能将运输时间控制在较短时间内,因此,只能尽力减少刺激。装卸动物时要尽量降低动物的损伤。运输动物的容器要有足够大的空间,允许动物舒适地站立、躺卧或转身,且能防止动物逃跑。成群动物运输时,应有让其自由活动的空间。

运输牛的板条箱应是多层或有顶盖,顶盖和四边墙壁至少应有 30% 作为通气空间;底板上方 20~25cm 处至少应有 1 个通气口,其宽度以不对牛蹄造成伤害为宜;成年公牛应隔离运输,除非它们彼此已相互适应,有角和无角牛应分开。

在长距离或长时间运输前,先把动物放入运输用的板条箱内进行短时间的适应,可降低应激反应。运输前后给以一定的抗应激剂，能降低动物的应激反应。艾季米佐尔（嗜神经药）是二羧基酸的衍生物，可提高细胞能量水平，犊牛在运输前1h肌内注射1mg/kg，可发挥应激预防剂和促适应剂的作用。该制剂的抗应激作用高于氯丙嗪，且无肌松弛效应。

三、牛屠宰环节的福利问题与改善

牛经过一定距离的运输后，到达屠宰厂的入厂卸车位置，卸车过程中，操作者要避免牛受到惊吓、兴奋、刺激等应激。卸车时要保持安静，动作轻缓，让牛主动走下运输车辆。

（一）驱赶方式

如果人接近动物到一定距离，动物就会试图逃跑。这个临界距离，定义为逃逸区（flight zone），其大小因动物种类或同种动物不同个体而异，而且取决于以前与人接触的经历。与人密切接触的饲养动物（如驯养）逃逸区较小，而自由散养或粗放系统的动物的逃逸区可能会从一米到几米不等。动物操作员应避免突然进入动物逃逸区，可能会引起动物恐慌，导致动物攻击或试图逃跑，从而影响动物福利。OIE要求驱赶牛的操作应该掌握牛的生物学特性，顺应牛的自然习性进行。

（二）卸车要求

牛从运输车辆上卸载下来，要求有符合良好动物福利要求的操作方法。任何情况下，动物操作员都不能使用暴力来驱赶动物，如挤压或折断动物的尾巴，抓动物的眼睛或拖拽动物的耳朵。动物操作员不能使用伤害性的工具，尤其是不能用于眼睛、嘴、肛门生殖区或腹部等敏感部位。不应通过喊叫或制造噪声（如抽鞭子）来驱赶动物，这些操作会引起动物的不安，导致拥挤或跌倒。电击棒仅在极少数情况下使用，平常不能使用。电击棒的使用和输出电量，应仅限于帮助驱赶动物，并且仅在动物前方有道路前进时使用。可以利用牛的自然习性，即大多数家畜通常以群体方式生活，并本能地跟随领头动物行走的习性来驱赶。

卸载动物、驱赶动物到待宰圈、赶出待宰圈以及赶到屠宰点的过程，OIE规定：到达后应就动物福利和健康问题对动物情况进行评估；需立即屠宰受伤或患病动物，应按照OIE准则立即进行人道屠宰；不得强迫动物以超过其正常行走的速度移动，以便减少跌倒或滑倒造成的伤害。应制定标准对滑倒和跌倒的比率用数值打分，以此来评估动物移动方式和设施是否需要改进；不得强迫待宰动物在其他动物身上行走；应以避免动物伤害、不适或损伤的方式操作。

（三）屠宰方法

屠宰过程包括击晕和放血，操作过程中是否按照良好动物福利要求，直接关系到动物的痛苦和健康。操作人员不管使用何种击晕设备，都必须尽可能降低动物所遭受的疼痛、压力和恐惧，必须能够确保牛立即失去知觉，并持续足够时间来保证牛在放血前不恢复意识。良好的操作不仅可以减少动物的应激和痛苦，还可以提高屠宰效率，并可获得良好的肉品品质。

目前，我国肉牛屠宰存在的主要福利问题为：屠宰操作人员未取得相应的资质；运输到屠宰厂的牛待宰时间过长，容易造成应激和群体间打斗；在待宰栏内每只动物缺少足够的空间，站立、躺卧、转身有一定困难。击晕时的电压控制不稳，以及在击晕后未立即放血等。

OIE要求执行击晕的操作人员应经过适当的培训并取得相应资格，并确保：动物的适当保定；保定的动物要尽快击晕；击晕设备根据厂家说明书维护良好并正确操作；设备的正确使用；击晕的动物要尽快放血；当屠宰有可能被延迟时，不能提前击晕动物；如主要击晕方法失败，应有备用击晕设备。另外，工作人员应当能确定动物是否已被有效击晕，并采取适当措施。

图8-6 牛的最佳击晕位置是2条从眼睛后部到对面牛角根部连线的交叉点

OIE的动物福利条文中规定了击晕的位置，其最佳击晕位置是2条从眼睛后部到对面牛角根部连线的交叉点（图8-6）。

(四) 急宰

对于生病和受伤的牛应及时做出诊断，以确定该牛应该被急宰还是给予积极的治疗。对动物进行急宰的决定和操作，应该是由能胜任的操作者来执行。

急宰的原因可能包括：严重消瘦，极度虚弱，不能走动且几乎无法站立；不能站立行走、拒绝吃喝、对治疗没有反应；药物治疗没有效果，且病情迅速恶化；严重的、致牛虚弱的疼痛；复合（开放）性骨折；脊柱受伤；中枢神经系统疾病；多关节感染且伴有慢性体重减轻。

第二节 羊常见的福利问题与改善

我国养羊业历史悠久，绵羊、山羊品种资源丰富，羊的数量占世界第1位。养羊业生产与我国国民经济发展和人们生活水平提高关系密切，羊给人类提供了很多动物源性产品，羊肉营养价值很高，是我国的主要肉品来源之一，是很多草原牧区主要动物蛋白来源；羊毛（绒）、羊皮、羊乳、羊肠衣等也为人类提供多种用途。

与许多其他的农场动物不同，羊被饲养在各种条件下，肉羊养殖极其广泛，羊可以自由走动，但有牧民伴随；虽然广泛的环境给予动物更大的自由来表达它的行为，但动物暴露于户外环境比动物保持在温度和湿度控制的室内有更大的挑战。长期暴露在极端环境条件下，尤其是当它们是伴随着其他挑战（如营养不良、身体状况不佳、缺乏栖身之所），可能是慢性疾病的来源。此外，粗放型管理的羊群，也会有遭受野生动物的捕食风险。

一、羊饲养环节的福利问题与改善

在人类关注动物福利问题的时候，主要针对农场动物中的猪、家禽和牛。羊及其相关的养殖品种，少有福利关注的焦点，这可能与其养殖方式有关。大多数人认为羊生活于户外，能自然表达自然习性；羊的耐受能力比较强，能在极端的环境和恶劣的条件下生存，所以，羊的福利问题不大或没有。然而，自然表达自然习性只是动物福利的一部分内容，忽略了良好的健康和福利方面其他内容。如果从动物福利的五项基本原则考虑，粗放式的养殖方式可能导致羊群受到其他四个基本原则的侵犯（如饥饿和口渴、热及身体不适、痛苦，伤害和疾病的恐惧）。事实上，动物经历长期的、严重的暴露，对良好福利威胁的可能性比在集约化养殖中更加严重。

1. 在饲养环节中羊的福利问题　在所有的羊生产国，都可以见到羊粗放饲养的管理系统，从相对较小羊群放牧的低地养殖系统到围栏封育草地管理系统，许多的羊群没有围栏牧场生活（图8-7）。羊的福利问题主要表现如下。

（1）早期断乳（weaning early）：羔羊常常会被早期断乳。由于过早断乳，且羔羊的适应能力又差，会产生强烈的应激反应。早期断乳易导致羔羊的行为异常，如啃咬蹄、食毛或用嘴吮吸雄性的包皮等。从动物福利考虑，不提倡早期断乳。

图8-7　羊的福利问题

（2）腐蹄（foot rot）：腐蹄是引起绵羊跛足最常见的原因。腐蹄不仅引起疼痛，降低羊活动性，并抑制采食量，对生产性状和动物福利都有影响。如果不及时治疗，羊易患其他疾病。腐蹄具有高度传染性，很容易在羊之间传染，甚至传染给不显示疾病症状的羊。特别是新发的跛足、严重的程度、羊传染性皮炎数（CODD）等的出现，是养羊业的潜在威胁。在对养殖户进行调查对腐蹄的态度，90%以上的养羊户曾在过去一年内看到羊的腐蹄发生，31%受访者认为6%或以上的羊群受到腐蹄影响。

（3）跛行（lameness）：跛行是羊不适和不安的最重要表征，可严重影响动物的正常生理活动。慢性跛行表明羊群的整体福利水平较差。

在所有的绵羊生产国，跛行是主要的健康和福利问题，几乎遍布世界各地。它是羊不适和疼痛的主要原因，是导致养羊业经济损失的一个主要因素。跛行由许多感染性原因造成，可以进行控制。在某些情况下，通过治疗和改善饲养管理办法来根除。1997，英国皇家兽医学院调查了547个农场，来分析并确定跛行的原因。羊跛行的原因见表8-4。

表8-4　羊跛行的原因

跛行的原因	趾间皮炎（"烫伤"）	腐蹄	蹄脓肿	后倾的跛行	关节肿胀	泥球硌伤	纤维瘤	其他
百分率	43%	39%	4%	4%	2%	2%	2%	1%

（4）混群（mixed group）：在羊饲养过程中，混群现象非常常见。在家养绵羊群体中，羔羊在自然断乳前被移走，具相同年龄和性别的羊群则被组成一群；在运输和屠宰过程中，也常有混群现象。在放牧情况下，绵羊和山羊混群后，山羊活动范围广，能攀岩，跑得快，能更快寻找到食物，而绵羊行动缓慢，常会造成绵羊处于吃不饱、半饥饿的状态。

2. 在生产环节中羊的福利问题

（1）断尾（tail docking）：断尾的目的是为了减少粪便及尿液污染羊毛，减少蚊蝇叮扰的发生。断尾的福利问题主要是在实施外科手术过程中无麻醉，动物遭受痛苦。如果使用镇痛药或断尾过程中使用麻醉剂,从福利的角度来看,会使这种操作过程可以被接受。

断尾应该尽早进行,最好是在 2～12 周龄,超过 6 月龄时断尾需要麻醉。断尾可以选择橡胶圈结扎法、手术法和热断法。手术法的应激是最小的;热断法对羊只行为的影响小,但容易造成羊只的慢性感染,使用受到限制;橡胶圈结扎法可以减少羊只的疼痛,在结扎部位进行局部麻醉,也可以有效地减少羊只的疼痛。保留尾巴的长度应能盖住母羊的外阴,公羊的长度与母羊的相似。

(2) 去势 (castration):以管理为目的,或为了使肉羊生长更快,改善肉品质,常对公羊羔进行去势。去势存在的主要福利问题是不实施麻醉或镇痛处理而造成羊的痛苦。

一般在性成熟前,即用于育肥上市的羔羊无需去势。如需去势应尽早进行,最好是在 12 周龄之前。去势方法有橡胶圈结扎法、无血去势法和手术法。

(3) 标识 (branding):羊的标识主要是打耳标,耳标可能造成羊只的受伤或感染。耳标形状比起耳标材料更容易造成羊只的受伤,环状耳标造成更多的伤害。由聚亚安酯制作的两片式塑料耳标,造成的伤害最小。

(4) 割皮防蝇法 (mulesing):蚊蝇叮咬显然是受感染的羊的主要福利问题。防蚊蝇可以降低发病率,减少羔羊死亡。绿头苍蝇喜欢在绵羊皮肤皱褶处即臀部产卵,导致蛆在发病的绵羊身上钻孔并摄取绵羊血肉。为防止蛆寄生在羊身上,将羊臀部(阴部)的皮肤和肌肉切除,这种做法就是割皮防蝇法。这个手术通常只限于美利奴羊及其杂交种。羊毛在这个多褶皱的部位皮肤上,特别容易变得肮脏且易被蚊蝇叮咬。实施该手术后,在伤口愈合的过程中,羊毛的自由疤痕组织的生长减少了羊只被蚊蝇叮咬的机会。在手术过程中,应使用一些镇痛或麻醉来减少绵羊的痛苦。

(5) 抓绒和剪毛 (fleecing and shearing):绒用山羊每年春季要进行抓绒和剪毛。当发现山羊的头部、耳根及眼睛周围的绒毛开始脱落时,就开始抓绒。抓绒时先将羊只卧倒,用绳索保定,然后用稀齿梳子顺毛生长方向,由颈、肩、胸、背、腰及股各部由上至下将黏在羊身上的碎草、粪块、杂物等轻轻梳掉。再用密齿梳子逆毛而梳,其顺序为由股、腰、背、胸及肩部。梳齿要贴近皮肤,用力要均匀,防止抓破皮肤。抓完绒以后约 1 周进行剪毛。

3. 羊常见的异常行为 集中饲养的羊有许多异常行为,这是不良动物福利的表现。羊与其他动物相比,有较少的刻板行为,这可能是由于羊常处于较低密度的饲养环境。然而,单独饲养的羊,已表现有机械而重复的口部行为和自发的行为,羊也显示其他形式的异常行为,包括拔毛、食毛、咬尾咬蹄、定向吮吸等。

(1) 拔毛 (plucking):拔毛是发生在集约化养殖场和室内管理系统中绵羊的一种异常行为。饲养密度大、圈栏内过度拥挤,是引起该异常行为的因素。但饲粮中缺乏粗纤维,也会导致其发生。

羊群中通常有 1 只成年绵羊能熟练地拔毛。并且,群体中这种异常行为被其他个体模仿。其中,等级最低的个体承受了最多的拔毛。当刚开始拔毛时,受影响的动物用它们的嘴拉其他个体背上的毛,被拔羊毛的绵羊受到拔毛者的更多关注时,其背上的羊毛会被拔光。这一区域的羊毛,可能会减少到只有约 3cm 的羊毛纤维,而身体其他部位仍有正常长度的羊毛。随着这种异常行为的加剧,被拔毛的动物全身会失去大量的羊毛,以至于透过稀疏的羊绒显现出粉红色的皮肤,甚至处于半裸露状态。

由于这种情况与室内圈栏的过度拥挤有关,因此,通过减少圈栏中的饲养密度来控制是可行的。约 20m² 的圈栏可以容下 10 只成年期的绵羊,在此饲养密度下可能会发生拔毛现象。将此饲养密度降低到 50% 时,可有效控制拔毛现象的出现。在更低的饲养密度下,可消除该异常行为。将绵羊放到室外,进行长期的粗放饲养,也可控制该行为的产生。

(2) 食毛(wool eating disorder):食毛行为主要发生在室内饲养绵羊,包括成年羊食毛与羔羊食毛两种情况。成年羊食毛首先选择某个个体,然后再移向其他个体,尾及后腿等严重污染的部位常常是最受喜欢的区域。成年羊食毛除了造成羊毛损失外,不会对健康构成威胁,但当摄取脏毛时,可能增加寄生虫感染的风险。羔羊食毛则不同,羔羊一般在 2~3 周龄时出现食毛现象,对象通常是母羊,而食入的羊毛极易在胃中形成致密的纤维球,受影响的羔羊会出现贫血、腹绞痛、消瘦等症状。在某些情况下,纤维球能引起完全性肠梗阻,对羔羊致命。某些羊群的羔羊食毛现象可高达 10%。造成食毛的原因尚不十分清楚,可能是由微量元素缺乏引起的,特别是当缺磷时会发生;也可能是绵羊缺乏口头或其他形式的刺激。

矫正的办法是注意动物日粮的平衡,提供粗粮来减少食毛症的发生。同时,防止羊之间的相互模仿。如发现有食毛个体,应当立即对其进行隔离看护,避免行为"传染"。

(3) 咬尾咬蹄(tail-biting or hoof-biting):这种现象主要发生在产后母羊。开始时母羊常常轻咬自己或其他新生羔羊的尾巴或蹄子。如果咬力过猛,会将尾或蹄咬断。这一现象多发生在全舍饲条件的冬季产羔中,过度拥挤时更易发生。导致咬尾咬蹄的原因尚不完全清楚,应考虑营养是否平衡或维生素缺乏,盐的供给量也至关重要。如果舍饲空间比较宽敞,则有利于缓解这一现象。

(4) 定向吮吸(directional suck):发生在人工饲养的羔羊,吮吸其他羊的肚脐和阴囊。出生的头几天羔羊离开母羊 48h 左右,显示出定向吮吸,甚至在 2 月龄仍有出现。母羊经常紧挨羔羊的臀部,特别是当羔羊吮吸以及人工饲养的羔羊群吮吸母乳时,也会使它们的身体接触屁股,表明这在羔羊可能是一个舒适的行为。

4. 饲养环节羊福利的改善 在饲养环节要改善羊的福利,主要完成以下部分:要掌握羊的生物学特性和生理特点,结合不同生理期对羊进行不同方式的养殖;在日粮配方和营养上要满足羊的不同需要,羔羊要吃到一定量的初乳,并保证羔羊与母羊生活在一起,建立良好的纽带和联系;在饲养过程中要保证饲养员和羊群有一定接触,及时掌握羊的正常行为和异常行为,发现异常行为及时隔离或矫正;发现生病羊只,及时给予诊断和救治,对于发生如布氏杆菌引起的传染性疾病,要按传染病防控措施进行处理。对在生产过程中必须进行的如断尾、去势等操作,要使用镇静剂或麻醉剂,并请专业人士进行操作。

二、羊运输环节的福利问题与改善

羊只在转群或进屠宰场的运输过程,包括驱赶和装卸等都可能对羊只造成应激。绵羊具有群居性和良好的视力,当被激怒时,绵羊更容易挤堆。应安静地移动绵羊,并利用其尾随前进、能够爬陡峭斜坡的习性驱赶。当绵羊单独隔离时会变得激动,并试图回归群体。在驱赶和装载过程中,应避免导致恐吓、受伤或应激。

(一) 运输环节中存在的福利问题

1. 装载密度不适　运输会对羊产生很大的应激，运输初期心率和血浆皮质醇浓度增加，大约发生在运输 3h 后，心率和皮质醇水平达到最高，此后开始回落，在运输 9h 降到最低。心率和皮质醇浓度升高的部分原因是由于装载造成的，装载时使用坡道或是自动提升机，对羊只造成的应激相同。如果羊只装车时过于松散，那么运输中的颠簸可能对羊只造成应激；过于拥挤的空间也加重对羊只的应激，装载相对紧凑，可以减少羊只在运输中失去平衡或滑倒。为了更好运输，羊公路运输所占空间大小见表 8-5。

表 8-5　绵羊/山羊的公路运输空间要求参考值
(引自良好农业规范：畜禽公路运输控制点与符合性规范 GB/T 20014.11—2005)

类别	重量 (kg)	每只羊占用面积 (m^2)
26kg 及其以上的剪毛绵羊和羔羊	<55	0.20～0.30
	>55	>0.30
未剪毛的绵羊	<55	0.30～0.40
	>55	>0.40
较重的妊娠母绵羊	<55	0.40～0.50
	>55	>0.50
山羊	<35	0.20～0.30
	35～55	0.30～0.40
	>55	0.40～0.75
较重的妊娠母山羊	<55	0.40～0.50
	>55	>0.50

2. 短期禁食和禁水 (FWD)　羊经常要被定期运输，有时从育种场远距离销售到其他饲养场或屠宰场。动物在装载到运输前，经常被短期禁食和禁水 (feed and water deprivation, FWD)，其主要目的为了降低在旅途中动物的粪便和尿液污染。

FWD 首先降低了动物的体重，尤其在前 24h 内体重迅速下降，随后在 36h 体重下降缓慢。FWD 的后果影响瘤胃及其瘤胃内微生物（包括负责由肠道致病菌感染控制）、组织代谢、维持内环境稳定以及参与肌肉以产生肉质细嫩的系统。

(二) 运输环节中福利的改善

建议当进行长途运输时，应保证足够的空间以便羊只能躺卧。在运输条件较好的情况下，羊只的运输时间应控制在 24h 以内。运输车辆频繁加速和刹车，加重羊只的应激，可能使羊只在此过程中失去平衡或滑倒。运输对羊只的应激，受品种和饲养环境的影响。

在长途运输的终点或者在运输途中休息时供给羊只饲料和饮水，对于减少运输的应激至关重要，在没有中转站的条件下，可以在运输的车辆上提供饲料和饮水。经过 24h 运输应让羊休息 8h，同时供给其饲料和饮水，使其从运输应激中恢复。总之，供给经过 15～24h 长途运输的羊只饲料和水，同时，延长其休息时间可以减少运输的应激。

在极端寒冷天气运输绵羊，应增加垫草，确保绵羊有充足的空间调整其姿势。在炎热天气运输绵羊,应降低运载密度;减少停车次数和停车时间;避免停车时阳光直射;装车前应小心照料羊群,以避免体温升高;打开通风口。提供足够的通风,尽可能避免高温高湿天气运输,且尽可能将行程安排在夜间或清晨。

三、羊屠宰环节的福利问题与改善

羊经过一段距离运输后,在抵达屠宰场时,一般会被卸载到一个围栏区域。英国农场动物福利协会(FAWC)确定屠宰环节应遵守的五项基本原则:待宰时处置要符合动物福利要求,减少压力;使用合格训练有素的操作人员;维护完善的设备;有效致昏的击晕方法;在动物有效致昏恢复意识前放血。

屠宰厂应制订关于动物福利的详细计划。该计划的目的在于维持屠宰环节各阶段的处置操作,都要遵循良好动物福利原则。

(一) 羊屠宰环节存在的主要福利问题

1. 驱赶方式 有些屠宰场,驱赶动物采用鞭抽、脚踢、拖尾、使用鼻钳,以及对眼睛、耳朵或压迫外阴部等造成动物痛苦的操作方式;甚至用大棒、带尖头的木棒、长的金属管、围栏用金属线或厚皮带等能造成动物疼痛的棍棒或辅助工具。有些屠宰场应用电击棒驱赶动物,电击如眼睛、嘴、耳朵、肛门生殖区或腹部等敏感部位。

2. 待宰过程 羊待宰过程存在待宰栏小,羊混群现象严重,导致羊相互打斗、应激,胆小的羊可能产生畏缩、沮丧甚至流涎流尿等异常行为。同时,在待宰圈可能存在缺水少饲现象。

3. 致昏操作 在羊屠宰过程中致昏过程长,操作不规范,使用电流过大、过小,未能达到有效致昏,致昏后未立即放血,导致动物恢复意识等。

(二) 羊屠宰环节福利的改善

驱赶羊允许使用的工具包括面板、旗子、塑料袋和金属发声物体。这些器具的使用,应能够促进、引导动物的移动,不会造成动物应激。

在屠宰量大的屠宰场,在存养栏和通往击昏或屠宰点的过道之间应设有地面平坦、围栏坚固的待宰圈,以确保动物能顺利地通往击昏或屠宰点,避免动物操作员从待宰圈紧急驱赶动物。待宰圈最好是环形的,其设计要避免动物的拥堵或踩踏。

待宰栏应通风良好,提供充足的光照,尽可能缩短待宰时间,最好不超过12h。如果动物在这段时间不被屠宰,则应在动物到达后提供适量的饲料和水。OIE推荐的机械致昏羊的方法是,使用机械设备对准动物头部前方,并与头部骨骼表面垂直。

思考题

1. 名词解释
卷舌 幼犊吮吸 食毛 牛"运输热" 限位饲养 逃逸区 割皮防蝇法 拔毛
2. 举例说明牛运输过程存在哪些福利问题。
3. 你认为犊牛生产环节有哪些福利问题?

4. 奶牛饲养环节的福利问题有哪些？如何改善？
5. 本章中什么情况下动物不适应于运输？
6. 在什么情况下对牛处以安乐死？
7. 羊屠宰环节存在哪些福利问题？
8. 羊腐蹄产生的重要原因有哪些？

参考文献

曹兵海，2009. 我国奶公犊资源利用现状调研报告 [J]．中国农业大学学报，14（6）：23-30．
柴同杰，2008. 动物保护及福利 [M]．北京：中国农业出版社．
陆承平，1999. 动物保护概论 [M]．3 版．北京：高等教育出版社．
罗金印，郁杰，李宏胜，等，2009. 我国部分地区个体奶牛场乳房炎发病率的调查研究 [J]．中国牛业科学，35（5）：70-73．
苏华维，李胜利，金鑫，等，2009. 奶牛福利与奶牛业健康发展 [J]．中国乳业（5）：52-56．
魏荣，李卫华，2011. 农场动物福利良好操作指南 [M]．北京：中国农业出版社．
T Grandin，2011. 家畜操作处理与运输 [M]．3 版．魏荣，葛林，主译．北京：中国农业出版社．
Broom D M，Andrew F. Fraser，2007. Domestic Animal Behaviour and Welfare [M]．4th ed. Cambridge：Cambridge University Press.
Jeffrey Rushen，Anne Marie dePassillé，Marina A. G. von Keyserlingk，et al.，2008. The welfare of Cattle [M]．Springer.

第九章
水产动物福利

水产动物分鱼类、头足类、虾类、蟹类、贝类、水生兽类等，它们种类繁多、差异性大，既有低等无脊椎动物，也有高等海洋哺乳动物。这种多样性和特异性，使水产动物福利的研究更加复杂和困难。水产动物属于变温动物，与陆生动物相比，水产动物福利的立法、实践和科学研究较为落后。水产动物的多样性和特殊性决定了其动物福利应有别于陆生动物福利，就是人类为满足水产动物生长及其自然习性、生理行为等所提供的必需设施、设备以及最基本需要。人类在养殖基地、养殖过程、捕捞、运输水产养殖动物的各个环节，影响水产动物的活动，而这些环节中都涵盖了水产动物福利的所有内容。水产养殖动物的福利具体表现为：在人工养殖状态下，为水产动物提供优质、健康、舒适、无胁迫的养殖环境和充足的饵料；在捕捞、运输以及屠宰的过程中，采取有利于水产动物福利的措施，也即减少动物不必要的痛苦为我们提供优质、安全水产品的要求。

第一节 水产动物种类及其动物福利

一、水产动物的种类

水产品（aquatic product）是江河湖海里出产的经济动植物的统称，如鱼、虾、海带等。水产动物就是养殖水域中出产的经济动物（图9-1）。中国的水产养殖分为淡水养殖和海水养殖两大类。淡水养殖是指利用池塘、水库、湖泊、江河以及其他内陆水域（含微咸水），饲养和繁殖水产经济动物（鱼、虾、蟹、贝等）的一种生产方式，是内陆水产业的重要组成部分。养殖的对象主要为鱼类，包括青鱼、草鱼、鲢、鳙、鲤、鲫、鳊、鲂、鲮、罗非鱼等经济性鱼类；养殖的虾类有罗氏沼虾、基围虾、南美白对虾、小龙虾等；养殖的蟹类主要是河蟹。目前，中国淡水养殖鱼类、淡水养殖面积和产量居世界首位。海水养殖是利用浅海、滩涂、港湾、

图9-1 水产动物

围塘等海域进行饲养和繁殖海产经济动植物的一种生产方式，是人类利用海洋生物资源、发展海洋水产业的重要途径之一。海水养殖的对象主要是鱼类、虾蟹类、贝类以及海参等其他

经济动物和藻类。其中，鱼类养殖的主要品种有梭鱼、鲈、牙鲆、石斑鱼、真鲷、黑鲷、美国红鱼、河豚、黑鲪等；虾蟹类养殖的主要品种有中国对虾、斑节对虾、日本对虾、长毛对虾、墨吉对虾、近缘对虾、刀额新对虾等；贝类养殖品种主要有牡蛎、缢蛏、紫贻贝、蚶、文蛤、杂色蛤、扇贝等。按照国际统计标准计算，目前中国已经成为海水养殖第一大国。

二、水产动物福利

1. 水产动物福利的概念 水产动物的福利是指在水产动物养殖和利用过程中对水生动物的一种呵护，强调的是保障其良好的水生环境，包括水质适宜，保障饵料的安全和营养，对各种不良因素的有效控制及改善条件，以满足水产动物的基本需要。

我国是世界上最早开始水产养殖的国家，捕捞业也有悠久历史，劳动人民在长期生产实践中积累了丰富的水产动物生态学知识，特别是对淡水养殖和海、淡水主要捕捞对象的生态习性十分熟悉。同时，也适应于水产动物的生物学特性提供优质的水环境，确保其福利要求。随着科技的发展和社会的进步，传统的生产方式和思维理念被赋予了新的内涵，人们对水产动物的福利问题也越来越关注。

2. 水产动物福利的原则 Seamer（1992）在家养动物福利委员会制定的原则的基础上，提出了适于水产动物（主要是鱼类）福利的七条原则：①应使水产动物免受饥饿及营养不良；②应避免光、热或其他物理因素对水产动物造成的不适；③应使水产动物避免疼痛、损伤或疾病；④应使水产动物免除恐惧和忧伤；⑤自由自在地表达正常的行为；⑥运输时应避免应激及疼痛；⑦宰杀时应避免应激及痛苦。鱼类福利指标，包括死亡率、摄食率、食物转化率、营养状况、生长率、个体大小差异、健康状况（血液成分、鱼鳍健康状况、胸鳍指标）以及应激反应。研究表明，在自然条件下水产动物遭到各种不利条件，如天敌、攻击、饥饿以及恶劣环境的影响时，为适应环境而进行一系列神经内分泌调整，引起代谢改变，从而消除或回避挑战，这无疑是有利的。但若是长期受不利条件影响，则效果相反，会导致免疫机能受到抑制、生长缓慢、生殖机能障碍等。良好的水产动物福利，不仅要关心屠宰前水产动物的饥饿和饲养密度，还要详细了解其生活习性，为其提供足够合适的水源，并远离疾病、失序、伤害和应激。

第二节 养殖环节的动物福利问题与改善

一、水产动物对环境的要求与适应

（一）水产动物对环境的要求

水产动物赖以生存的环境是水体，其摄食、生长、繁殖以及胚胎发育等无不受水体物理、化学环境以及生物因子的影响，尤其对于用鳃呼吸的变温卵生水产动物来说，其对水环境的依赖性更强（图9-2）。

1. 水产动物对水体物理因子的要求

（1）水温：水产动物的摄食、生长、繁殖等都与水温有着密切的关系，每种水产动物都有其适宜的生存水温和最适生长、繁殖水温范围。一般来说，水产动物在其最适生长水温范围内,随着温度的升高,其摄食量也逐渐增大,生长速度也逐渐加快。这个范围的水温维持时间越长,水产动物的个体增长越快。水温对水产动物的繁殖也产生着决定性的影响。各种水产动物对水温的适应性有差异,如鳙最适水温为25~28℃,30℃以上水温生长受到抑制;鲢、草鱼亦在高温月份生长最快,但在低温月份,当寒潮过后水温回升时,生长仍基本正常,养殖者利用它们的这一特点进行育冬草或育秋鲢。热带、亚热带鱼类如罗非鱼,御寒力差,当水温降

图9-2 水产动物养殖环境

到14℃时就被冻死,所以到了秋、冬季,要及时收获。冷水性的鲑鳟类,其生存水温多为0~22℃,生长最适水温15~19℃。喜冷性鱼类如匙吻鲟,最适生长水温为20~28℃,高温时生长受到影响。

(2) 光照:不同的水产动物,对光照的喜好程度有较大差异。底层动物一般对光照的要求较低,而上层动物则表现出明显的趋光性。光照对水产动物生长速度影响不大,但影响其体表色素的沉积,光周期则影响鱼类性腺及胚胎发育,弱光下动物体色则有明显的白化趋势,性成熟也明显迟缓,胚胎发育较为缓慢;延长光照时间可使春季产卵的水产动物提早成熟产卵,而缩短光照时间则可使秋、冬季产卵的水产动物提早成熟产卵。龟、鳖类对光照具有依赖性,它们有晒盖的习性,通过晒盖(即日光照射背部),不仅能杀死其体表的病原体,还可以取暖并且增加钙质沉积,促进龟、鳖的性腺发育,也能增加其产卵量。

(3) 悬浮物:水体中的悬浮物主要包括浮游生物、胶体颗粒、泥沙颗粒及腐殖质颗粒等。水体中悬浮物浓度适宜,不仅有利于水产动物的活动和摄食,还为水产动物逃避敌害创造了条件。但悬浮物直接影响用鳃呼吸的水产动物的呼吸效率,同时,也给病原体的侵入创造了条件。

2. 水产动物对水体化学因子的要求

(1) 溶氧量:水中的溶解氧是水产动物赖以生存的必要条件之一。水体中溶解氧的量,对鳃呼吸水产动物有着致命的影响。溶解氧对用肺呼吸的水产动物的影响相对较小。低溶氧环境不仅可使大部分水产动物(包括用肺呼吸的水产动物)食欲减退,体质下降,甚至会导致鳃呼吸水产动物窒息死亡,而且也为有害的厌氧菌提供了繁殖的条件,从而分解有机物生成硫化氢、氨气等有害气体,严重时可引起水质恶化,导致水产动物中毒。每种鳃呼吸水产动物都有自己的最低溶解氧要求(即最低临界需氧量),大部分鱼类基本生长所需的溶解氧量应在5mg/L以上。据观察测定,当水中溶氧量达到2mg/L以上时,鱼类生长正常,对饲料的消化吸收较好,饲料系数也较低;当溶氧量降至1.6mg/L以下时,鱼摄食量减少,饲料系数比在2mg/L以上时约高1倍;当降至1.1mg/L,水中含氧量不足,鱼的呼吸频率加快,并出现"浮头"现象;当水体的溶氧低于养殖鱼类的窒息点时,可引起大量鱼的窒息死亡,即"泛塘"。不同种类的水产动物,窒息点是不相同的。以鱼类为例,即使是同一种鱼类,在不同的生理状况下、不同水温条件下窒息点也有区别。健康的鱼类窒息点较低,鱼类

在早期发育阶段对水中溶氧的要求比成鱼高,对低氧的适应能力相应减低。

每种用鳃呼吸水产动物都有自己的最低溶解氧要求(即最低临界需氧量),大部分鱼类基本生长所需的溶解氧量应在5mg/L以上。广温性水产动物对溶氧要求相对较低,如"四大家鱼"和中国对虾的窒息点在0.6~1.0mg/L;而冷水性水产动物对溶氧要求较高,如虹鳟最适溶氧为6.5~11.0mg/L,致死点为3mg/L。

(2) 酸碱度:适宜于水产动物正常生长及繁殖的pH范围一般为6.5~8.5。在此范围之外,水产动物摄食量减少,代谢下降,生长缓慢,甚至死亡。在pH为5.5~6.5的弱酸性水环境中,鱼类及龟、鳖类水产动物活动力明显下降,甚至不摄食。酸性水可以使水产动物血液的pH下降,削弱血液的载氧能力,使血液中的氧分压变小,造成缺氧症;而在pH为8.5~9.5碱性水环境中,鱼类的鳃有不同程度的出血现象,鳖、蛙类的表皮黏膜会遭到不同程度的灼伤。pH对水产动物的繁殖和胚胎发育也有较大影响。当pH大于9时,卵膜会提早溶解;而pH小于6.5时,受精卵的卵膜软化,失去弹性,使卵球变形易破。在pH不适宜的水环境中孵化鱼类受精卵、出苗率会大大降低,畸形率明显升高。

(3) 总硬度:总硬度是碱土金属中钙、镁与弱酸、强酸结合的量。硬度较高的水能促进鱼体骨骼的正常生长,增强水产动物对饲料的消化吸收和浮游植物的生长繁殖。鱼类适合的硬度是5~8。

(4) 有害气体:主要指氨气(NH_3)和硫化氢(H_2S)气体。在普通的中、低产池塘中,池水中的氨气含量一般较低。水产动物排泄的氨气被池水所稀释,同时,硝化细菌将一部分氨气转化为硝酸盐,因此,不会对水产动物带来多大影响。但在高度集约化养殖的池塘中,当换水不够时,氨气浓度就可能会达到抑制水产动物生长的程度。氨气对鳃呼吸水产动物的危害相对较大,研究表明,鱼类能长期忍受$NH^{3+}-N$的最大限度为0.025mg/L。而NO^{2-}($NO^{2-}-N$)在浓度较低时,会造成养殖鱼类抵抗力下降,易患多种疾病,被视为鱼类的致病根源。$NO^{2-}-N$的长期作用表现在抑制生长,死亡率上升,破坏组织器官上,如随着$NO^{2-}-N$的浓度上升,会出现鳃内污浊物增多,鳃肿胀、粘连、上皮层增厚等现象,因此,在养殖过程中要力求$NO^{2-}-N$为零。

(二) 水产动物对环境的适应

对水产养殖品种生物学特性的研究是保障水产动物福利的前提。只有对养殖品种的生活习性有了充分了解,才能在实际生产中对其习性进行充分利用,确保养殖的成功,取得养殖的高效益。水产动物自身的进化和驯养过程对水环境也产生了一定的适应。

1. 环境适应 水的理化环境有水温、水流、水压、底质、酸碱度、溶氧、营养盐类、有毒物质和有害气体等。水产动物与环境之间具有十分密切的关系,构成环境的各种条件即为环境因子。水产动物为适应各种不同栖所环境而演化出各种体型,每种体型各有其特殊功能,以利于水生动物在水中表达各种行为而生存。

黄鳝生活在淡水的底层,要求生活环境相对稳定,喜欢在光线较暗、水温差小、人为干扰少的地方栖息。喜栖于松软而腐殖质多的浅水和静水淤泥中,离地面约30cm营居生活。黄鳝喜钻洞栖息,是直接钻洞而不把土往外排,洞穴有两个甚至多个洞口。另有一种专供繁殖的称为繁殖洞,更宽大和隐蔽。黄鳝的穴居性随温度、水位而变化,而且不同区域和规格的黄鳝穴居性也不同。黄鳝也能忍耐饥饿,长时间不食不死,但是身体消瘦,抵抗力下降易患病。另外，黄鳝喜欢群聚成团，而且能聚能分，个体小的黄鳝更是如此，以此来适应和调整生存环境。

中华乌塘鳢栖息在洞穴中，对盐度的耐受力强，属于耐盐性种类。能在浅海滩涂、河口咸淡水中生存，适宜于池塘或滩涂养殖。中华乌塘鳢耐干露能力强，具有较长时间离水、靠鳃上器和湿润的体表皮肤进行气体交换的能力，对池水中的低溶解氧忍耐度极高，能在 1.5mg/L 的低氧环境中生活。

鳗鲡生长在江河、湖泊水域，喜清水，近底层生活，特别喜欢藏于水底的石块或繁茂的草丛之中，夜间觅食，白天一般卧于石缝、树根、底坑中，活动较少。

甲壳类动物具有冬、夏穴居习性，具领域性，大部分时间生活在浅水区，不善游泳，营底栖爬行，喜逆水，昼伏夜出，蜕壳生长，群居性强，喜好植物，以及在阴凉潮湿环境，保持身体湿润可离水成活 1 周以上等习性。

大菱鲆的最高致死温度 28~30℃，最低致死温度 1~2℃，最适生长温度 15~18℃。1龄鱼对高温的耐受力强，在水交换量大的条件下，能够短时忍耐 26~27℃ 的高水温，2 龄鱼以上对高温的耐受能力随年龄增长而下降，大约逐年递减 1℃，至 23℃ 即无高温威胁。长期生活在 24℃ 以上的水体中会影响成活率，但对低水温（0~3℃）只要管理得当，不会构成生命威胁。工厂化养殖条件下，要求水质清澈，透明度大，溶解氧在 3~4mg/L 以上，盐度 12~40，pH 7.6~8.2，光照强度 200~600lx 即可。

2. 生理适应 水产动物为减少在水中的阻力，在生理或生态上亦演化出不同机制，以利于其在水中运动。鱼类由于种类繁多，为适应各种不同栖所环境亦演化出不同的摄食行为，包括草食性、杂食性、腐食性、肉食性、食浮游生物性等，并涉及其生理结构如牙齿种类、鳃耙发达程度、消化道的差异等。

鱼类生活于水中，具有适应水生环境的形态特征和生理机能。鱼类用鳃呼吸，大多具鳃，有成对的鳍，体型多为纺锤型或流线型。由于水的密度远远大于空气，水的浮力加上鳃可以使鱼体轻而易举地漂浮起来，并靠躯干分节的肌节的波浪式收缩和尾部的摆动获得向前游泳的推动力，从而使鱼能以极高的速度在水中游泳。鱼类养殖应重视水的清洁度、水温，保证水中充足的氧气。鱼类属于水生变温动物，体温随周围水温变化而变化。多数鱼类对水温变化的耐性较强，可在 20~30℃ 的温度范围内生存，青鳉可以耐受 40℃ 的温度，稀有鮈鲫可在 14~30℃ 的温度下自然产卵及进行胚胎发育。可通过改变水温来控制鱼的体温，以研究某些生化反应和生理代谢的规律。水体由含有巨大热量的介质组成，具有大量的汽化潜热，热容量大，因而水温的变化幅度较小。由于水体热容量大，加上水的浮力，鱼类不需要耗能来维持体温，也不需要耗能来平衡地球引力，比其他动物耗能少。大多数鱼类体外产卵、体外受精，使得研究单个的受精卵从受精开始直至发育成幼体的整个过程变得简单起来，也便于在不受母体干扰的情况下直接观察周围因素以及一些处理因素对受精卵的发育影响。

3. 形态适应 水产动物的进化过程中，由于生存环境的不同演变成形形色色的外貌特征。为适于在静水或流水中快速游泳活动形成头、尾稍尖，身体中段较粗大，其横断面呈椭圆形，侧视呈纺锤状的外形，如草鱼、鲤、鲫等鱼类；为适于在较平静或缓流的水体中活动，形成体较短、两侧很扁而背腹轴高、侧视略呈菱形的外形，如鳊、团头鲂等；为底栖，善穿洞或穴居生活，形成鱼体延长、其横断面呈圆形、侧视呈棍棒状的外形，如鳗鲡、黄鳝等。

二、水产养殖环节的主要福利问题与改善

(一) 水产养殖环节的主要福利问题

水产动物福利指标包括死亡率、摄食量、食物转换效率、营养状况、生长率、个体大小差异、健康状况以及应激反应。根据水产动物福利的基本要求，其养殖过程的养殖水域、种苗、养殖模式、饲喂、病防、管理等环节中，均存在一定的福利问题。养殖水域环境因素引发的水生动物福利问题见表 9-1、表 9-2。

表 9-1 养殖水域环境中物理因子引起的水产动物福利问题

作用因子	作用内容	行为表现及病理变化
温度	高水温	痉挛，体色变化，鳃盖张开，休克
	低水温	急剧变化时，丧失平衡能力
		慢性变化时，黏膜脱落，鳃丝水肿
光	强光	孵化鱼苗畸形，体色异常
声音/振动	交通、施工	孵化鱼苗畸形率增加
水流	孵化中流速过大	鱼苗脊椎骨弯曲
冲击	运输中撞击	脑内出血，鳔破裂
摩擦	捕食、争斗	咬伤，擦伤
	分池、捕捞	擦伤，骨折
	悬浮固体	鳃上皮细胞增生
黏着	淤泥、藻类	阻碍鳃呼吸

表 9-2 环境中化学因子引起的水产动物福利问题

作用因子	作用内容	行为表现及病理变化
氧气（缺乏）	饲养密度过高	浮头，窒息
	水质过肥	
氧气（过饱和）	光合作用	气泡病
氮气（过饱和）	作用过强	气泡病，血管被气泡阻塞
氨气	深井水	急性上升时，发生痉挛，旋转游泳
	饲养密度过高	慢性上升时，黏液分泌亢进，生长不良，免疫力下降
	投饵过多	
亚硝酸	饲养密度过高	急性时，发生痉挛，旋转游泳
		慢性时，溶血，生长不良，免疫力下降
硫化氢	淤泥还原反应	游泳失衡，肌肉痉挛，黏液分泌亢进
碱	水体污染	黏液分泌亢进
农药	有机磷等	肌肉痉挛，骨骼畸变

1. 养殖水体 水体的清洁并达到相应的理化性质的要求，是健康养殖的根本。目前，普遍存在的问题体现在适合进行福利化水产养殖的养殖面积占水体总面积的比例偏低，特别

是适合福利化养殖的标准化池塘所占的比例低。如果再考虑养殖废水要经过处理，符合标准后才能向外排放这一环境保护要求，符合福利化水产养殖的面积就更少了。水体缺乏流动、交换、富营养化和较厚的淤泥，是影响动物生存的关键。水体中存在着大量有机质，其在分解过程中不断地消耗水体中溶解氧，并发酵产生有毒有害物质，直接损害水质和水生环境，使动物的免疫力和生产效率降低。

2. 养殖模式 福利化的养殖模式是选择适合养殖品种生长的养殖模式，将养殖密度控制在合理范围内，控制养殖环境、投喂、疫病防控等使水产动物达到最佳的养殖状态。但现行的养殖模式存在的主要福利问题：一是养殖密度过高，有的为了片面追求产量，放养殖密度过大，超出了水体的承载能力；二是采用不健康的养殖模式，有些养殖模式没有考虑养殖生物的生活习性，有的方式不利于疫病的防控。

中国的水产养殖历史悠久，养殖水产量超过捕捞产量是我国在世界水产养殖业史上所独具的特点。同时，中国幅员辽阔，南北方气候、资源状况及经济技术条件各不相同，各地均有各自的优势。水产动物养殖模式亦各有不同。有用湖泊、水库等开展围网、拦网以及河口、浅海、海湾等网箱、滩涂进行的大水面的增养殖，也有利用池塘进行的粗放式、半集约化与集约化养殖。不同的养殖模式各有优缺点，亦涉及众多动物福利问题。

（1）池塘养殖模式的福利问题：池塘养殖是水产养殖的主要形式，特别是在淡水养殖业中，池塘养殖占有大部分份额（图9-3）。池塘养殖是利用经过整理或人工开挖面积较小的静水水体进行水产养殖生产的一种养殖方式。由于池塘水体较小，人力易于控制，因此，便于采取综合的技术措施进行精养高产，从而大大提高单位面积的产量。可获得高产、优质、低耗、高效的生产效果，但也存在以下福利问题：①池塘养殖普遍存在由于饵料、鱼类排泄物、换水不

图9-3 水产动物养殖

及时等引起的水体污染现象；②分解有机质要消耗大量氧气，往往又产生一些氨氮、沼气等有害物质，并造成水体富营养化，使得水体营养盐升高，下层水体缺氧；③水体中残留药物蓄积，致使有害微生物或噬污生物繁衍，导致养殖生态失衡，水体老化，影响水产动物的健康，引发水产动物的福利问题。

（2）稻田养殖模式的福利问题：稻田养殖，指利用稻田的浅水环境，辅以人为的措施，既种植水稻又养殖水产品，使稻田内的水资源、杂草资源、水产动物资源、昆虫以及其他物质和能源更加充分地被养殖的水生生物所利用，并通过所养殖的水生生物的生命活动，在稻田里既种稻又养鱼，达到稻、鱼双丰收的目的的一种养殖方式。稻田养殖模式的福利问题有：①稻田养殖水浅，受气温影响大，盛夏时水温比较高，水产动物易受高温影响；②稻田中杂草、昆虫和底栖动物较多，浮游生物较少，所以，饵料结构不合理，动物采食有局限；③稻田浅水，动物易外逃，离开水的水产动物生命难保。

（3）网箱养殖模式的福利问题：用纤维网片、金属网片等材料缝制成长方体、圆柱体等

具一定形状的箱体,将其架设在较大水体中,使箱体内外水体可以自由交换,在这样的箱体环境中进行水生动物养殖就称网箱养殖。网箱养殖模式的福利问题主要有:①高密度养殖使得水产动物易感染疾病;②虽然在箱体内养殖,但由于风浪及动物自身的作用,水产动物易逃走;③养殖区域易出现水体污染、环境恶化的现象。

(4) 网围养殖模式的福利问题:网围养殖,又称围网养殖、围栏养殖,是指在湖泊、水库等水域,通过围、圈、栏、隔等工程措施,将养殖对象拦截在一个包围的空间之中而同时保持水的自由交换从事集约化养殖的一种养殖方式。网围养殖模式的福利问题有:①有使水体富营养化的现象,影响水域环境;②围栏与大水面相通,病鱼隔离和防疫比较困难;③面积过大,易出现采食不均现象。

(5) 港湾养殖模式的福利问题:港湾养殖,指利用沿海港湾、滩涂及低洼地带,通过筑堤围港,开沟建闸,储存海水,利用纳潮放入天然种苗或投入人工种苗进行的一种养殖方式。港湾养殖模式的福利问题有:①养殖水面较大,投饵投放少,出现饥饱不均等福利问题;②养殖种类多为短食物链、广温性、广盐性鱼类等,虽然对水环境有很好的适应力,但是,动物采食饵料有局限。

(6) 设施养殖模式的福利问题:设施养殖,又称工厂化养殖,是运用机械的、电气的、化学的、自动化的现代设施,在水质、水温、水流、溶氧、光照、投饵等各方面进行人为控制,创造和保持最适宜于水产动物生长和发育的生态条件,使水产动物的繁殖、种苗培养、养殖等各个环节都处在人工控制的水体环境中进行无季节性的连续生产的一种养殖方式。设施养殖模式的福利问题主要有:①养殖密度过大,水产动物容易生病;②养殖中心区易出现水流不畅、水质恶化、病害蔓延、动物死亡有增多的现象;③养殖废水直接排入水域,既污染了大环境,又形成自身污染,造成疾病频繁发生,病害发生呈蔓延和扩大的趋势。

3. 种苗质量 健康种苗要符合品种优良、种苗不带致病生物和无药物残留三个条件。目前,存在的主要问题是经过选育(遗传改良)的优良品种少,大部分使用原种;种苗携带致病生物和有残留药物的现象时有发生。

4. 日常管理 福利化的水产动物养殖要求对养殖的全程进行健康养殖质量控制和管理。除了育苗、养成阶段的日常管理要科学之外,重点是推行现代管理制度和办法。一是全程质量控制;二是建立可追溯制度。目前存在问题:一是我国水产业只有少数养殖企业建立并通过质量管理认证,而数量众多的分散经营的养殖户多数尚未进行;二是可追溯制度的建立还处于起步阶段,目前仅在部分省市开展工作,尚未全面推广应用。

(1) 饲料供给:根据动物福利的要求,给予水产动物营养全价、无不良添加成分的优质配合饲料和符合福利化养殖要求的鲜活生物饲料。这个环节存在主要福利问题:一是在养殖阶段使用的饲料质量差,有害致病生物无控制;二是配合饲料质量难以控制;三是饲料生产、流通、使用比较混乱。

(2) 药物使用:科学的用药方法,主要是指严格按标准使用药物,严格执行休药期、停药期等。包括采取科学的预防疾病措施、使用符合国家标准的渔用药物和采取科学的用药方法。我国水产动物养殖中药物使用存在着很大的福利隐患:一是不合格渔药大量使用;二是养殖者使用禁用药物;三是滥用药物。

(3) 缺乏庇护:水产动物在大水面养殖中,免于受到鸟类和水体中捕食动物的侵扰。然而,当这些围网没能起到作用时,水产动物也不能像在野外环境中那样逃跑。同时,虽然有围网，如果水产动物能看到或感受到捕食动物的存在，它们仍会感到压力。

（4）过度拥挤：养殖密度拥挤的水产动物，更可能产生种群压力。如果环境允许，有压力的水产动物将尽可能避开其他动物；如果不允许，它们的压力会增大。

（5）身体伤害：在生产过程中，工具可能造成水产动物机体的伤害，受的伤也许并不致命，但会造成剧烈疼痛。例如，眼睛受伤可能会削弱水产动物觅食、交配及逃避捕食动物的能力；下颌受伤，可能干扰其社会型炫耀行为和进食；如果鱼鳃盖和鱼鳃被感染，会影响呼吸。其他的捕鱼器具，也可能造成伤害。例如，鱼一旦被捕捉，人们可能用渔网捞起，有些渔网会造成鱼鳍磨损和皮肤伤害，进而引起疼痛。如果捕捉到的鱼被放生，这些身体伤害还可能影响它们的活动。另外，水产动物在被捕捉过程中，由于挣扎产生的应激反应造成极大的影响。

5. 捕捞应激　在捕捞的过程中，水产动物的密度会大幅度增加，运动空间受到了限制，有可能与其他个体或器械产生摩擦而造成伤害。渔网可能很容易损伤鱼鳞上的黏膜层，绳结也会造成伤害。提网或拖拉围网，都可能给鱼造成伤害和压力。在接近水面时，氧气含量的减少、水质的降低、光强度的增加，也是导致应激的重要因素。

（二）水产养殖环节动物福利问题的改善

水产养殖过程中维护动物福利的措施包括：采用预先挑选的健康种苗；放养前确保良好、卫生的养殖环境；通过曝气、调节放养密度、饲料供给、水交换以及水质调控等来保持最佳环境条件；采取健康管理措施，减轻动物压力；定期监控和记录动物健康状况，尽早发现问题；实行管理战略，避免或降低病原因子在水产养殖场之间的传播以及传播到自然水产动物群落的风险；科学合理地使用渔药和抗菌药，避免或减少过量化学品、抗菌药和疫苗进入周边环境；按照最低推荐剂量使用化学品、渔药和抗菌药及时有效地治疗疾病；采取适当措施，减少动物在养殖、收获、运输、交易或屠宰过程中不必要的痛苦。

1. 优化水环境　养殖环境是水产动物赖以生存的重要物质条件，与应激的发生密切相关。良好的水质是保证水产动物健康生长的基本条件，集约化养殖设施的结构、背景颜色、水流、水温、光照、养殖密度、规格及品种搭配等，均可对水产动物的应激与福利产生影响。养殖场内应尽量减少尘土和噪声，不对养殖对象造成应激或污染。养殖环境如水深、水温、盐度、pH、溶氧量、光照和清洁指标等，应与养殖水产动物相适应。对养殖水域进行适当监控，检查气、水、温度和养殖动物有无异常情况，发现问题及时处理。

2. 合理放养　合理放养是确保水生动物福利的一个重要因子。因养殖模式不同而异，有精养和套养。制订合理的放养模式，做好品种搭配，在适宜的养殖密度下进行水生动物健康养殖，是提高水产养殖生产力和水产品品质的重要因素。通过合理放养，加之科学的种群管理、调控以及饲养管理，可使水生动物正常健康生长、发育和繁殖。如在精养鲫的池塘（面积$1hm^2$）放养70g/尾的鲫3万尾，可搭配125g/尾的鲢3 000尾，这样既不影响主养品种的生长速度，又可合理利用水面，提高效益。

3. 科学管理　水产养殖中的各个环节都可能会给水产动物带来不良刺激。科学管理与规范化操作是缓解水产动物应激反应的重要内容，对水产动物健康养殖具有重要的指导意义。按照不同养殖对象的生长周期、不同种类对蛋白质和脂肪的需求量确定饲料配方，制订投喂方案和投饲量。投喂应做到定位、定时、定量、定质。控制所有投喂的饲料中蛋白质、脂肪和添加剂等成分的含量，以保证养殖产品的质量。应科学投喂，采取适当的措施避免过度投喂或投喂不足，提高饲料转化率，避免对环境产生污染。适当的养殖密度可以减少由于身体接触造成的伤害，减少采食时的相互干扰和争抢，减少躲避时的妨碍，减少疾病和寄生虫的传播。应定期进行选择、分养。生产环节应使用无毒、无害的材料，接触面应平滑，避免引起养殖水产动物损伤。

4. 积极防病 在养殖过程中，应采取预防为主的疾病综合防治措施。对有发病现象的水产动物应及早诊断，采取治疗措施。进行疫苗接种的人员应当接受过相关培训，使用疫苗时，要尽量减少养殖水产动物的应激。使用的疫苗应符合其产品消费地的法律法规要求。在养殖过程中，应采取疾病综合诊治措施。对患病动物应进行快速诊断和治疗。

5. 合理用药 在疾病流行的高峰期，要根据疾病的流行规律，定期投喂抑制和杀灭病原体的药物，或提高水产养殖动物新陈代谢机能的药物，来预防疾病的发生。合理用药应把开发与使用水产专用药物、渔用疫苗、微生物制剂、生物渔药以及天然中草药制剂作为发展方向。使用治疗药物时，应按照药物的使用规范合理用药，防止药物残留和产生抗药性。使用疫苗时，应采取措施，减少养殖对象的应激反应。同时，利用药物缓解水产动物应激反应，是水产养殖生产中广泛应用的措施。

6. 定期清淤 养殖水体中的淤泥是由死亡的生物体、粪便、残饵和有机肥料等不断沉积，加上泥沙的混合而成。水体中适当的淤泥为10cm左右，过多的淤泥要定期清理。水体中由于淤泥增厚增多，池底抬高，造成水体容量变小，水温变化增大，饵料生物的数量就会随之减少降低，这些都不利于密养高产；淤泥有机质中存在着大量的氨，导致"水体老化"，使鱼生长性能下降，疾病频发，产量、质量下降，饲养出的鱼变形弯曲，鱼肉有异味，甚至发生鱼类大量死亡；淤泥中存在着许多寄生虫、细菌和病毒，还容易引起暴发性鱼病。

7. 适时收获 捕捉产品应确保渔获物的外观、品质和安全，采取大拉网、围网等网具快速有效的方式，以减少养殖产品的应激反应和机械损伤。同时，应采取必要的措施，避免对未达商品规格的水产品的伤害。

8. 员工培训 应定期对员工进行动物福利方面的技术培训，使员工有能力胜任养殖工作，基本达到动物福利的要求。培训内容至少包括养殖水产动物种类饲养管理的基本知识；饲料的基本常识和合理投喂；渔药和化学品的安全使用知识；动物健康和福利的基本知识（包括对疾病和异常行为的识别）；健康和安全计划的知识等。

第三节 运输与屠宰环节的动物福利问题与改善

一、运输环节的福利问题与改善

1. 运输环节的福利问题 水产动物从养殖区域到销售地点，中间的运输少则几十千米，多则几百千米，以往的做法是塑料袋充氧堆压运输，称"赤膊运输"。在运输过程中，破包、漏水、挤压受伤、充血等现象时有发生，水产动物经常受伤。运输过程中的福利问题，还表现为动物的运动造成相互碰撞或者与容器相互碰撞造成机体损伤；氧气不足会使鱼体质变弱，直接导致鱼鳞片疏松，容易脱落，氧气的耗尽造成死亡；水温过高、鱼类密度大、二氧化碳等代谢产物蓄积、pH降低、运输容器有限、疾病传染等因素，都会影响到活鱼运输成活率，成为水产动物的福利问题。

2. 运输环节福利的改善　改善运输环节水产动物福利的途径，首先是降低运输动物的代谢强度，保障提高运输水体的水质环境。具体的讲，就是水产动物的种类规格体质、运输时的水温和水质、运输时间、距离和方式以及路面的颠簸状况等影响水产动物福利的因素。

（1）合理包装：水产品包装的关键就是要控制好水环境。影响水环境的因素有水产动物种类及健康状况、溶氧、生理状况、温度、水质、水产品应激性、监控措施等。包装时一定做到在维持水产动物生命的前提下，尽可能采取降温措施以降低其新陈代谢的强度，这样可使其耗氧量显著减少，使排泄物减少，保证水质。同时，也能极大限度地减少其体内营养物质的消耗，这对于保证水产品质量是非常重要的。当水产动物处于麻醉、冬眠或生态冰温状态下，其新陈代谢强度就将降到很低的程度。

（2）安全运输：水产动物收获后进行活体运输时，应保证其合适的装载密度和必需的氧气。有水运输时，由于水中的氧浓度较低，此时维持水中氧的浓度就非常重要了，通常可以通过充氧气、射流、添加释氧剂（过氧化氢等）来增加水中溶氧，满足活体呼吸的需要。如果是无水运输，虽然空气中氧气浓度足够，但对于主要是通过鳃呼吸的鱼类，因其获取空气中氧的能力远小于获取水中的氧，所以鱼类的无水活运比虾、蟹、贝等的存活率低。无水喷雾技术对于有皮肤、口咽腔、鳃上器官等辅助呼吸能力的水产动物，可能是一个可行的解决办法。张钦江等已试验证明，日本鳗鲡无水喷雾活运的存活率要高于有水活运。在运输过程中，当外界条件剧烈改变时，水产动物将产生应激反应，水产品无氧呼吸、剧烈挣扎，导致存活率下降。降低水产动物应激性的方法有：保持运输过程的平稳、缓慢降温、加盐溶液等。运输时间一般不应超过4h，运输过程中，不应对运输对象造成可以避免的影响或物理伤害。

（3）周密计划：运输前要有周密的计划。做好充分的准备，选择好运输路线，确定好换水或加水地点等，并根据不同的鱼种采用相应的运输方法。运输时一定要做到快装、快运、快卸，尽量缩短运输时间。

二、屠宰环节的福利问题与改善

1. 水产动物屠宰环节的福利问题　目前，水产动物的屠宰大都是活宰，用刀在鱼头部拍昏或直接摔死，以便除鳞、开膛取出鱼鳃和内脏，即完成屠宰过程。这样屠宰方式极大地伤害了水产动物的福利，造成应激。水产动物屠宰环节的福利问题还表现在水产动物宰前暂养造成应激，养殖类水产动物通常是定时饲喂，它们已经习惯于这一过程。因此，有人认为突然的禁食可能不利于水产动物的福利，造成饥饿违反了良好水生动物福利中的七项基本原则之一，而且禁食还可能造成高密度养殖群体中出现相互攻击的现象。屠宰过程中，多数传统屠宰方法，包括活体取内脏、窒息、冷冻、不致昏放血等都是不人道的，使水产动物遭受了不可避免的痛苦，也影响了水产品的质量安全。

2. 水产动物屠宰环节福利的改善　水产动物屠宰环节中，应尽量减少对其胁迫和痛苦。宰杀前应使水产动物处于无知觉状态，而日常生活中水生动物的宰杀是极其残忍的，包括击打、摔死等，甚至未处死即进行活体去鳞收拾脏器等。正常的做法是，要定期检查设备是否处于良好的功能状态，确保在宰杀时让水产动物快速丧失知觉或死亡。要经常对宰杀设备进行维护，宰杀的管理和技术应充分考虑水产动物的生理和行为，并合乎一般道德标准。应避免让活的水产动物直接或间接接触已死亡的或正在被宰杀的水产动物。在水产动物运输到达目的地后，应给予一定的恢复期，再行宰杀。

（1）致昏：

①冲击致昏：冲击致昏通过高速水流冲击，造成水产动物脑部震荡，干扰大脑正常活动，致使水产动物失去痛觉。具体方法是对准水产动物的鼻后部、眼睛正上方头骨部位冲击，因为头骨较薄且离大脑最近，容易致昏。要求水流必须有足够的强度和精度，同时，防止造成无效冲击或定位错误，造成组织挫伤、眼部受伤。

②敲击致昏：可用一种称为"牧师棰"的重短棒，有效地敲击水产动物致昏。敲击的部位也是头部，使用敲击致昏重要的是人员培训和水产动物的有效保定，这样才能确保一次完成有效致昏。

③电击致昏：电击致昏通过诱发癫痫性脑活动，使大脑失去知觉。电击可以通过电极接触头部进行，但多数商业化系统中使用有持续电流的管道或水池进行。根据品种不同设定不同的电击参数，可以避免出现损伤等福利问题。影响电击效果的因素包括物种耐受电流的能力、水的导电性、个体大小和数量。

④气体致昏：惰性气体和高浓度二氧化碳，可使水产动物进入昏厥状态。同时，也因缺氧而窒息，失去疼觉，进入麻醉状态。

（2）屠宰：水产动物致昏后选择放血等方法将其致死。放血要迅速且彻底，致昏和放血中间的时间间隔要尽可能短，防止其在死亡前恢复意识。断开至少一侧的所有鳃弓放血，能让血液快速流失而致水产动物死亡。

水产动物福利不仅是人类文明的标志，同时也是水产品安全的需要。因为某些水产动物在受到虐待情况下，其产品品质会受到影响，应激反应对于水产养殖的影响，不仅降低了水产动物的生产性能和经济效益，而且还与其健康和人类健康密切相关。水产动物福利是一个人性化的概念，体现了人与水产动物协调发展的宗旨，正受到世界各国越来越多的关注。提倡和探索水产动物福利，是水产养殖可持续健康发展的必由之路，也必将影响人与整个自然界的统一、协调发展。

思考题

1. 简述水产动物福利的概念。
2. 简述水产动物福利的原则。
3. 简述养殖环节的动物福利问题与改善。
4. 简述运输环节的动物福利问题与改善。
5. 简述屠宰环节的动物福利问题与改善。

参考文献

陈宇，陈锋，2009. 浅谈动物福利与闽东海水鱼养殖模式 [J]. 福建农业科技（4）：56-58.
吕青，杨志刚，陈恩成，2003. 动物福利及 GAP 对水产养殖的福利要求 [J]. 科学养鱼（3）：40-41.

吕青,卢晓中,杜琦,等,2009.水产养殖动物的福利及其维护和应用[J].水产科技情报,36(3):113-116.

张凤翔,唐玉银,2009.水产动物福利的理念在河蟹健康养殖中的应用[J].渔业致富指南(21):44-45.

第十章

工作动物福利

工作动物是指能够代替人类完成某些特定工作的动物。由于不同动物的性格特点及生理特点不同，人们对其进行了不同方式的驯化，代替人类在不同领域工作，或者利用不同动物的生理特点加以强化，形成其工作的独特特点。

但是工作动物在日常生活和工作过程中经常出现大量福利问题。在此，我们提出解决动物福利问题的建议和措施，以期望人们在使用工作动物的过程中，能够按照动物福利五项基本原则要求来照顾和使用这些工作动物，以保证其福利。

第一节 工作动物的概念及其种类

一、工作动物的概念

所谓工作动物（working animals），就是指人们在工作中利用其代替人类工作，供人类使役以减轻人类劳动强度的，或者说利用其本身的一些生理特征完成人类难以完成工作的一类动物。工作动物不仅包括人们已经很熟悉如马、牛、大象等使役动物，还包括在特殊领域类为人类做贡献的动物，经过训练的猪，可以利用敏锐的嗅觉发现埋藏于地下1.5m深的毒品而被一些国家用来作为缉毒人员的助手；利用被训练的羊驼在高尔夫球场驮高尔夫用具；利用鼬鼠修复管道中的线缆等。

由于犬天生会对其他动物产生控制欲，因此，训练犬使其成为可以替人类照管放牧牛群、羊群的畜牧犬和作为人类狩猎助手的狩猎犬。根据犬具有领地意识很强的特点，训练犬也可作为看门犬等。其他的工作动物还包括供人类使役的马、牛、羊以及为人类运载货物的大象、驯鹿等，这些动物有一个共同特点，就是通过人类长期驯养，已经完全适应于人类提供的生活环境，能够简单理解人类发出的指令，并且能够根据指令顶替人类完成相应的工作。

二、工作动物的种类

工作动物的种类繁多，包括的对象也很广泛，只要这些动物能够代替人们从事各种各样的工作，均属于工作动物的范畴。工作动物的分类方法很多，依据不同的特点可以分成不同种类。

（一）根据动物的生理特点进行分类

1. 反刍动物 包括作为役用的水牛和黄牛、驯鹿等动物。水牛和黄牛作为驯化的家畜，广泛被人类用作农业生产中的主要动力;在中国北部鄂温克族聚居地,驯鹿善于穿越森林和沼泽地,是鄂温克人的主要生产和交通运输工具。

2. 单胃草食动物　主要包括作为骑乘用的马属动物的马、驴和骡子,被用于拖曳工作的大象等。

3. 其他工作动物

(1) 工作犬:犬的种类很多,根据它们工作性质不同,大致可分为军警犬、牧羊犬、狩猎犬、导盲犬和护卫犬等。这些工作犬在各个领域内都工作地非常出色。

(2) 鸟类:鸟类中的家鸽可以担任通信工作;鸬鹚被渔民驯养后,可以帮助其在水中捕捉鱼类;利用个体小巧而对有毒气体反响灵敏的特性,可以把观赏鸟如芙蓉鸟、相思鸟、绣眼鸟、黄雀等悬挂于化工厂的车间,作为监视报警器。在我国北方民间,进菜窖、地窖带上鸟笼,以察觉气体是否有毒气,也是利用鸟类对毒气敏感的特性。

(二) 按工作动物个体大小分类

1. 大型工作动物　这类动物个体一般比较大,力量强大,在工作中主要代替人类进行体力活动。如训练被使用在运输或者拖曳中的大象、驯鹿、羊驼等,役用的马、牛等。

2. 中型工作动物　这类动物个体比大型工作动物小,在工作中主要是利用其本身具有的非常优秀的生理特长为人类工作。最典型的中型工作动物就是用于各种工作领域的工作犬,其他如海军军队中被训练用于增强防御措施,鱼雷和潜水艇探测,以及研究水下武器设计的海豚。

3. 小型工作动物　这类动物个体小巧,在工作中也主要是利用其小巧的个体及其特殊的能力为人类工作。如已经被使用于修理管子中线缆的鼬鼠,担任通信工作或者预警用的鸟类。

(三) 按照从事的职业分类

1. 骑乘　如马属动物的马、驴和骡子在很多地区作为主要的骑乘工具,骆驼属的骆驼是荒漠和半荒漠地区的主要交通工具,尤其在沙漠地区尤为重要。

2. 驮运　在沙漠、戈壁、盐碱地、山地及在积雪很深的草地上运送物资时,其他交通工具很难发挥作用,而骆驼或驯鹿是这些地区最重要的驮畜,发挥其他家畜难以发挥的重要作用。

3. 拖曳　马属动物、骆驼属的骆驼可以用于耕地、挽车、抽水等工作,在亚洲一些地区的大象也被用于拖曳工作。

4. 其他服务工作　如训练后在酒店担任服务工作的猕猴,训练后在各个领域工作的工作犬以及各种为人类服务的鸟类。

第二节　工作动物常见的福利问题

工作动物主要被用于驮、拉等役用工作以及其他一些特殊工作。很多工作动物除了为人类提供工作以外,当它们完成工作使命的同时也为人类提供了大量的肉、乳及皮毛制品等。这些工作动物一生都为人类做出了巨大的贡献,但它们除了代替人类从事各种各样的工作以外，在它们的生活过程中承受了巨大的生活压力。这些压力主要表现为工作动物的生活环境及设施不一定完全满足动物的需求，人们在照料和使用工作动物的时候，其饲养设施如圈舍、工作用具等都是为了人类安全、高效率、易于观察和方便管理动物等而设计的，这就意味着工作动物的圈养一般都在单调或相对贫瘠的环境中。

造成工作动物的主要压力来源有：①缺乏对于工作动物来说非常重要的感官刺激，而工作动物已经适应，不再对这些刺激做出反应，如典型的昼夜循环、声音、气味、垫草垫料；②工作动物活动受限，缺乏摄食和其他行为的表达机会，工作动物不能表现出动物自然的最典型的行为适应性；③和同类交流变得异常稀少，而接触到最多的是人类，在孤独时或者受到责罚时缺乏躲避的空间；④缺乏对环境的控制，只能被动地适应并不适合的环境，在一个简陋或者单调的饲养或者工作环境中，因缺乏刺激或环境底物，动物无法做出决定并实施其选择。而这样的认知和行为过程是动物机体的自然组成部分，因为作为一个有感知力的个体，动物已经进化出参与并适应环境的能力。

动物福利五项基本原则的框架通过福利质量加以运用，可以用于评估所有圈养动物的福利。同时，也适用于工作动物的福利评估。下面就按动物福利五项基本原则的五个方面，来评估工作动物的常见福利问题。

一、工作动物饲养方面的福利问题

1. 饲料过于单一　所有工作动物的食物都是依靠其所有者提供，在食物品种方面，与这些工作动物在驯化之前相比，饲养者提供的饲料品种有限，而且常年供应的饲料品种变化很少，这就导致工作动物在摄取营养方面会出现营养不良的问题。这种过于单一的饲料常常导致工作动物生长发育不良，严重影响工作动物的身体健康。

例如，在我国广大农村的耕牛主要是水牛和黄牛，水牛在南方使用比较普遍，黄牛在北方使用比较普遍。在我国南方，农闲季节或者冬天耕牛的一天饲料主要以干稻草为主，即使是干稻草每天也是定量供应；而在北方，农村黄牛主要是以玉米秸为主，其他添加的饲料很少。在晚春、夏天和早秋季节，大地回春，青饲料增加，耕牛的饲料品种稍有改善，但耕牛饲料增加的品种仅限于当地的野外青草，饲养者不会因为耕牛的劳动量增大而增加更多的饲料品种。

其他工作动物同样存在着相同的问题，如工作马、驴、骡、工作用大象。由于人们主要利用它们的工作能力，而忽视了它们的生理需要和饲料品种的多样化。事实上，饲料品种多样化有利于各种饲料中营养物质互补而达到营养全面的效果，这样有利于工作动物体力的恢复，也有利于工作动物正常的生长发育和新陈代谢。

工作犬由于工作性质的不同，其采食的食物品质也不一样。军犬、警犬以及狩猎犬由于在饲养过程中需要高强度的训练以及有专人看护，其采食的饲料主要以配合饲料为主，这些专用的配合饲料一般根据犬的营养需要进行专门配制，基本满足犬的生长发育、工作消耗的需求。但由于这部分工作犬配合饲料种类有限，常年也只能采食有限的食物种类，这样很容易导致工作犬食欲不高或者出现厌食状况，特别是身体状况欠佳或者工作过于劳累的时候，同样也会影响工作犬的身体健康。另外，犬的消化道结构符合典型的肉食动物的特点，口腔有犬齿，采食囫囵吞枣，不会细嚼慢咽，整个消化道比较短，胃中盐酸浓度很高等，因此，比较适合消化偏肉食的食物。但是工作犬的饲养者为了降低饲料成本，往往采用价格更低的植物性饲料代替动物性饲料，饲料中蛋白质或氨基酸结构不合理，一方面增加了工作犬的肝脏负担，把多余的或不合理部分的蛋白质转化成其他物质；另一方面，植物性饲料中不合理结构的蛋白质，也导致工作犬对营养吸收的不足，同样也影响其身体的健康发育和成长。

2. 采食量少 工作动物未被使用之前，能够自由采食，经过千百年的进化，每种动物基本上都能够在大自然获取足够量的食物以保证其身体的发育，之后，部分动物的所有者考虑到饲养成本，工作动物提供的劳动量等而引起这些动物采食量不足。如在东南亚 10 余个国家，驯养的大象大多在伐木场搬运木材。不仅这些大象食量大而采食速度又比较慢的特性，使得它们的采食时间过少，不能短时间采入大量的食物，事实上大象主人基本不会给劳作的大象饲喂足够的粮食，他们觉得成本太高。另外，工作大象也没法自由地在森林里采食叶子、野草、竹子等植物。而且由于森林面积正在急剧变小，越来越多搬运木材的大象，开始变得无事可做，采食的食物也越来越少。在各种节庆活动中都会出现大象的身影，但一旦老得不能工作，大象又往往遭到大象主人的嫌弃，基本不会再继续饲喂食物。大象主人每月需花费 340 英镑照顾大象，这在平均月工资只有 50 英镑的印度是一个巨大的花销，许多大象主人在大象无法工作之后养不起大象，任凭大象在饥饿的折磨下死去。

在农忙时节，白天工作了一天的耕牛在傍晚回来时往往十分疲惫，归圈后会喘着粗气伏在地上不吃不喝，食欲减退，严重时候可能会食欲废绝。因为已经透支了体力，进食减少，也经常有老弱耕牛在春耕中因极度疲惫死亡的事件发生。

许多役用马属动物也长期处于饥饿状态。相对于其承担的工作而言，它们没有获得充分的食物。在非工作状态期间，通常它们仅得到维持生存的少量食物。所以当工作季节重新开始时，它们的身体非常虚弱。主要原因是动物所有者无法给动物提供充足的营养，或者食物不足，或者食物充足但营养不足。

在广大农村用作看护的看护犬的情况可能更加糟糕，那些农村喂养的看护犬除了为主人看护家园外，大多数时候还需要自己到处去寻觅食物，运气好的话能在垃圾堆中找到一些可怜的食物，大多数时候运气不佳，只能在半饥半饱中为主人看家护院。

3. 食物品质低下 经过长期进化的动物在未被使用前，每种动物都有自己固定的食物结构和食物品质。成为工作动物之后，其所有者所提供的食物种类有限，而导致其采食食物品质低下。

在严寒的冬季，为了节约成本，耕牛拥有者在非农忙季节，对牛提供的草料只能是干稻草和干番薯藤，不补充任何精饲料。这些粗饲料也只能勉强维持生命，更谈不上饲料品质的要求，这导致耕牛因为营养不良，很容易落膘。

西北地区用来驮运货物的骆驼，长期生活在环境比较恶劣的荒漠地带。随着降水量的逐年减少和草场的日益退化和严重沙化，牧草生长不良，品种单一，骆驼赖以生存和发展的物质基础受到严重破坏，导致骆驼营养缺乏，并出现各种营养性疾病。

在农村那些用来看门的看护犬，日常的食物基本就是主人的剩饭剩菜，主人根本不会花心思去搭配营养犬粮。有时忘记投喂，这些犬可能在村庄周围如垃圾堆里去寻找食物，种类很杂又很不健康，所以大部分的犬都很消瘦。有时候吃到不好的东西还会引发疾病。

老年动物由于年老无法工作，可能被卖给经销商运到市场，这样会让动物承受额外的痛苦和疼痛，因为它们身体已经虚弱或者受伤。这类动物经济价值很低，在运输过程中一般不会提供饮水或食物。

二、工作动物生活舒适方面的福利问题

1. 休息区域简陋 马属动物的圈舍可能多种多样。但如果没有垫草，它们则无法获得一个舒适的休息场所。许多马属动物饲养于户外，被缰绳拴着或带着脚绊，严重限制了它们的活动自由。在工作时，它们也可能得不到休息。需要指出的是，警察或军队使用的马匹，通常都配有铺着稻草的马厩或马房。

工作动物中牛的情况也没有多大的改善，在我国南方地区一般养牛的牛圈都非常的简陋，四处通风，大多数圈舍内只有简单的垫草，这样在牛圈休息的牛冬天不得不忍受刺骨的寒风，夏天不得不忍受炙热及漫天飞舞的蚊虫叮咬。

所有其他工作动物的情况基本上一样，饲养者为了尽量降低成本，或者由于经济条件的原因而导致工作动物在工作之余只能休息在非常简陋的地方。

2. 活动灵活性受限制 缰绳和脚绊被用于限制动物的活动，以防它们走失。然而，这样做会严重限制动物的活动。如图10-1所示这头驴的两腿被捆绑在一起，即便是轻微的移动也很困难。

图10-1 工作中的驴

当动物工作时，它们活动的灵活性受挽具、运货车、负重、货物的分布以及环境温度等因素的严重影响。

牛的鼻环、犬的项圈或颈圈、鸟的脚链等都属于限制其活动的主要器具，对这些动物来说，这些器具都会影响其活动的便利性。

3. 环境温度较高会导致热应激 热应激是指动物机体对其生理不利的热环境产生的非特异性应答反应的总和。其主要表现主要是：①热喘息，呼吸运动加快，二氧化碳排出增加，呼吸性碱中毒；②心率加快，心力衰竭、脑充血、肺水肿、缺氧等；③体内氧化代谢增加，过氧化物增加，膜系统损伤；④加强甲状腺和肾上腺的功能，物质代谢加快，免疫力减低；⑤水和电解质平衡紊乱，排尿增加，离子丢失增加。

工作动物的热应激导致动物的活动能力减弱，严重影响工作效率和动物福利。夏天动物工作负荷过大，是导致热应激的主要原因之一。关于工作动物的最大负荷并没有明确规定，这取决于动物所在的地区以及动物的自身重量等因素。毋庸置疑，当工作动物工作负荷过大甚至不能胜任时，活动灵活性肯定也会受到影响，甚至会造成不可避免的身体损伤。大多数工作动物所在的国家天气炎热，有时干旱，有时非常潮湿，即使有些地方气候不是那么炎热，但夏季过度使用也容易出现热应激现象。当工作动物处在高温高湿的环境下，如果使用设计不合理的挽具和运货车拖拉重物时，出现热应激的风险很高。也就是说，因为日光暴晒及工作中肌肉使用过度，它们的体温调节系统已经无法应付其身体产生的热量。

4. 工作过度 工作动物特别是使役动物经常会遇到这个问题。一般来说，从事农业生

产使用的使役动物，由于一年四季农事活动有很大的差异，存在着农忙和农闲时间，农忙时这些工作动物会加班加点完成任务，在农闲时间工作还算轻松。比如，在许多第三世界国家农村的耕牛，一到农忙季节，在短时间内要把所有的耕地都翻耕一遍，时间紧任务重，畜主不得不加班加点，使役过度，耕牛也得不到很好的休息，这种现象普遍存在。

三、工作动物健康方面的福利问题

1. 役用动物跛足问题　跛足问题尤其常见于农村地区拉车的老驴。摇晃头部、参差不齐的步伐等反常都是疼痛的表现，我们统称为跛足。约旦马属动物跛足患病率最低（17%）。然而，其他多数国家，这一比率高达90%～100%。导致跛足的一般原因如下。

（1）跛足通常是由蹄疫引起的，包括过度生长（图10-2），蹄修剪太短，因蹄裂、溃疡或蹄叉腐烂导致的蹄子问题。

（2）关节炎、关节肿胀是症状之一。

（3）役用动物关节或软组织受伤，或跌倒、被踢造成的伤口引起的跛足，并最终导致关节及四肢长出异常角状物。

（4）烫烙，即将热烙铁或热针置于四肢的肿胀组织上，曾经被认为是兽医治疗的一种方式。然而，这种方法只能造成更严重的组织创伤，并引起进一步的疼痛和不舒适。

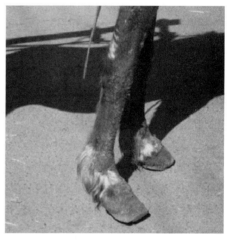

图10-2　跛足的马

总体来说，不同类型的跛足问题的起因包括在坚硬的地面上工作、装蹄不当、驴蹄蹄叉异常、缺乏足部护理（如需要经常检查和进行蹄部清洁），以及动物圈舍环境潮湿、不卫生。需要指出的是，大象的足部也需要多加关注，因为象足非常柔软，不适合在混凝土路面行走。

2. 皮肤疼痛　主要是指动物四肢和皮肤的痛楚，这主要源于佩戴不适合的挽具和过度繁重的工作。佩戴不当的挽具和缰绳，可能会因为限制动物活动的便利性并损害它们的健康，进而威胁到役用动物的福利。如果挽具下没有必要的软垫而是直接在皮肤上摩擦，会引起伤痛和损伤，给动物带来疼痛。如图10-3所示，马的绳辔会随着马头部运动而不断摩擦头部（两耳间的头顶部）并导致不舒适，因为头顶这个部位非常敏感，细绳下压会造成摩擦。该马的马衔有可能过紧，会导致马的嘴角部不舒适或者严重时出现受伤肿胀溃疡。马的项圈戴得过紧，在喉咙部位没有活动空间，这种过紧的项圈会给马的颈脊造成压力。

图10-3　佩戴挽具的马

该马的配饰中没有使用颈轭（金属制横档），项圈可能变形进而加大喉咙和颈脊处的压力；也没有马鞍，背垫条在车停滞不动或载有重负时，会给马的背部形成更大的压力。一旦马开始拖曳（向前），车辕的末端可能会戳到它的肩部。挽具拴系在身体某些部位（例如，拴在动物的角上；或通过鼻环拴在鼻子上），可能导致动物的紧张，并撕裂这些部位的身体组织，进而带来疼痛。

3. 不人道地处置 为了提高工作动物的使用效率，用皮鞭殴打工作动物或者为了方便，将工作动物尾巴用绳索扭曲固定，使得工作动物不能自由摆尾；或用锋利器物戳刺动物，都会导致动物剧烈疼痛、受伤，并影响人与动物之间的良好关系。

4. 过于年幼便被役使 过早地让还没有完全达到体成熟的动物承担劳役工作。如驴在4岁前不应承担劳役工作，否则会导致它们出现背部畸形。然而，动物所有者很难等驴长到4岁才开始使用。

5. 缺乏健康护理 动物所有者无力负担治疗费用，动物休息时间不足，或动物根本无处获得健康护理的机会。

6. 役用动物传染病得不到很好的治疗 病原微生物对动物福利的影响就是其对动物健康的影响病原微生物是指能够使人或动物致病的微生物，常见的有病毒、细菌、真菌、支原体和螺旋体等。病原微生物可以以多种方式入侵畜禽体内，突破机体的免疫屏障，到达特定的组织器官，进行生长繁殖，被侵害的组织出现病理变化，继而使被感染的畜禽出现不同程度的发病症状。

（1）传染病：传染病不仅影响工作动物，还影响家畜和野生动物。工作动物尤其需要考虑的特殊因素包括：感染源可能和工作相关。例如，破伤风可能通过指甲的小伤口感染，也可因为缰绳和脚绊引起足部伤口感染。

大多数工作动物都与人类密切接触，一些疾病是人畜共患病（如狂犬病、钩端螺旋体病）。因此，防止工作动物感染对人类健康也很重要。例如，巴西的研究中曾发现此类情况，钩端螺旋体病经由疫水传播。所有者在缺乏了解的情况下，为动物提供疫水而致病。

（2）寄生虫：寄生虫也会导致疾病。对巴西的役用马属动物的研究显示，对于蜱传病，割草和体外驱虫治疗同样有效。因为当草剪短后，蜱就无法轻易通过接触动物的腿或身体而传播。

7. 生病或年老的工作动物被遗弃

所谓遗弃，是指故意丢弃不应当或者不适合弃置于自然的动物的行为。

（1）年老生病的动物可能被遗弃，或置之不理直至死亡。在这些情况下，这些动物如果得不到治疗，使它们忍受长时间的病痛，最终痛苦的死亡是不人道的。

（2）贫困。如果动物是所有者重要或唯一的收入来源，他们可能仍然希望动物能够恢复健康。与此同时，当所有者极度贫困时，他们可能没有能力确保动物的人道死亡。

（3）安乐死可能因文化原因而受到反对。

（4）屠宰场或市场可能距离很远，而动物本身已经不具备经济价值。

（5）缺乏替代方案或者缺乏对替代方案的了解。

（6）动物也可能被卖给经销商运到市场，这样会让动物承受额外的痛苦和疼痛，因为它们身体已经虚弱或者受伤。动物经济价值很低，因此可能没有致昏就被宰杀，特别是在没有立法或不执法的社会。

对于工作动物，在英国一些地方已建立工作动物的退休制度，即在动物从业一定年限或达到一定年龄以后，将不再从事任何工作，并且在余生会享受良好的福利待遇。此外，安乐死的制度也为一些身处痛苦之中的工作动物带来了福音。

四、工作动物天性表达方面的福利问题

1. 消极情绪状态 在工作动物工作过程和饲养过程中，出于经济原因要求工作动物很好地配合人类工作，而人们不人道地对待工作动物，这可能导致工作动物可能不愿工作，这反过来会加剧工作动物所有者的挫败感，进而更加恶劣地对待动物，如更多地打骂、更少关注它们的伤痛等。许多役用马属动物长期处于饥饿状态，相对于其承担的工作而言，它们没有获得充分的食物。在非工作状态期间，通常它们仅得到维持生存的少量食物。所以当工作季节重新开始时，它们的身体非常虚弱。对动物心理产生负面影响的处置，主要包括以下几方面。

（1）工作过度或者休息不足：特别当役用动物是其所有者的唯一收入来源时尤为严重。如果役用动物是其所有者的唯一收入来源，可能会让动物不停地工作；或在农忙季节，如耕种季节将动物工作时间无休止地延长。延长的工作时间内，使用人对待动物可能不够尽责，导致工作动物由于过于疲劳而出现消极的情绪。

（2）过载以及装载技术不当：过载的问题很普遍，并且经常是无知导致的。役用动物能够承载重量和持续时间取决于多种因素，如动物的种类、品种、动物的健康状况、环境温度以及挽具等。如果对这些因素考虑不足，就会出现过载问题；如果装备设计不合理，动物就会浪费不必要的能量，而且工作没有效率；如果装备同动物不匹配，擦伤和溃疡就会发生，引起剧烈疼痛。所有这些，都会导致工作动物出现消极的情绪。

（3）不人道地处置：在使用工作动物过程中殴打、扭曲动物尾巴，或用锋利器物戳刺动物，都会导致动物剧烈疼痛、受伤，并影响人与动物之间的良好关系。

2. 消极行为导致认知偏差 因为虐待而导致惧怕人类，从而会导致这些动物对人类具有攻击性，如大象复仇行为。工作大象是经过训练的野生动物，它们并未真正驯化，很少进行圈养繁殖。饲养种公象十分危险。有些动物的野生驯化过程会引起动物反抗、挣扎、痛苦，也有可能引起心理的变化，使其记仇报复；导致劳动效率低下，身心疲惫，甚至造成使用年限缩短。水牛在极度疲惫或者带伤的情况下，很容易受到周围环境的变化，发生无法预料的行为，狂奔乱撞、甚至伤人等。需要注意的是，消极情绪状态可能会演变成另外一种形式上的认知偏差。

认知偏差是动物研究的一个新领域，还不清楚是否会出现于马属动物。如果确实出现，那意味着当马属动物已经处于消极情绪，如因为虐待而导致惧怕人类，它们很可能将一个不明确的刺激（如当兽医在它们身边走动以便观察它们，或只是人经过它们身边）视为一种威胁。这也意味着它们将经受更多不必要的痛苦。研究发现，城市中的马属动物比农村地区的对人更具攻击性，这是因为城市中的马属动物同农村的相比较，更多受到所有者的打骂或伤害，这也意味着它们将经受更多不必要的痛苦。

3. 社会行为缺失 动物的社会行为包括优势等级序列、沟通行为、求偶行为等。工作动物的一些自然行为很多都是在群体活动中表现出来的，它们更愿意跟同类在一起活动，这

样既可以保留它们的生活本性，同时在各种压力下，也是一种有效的释放压力的方式，更有利于它们的身心健康。但由于工作的需要，工作动物基本上都是单独喂养，而实际上它们是社会性动物，不应该被单独饲养。尽管相同物种的动物饲养在一起是最佳选择，但即便是一只鸡、一只羊或者猫，都可以为它们提供陪伴。

4. 亲子行为被剥夺 工作动物产仔后幼崽过早和母亲分离。例如，一些工作母马会产有小马，母马在工作时会同小马分开，这会给它们带来痛苦。母马和小马应该尽可能多地接触，母子分离容易导致它们出现沮丧的情绪，有些天性也无法表达出来。

幼崽是最脆弱和最敏感的群体，但是在其成长到一定阶段后，人类出于经济利益的考虑，将其与母畜隔离开来，这不仅是对母畜爱子之心的伤害，对幼畜更是一种巨大伤害，其在情感上，由以前的百般呵护到此时的无依无靠自力更生，整个生活发生了巨大的变化，又不得不适应周围环境和条件的变化。从心理上说，此时环境的剧烈变化将对其心理造成巨大的伤害。从生存的角度上说，幼崽又不得不面对其他同伴的竞争压力，如食物的争夺，栖息的竞争，阳光、水源等一切对其生存条件有益的各种资源的竞争。

母畜与幼崽强行分离后，母畜常常表现出精神萎靡、初期体温升高，并伴有减食或废食现象。眼神朦胧，泪痕清晰可见，精神不振，不愿走动，全身无力，闭目缩颈，离群呆立，反应迟钝等。幼崽更为严重，有时会有生命危险，即使没有如此严重，也会精神沉郁，行动缓慢，不思进食，形体消瘦，常常离群独处，低头哀鸣。尤其在单养状态更为严重。因此亲子被剥夺之后，无论从经营管理方面来说，还是从人文关怀、动物福利的角度来讲，都应当渐渐施行，不可骤然而做，过早或者一次做到，都有失考虑。

五、工作动物精神方面的福利问题

工作中驱赶的皮鞭导致工作动物特别是役用牛、马、驴、骡等动物出现恐惧问题。由于人们在使役的过程中为了让其工作效率更高，常手拿皮鞭或者类似物在一旁进行监督，稍有不正确或者不准确就会拿着鞭子抽打，因此，给各种使役动物造成很严重的心理阴影，使其在工作中时刻感到恐惧或者战战兢兢。

让动物超负荷工作，主要与工作时间、工作速度、拉拽、或者携带货物重量大小、天气情况以及动物工作时脚下的环境条件等有关。尤其在恶劣的环境下，如陡峭的山坡、寒冷和冰天雪地的环境、高温高湿、高强度的太阳直射时，让动物参加工作更会给工作动物带来恐惧。

还有些日常工作，也会带给工作动物恐惧和沮丧，如给动物套挽具的方法经常有严重的缺陷。有时会引起动物极大的痛苦，并且造成效率低下，不仅不能使动物正常发挥体能，还会产生疼痛和不适。

在发展中国家的农业生产中，动物数量众多，其受苦程度格外严重，可是它们所承担工作对经济发展却相当重要，营养、水以及休息场所和时间得不到保障。役使动物的对待方式也会导致残酷的虐待事件的发生，如使用棍棒鞭子和刺棒猛烈抽打动物，尤其是针对身体的敏感部位。在农场动物识别方式上，牛、羊戴耳标或打耳号，牛、马烙印或文身。以上不当的措施，都有可能引起动物的沮丧和恐惧。

第三节 解决工作动物福利问题的方法

要改善工作动物福利，首先要减轻工作动物为人类提供各种工作时的压力，在此基础上，要根据动物福利的五项基本原则，对其基本生活提供必要的便利。此外，对工作动物环境丰容也是一个很重要的内容，其本质上就是指对工作动物所处的物理环境进行修饰，改善环境质量，提高其生物学功能，如生殖成功率和适应性等，从而提高其福利水平。

解决工作动物福利问题的方法主要包括改变工作动物饲料的种类和提供方式，改善工作动物休息场所的条件，加强工作动物工作时的舒适性及兽医对动物的照料，提供合理的社会交流环境，增加工作动物天性表达的机会等。

一、改善工作动物饲养方面福利的常用方法

1. 为工作动物提供丰富的食物 为工作动物提供充足的食物和饮水，要考虑到动物的基本需求，即提供的方式、饲喂的频率和营养的均衡。根据不同动物在不同工作状态条件下体能的消耗，进而适当的加强饲喂，同时，工作动物在不同的生理状态条件下对食物有不同的需求，适当改善食物的种类、品质以及提供充足的饲喂非常重要。

例如，在农忙季节耕牛中午休息时，可以提供一些营养丰富的精饲料和适口性比较好的青绿饲料，适当地延长耕牛采食时间，这样既能满足耕牛的营养需求，又能大大减少采食量。在耕牛非工作时间如冬天，要根据牛的营养需求提供充足的营养，可以保证耕牛冬季正常的越冬。

不同种类的工作动物中，单胃动物和反刍动物的食物主要以草食性为主。在饲料品种改善中，主要增加的饲料是植物性饲料。而工作犬虽然是杂食动物，但其消化道结构仍然和肉食动物消化道结构相同，因此，在给犬提供丰富的食物同时，首先要解决的是提供一定数量的动物性饲料，满足犬对动物蛋白的需求。

2. 改善工作动物的饲喂方式 根据不同动物的生理特点，每种动物的采食特性不一样而采取不同的饲喂方式。如工作大象采食速度慢，采食时间长，为了其摄入的营养物质能够满足机体消耗的需要，我们在选择食物时就要考虑到选择营养丰富、体积小而且适口性强的食物，使大象在工作间隙能够短时间地采食到足够的营养，或者给予体力消耗大的大象补充一定的精饲料，效果也不错。或者工作期间在工作时间不变的情况下缩短大象休息时间间隔，期间加以短暂饲喂，少食多餐，在晚上再给予充足的饲喂，使得大象体力能够得到更充分的恢复。当然，如果考虑饲喂成本增加的问题，实际上低成本饲喂工作动物，往往使得其使用寿命缩短。如果适当增加饲喂成本，使用寿命大大增加，从工作动物整个使用周期来说，平均成本反而下降。

二、改善工作动物生活舒适性方面福利的方法

1. 改善工作动物的圈舍设计 根据不同工作动物的生物学特性，设计工作动物圈舍时尽量满足动物的生理和心理需求，减少环境压力造成的应激。在农村，耕牛工作之余大部分

时间待在圈舍中，圈舍在耕牛生活中的重要地位不言而喻。①耕牛个体大，需要的空间比较多，耕牛的圈舍需要建造的足够大，能满足耕牛在圈舍内自由活动；②耕牛圈舍设计建造时，要考虑到与外界隔离且还要满足足够的通风，这样耕牛在冬天就免受寒冷刺骨的寒风侵袭，夏天也免受炙热及漫天飞舞的蚊虫叮咬；③牛圈舍选址也非常重要，为了保证耕牛工作之余可以很好的休息，圈舍选在一个比较安静且免受其他动物打扰的地方是一个比较好的选择；④在耕牛休息时，特别是冬天给予适当的垫草，既能改善耕牛休息的舒适性，又能增加耕牛冬季休息的保暖性。

除了耕牛之外，对其他工作动物如马属动物、大象、骆驼等在圈舍选址、设计圈舍空间、圈舍的冬暖夏凉等方面的考虑，原则上和耕牛差不多。但在具体应用时，要考虑动物本身的生活习性，有针对性地进行圈舍设计及建造，就能提供工作动物合适的设施，营造舒适的环境。

2. 加强工作动物的感情维系，减少强制性的束缚 一般来说，工作动物在为人类工作时，为了更好地控制动物，让其提供更精确的工作内容或者防止动物走失，一般都用缰绳或者脚绊进行束缚，这样会严重束缚动物的活动。如果改善人与工作动物之间的亲和关系，工作动物就会对人类的依赖或者说信赖程度大大加强，再加上使用者利用口令或者肢体语言与动物的沟通，使工作动物理会使用者的意思。在此前提下，我们可以减少对工作动物使用缰绳或者脚绊，减少对工作动物强制性的束缚，增加工作动物活动的灵活性。

3. 改善动物的辅助器具，减轻工作时的疼痛

在使用工作动物的过程中，会利用到各种各样不同的辅助器具，如耕牛耕地、拉车使用的牛轭、马驴拉车使用的项圈和挽具、犬使用的牵引绳等。在使用这些辅助器具时，首先要根据工作动物的种类、大小进行科学合理的设计，使之能够符合工作动物的生理结构，发挥最大的使用效率。其次，为了保证辅助器具强度或耐用性，一般都是利用强度比较高的木头或者金属制作，高硬度的辅助器具和工作动物的皮肤部位直接接触，会导致动物皮肤疼痛，甚至受伤。为了减轻这种疼痛，可以考虑在这两者之间加上柔软的铺垫物，减轻其在工作时的痛苦。如图10-4所示的就是使用了柔软的鞍垫，这可以防止对驴背的伤害。

图10-4 使用柔软的鞍垫

4. 合理使用，避免热应激的出现 如果动物在工作中由于气候炎热或者工作过度出现热应激现象时，解决的办法主要有以下几种：一是在动物身上泼洒凉水，使体温迅速下降，然后给予提供合适的有荫蔽的休息处。对于像以水牛作为耕牛的使用者，在高温季节工作一段时间后适当安排水牛到有水的地方休息。二是不管是哪一类工作动物，在工作过程中提供充足的饮水非常重要。如马每天需要饮水40～60L；驴每天需要饮水至少20L。如果饮水不足，可能导致工作动物出现脱水现象。

5. 合理安排工作时间，避免工作过度劳累 工作过度现象一般出现在从事农业生产使用的使役动物和运载货物拖曳的工作动物。缓解这种现象出现的最主要方法就是合理安排时间，在农忙季节适当增加使役动物工作期间的休息时间，使工作动物不要过度劳累。对于运载货物的动物，虽然没有一个很好的标准，但具体应用的过程中要根据道路的状况和拖曳工具的状况适当安排运载货物的量，尽量减少超负荷拖曳的现象出现。

三、改善工作动物健康方面福利的方法

1. 提供良好的医疗条件，预防和及时诊治疾病 工作动物一旦出现异常情况，如精神状况不佳、食欲减退、行为倦怠、五官及皮肤出现异常等，都是工作动物患上疾病的预兆。工作动物的所有者一旦发现这些情况，要及时请兽医进行诊治，尽量减少工作动物的患病痛苦。

2. 精心照料工作动物 为工作动物提供适当水平的健康护理，定期对工作动物健康状况进行检查，定期驱虫和进行免疫，对每一只动物的疾病、受伤等健康状况和行为做好日常观察、监控和记录，以便出现问题可以得到及时发现和治疗。

3. 不粗暴对待工作动物 不得给动物造成由于虐待和伤害而产生的疼痛，这里所称的虐待，是指故意以残酷手段或者方式给动物带来饥渴、疾病、伤害、折磨等不必要的痛苦或者伤害，或者以残酷的手段或者方式杀害动物。不得对动物施加不必要的能带给动物痛苦的手术，如给动物烙印、割尾、切除声带等。对待工作动物，应避免以下情况的出现。

（1）使用动物缰绳、脚绊不当造成的损伤。
（2）在工作过程中意外摔倒、拉车时造成的意外伤害。
（3）去势和鼻穿孔带来的疼痛。
（4）击打后腿造成的伤害。

4. 对老年或受伤生病难以治愈的工作动物实现安乐死 现在因为不治之症而接受安乐死的动物比较多。由于人们不愿意看到这些为人们做出贡献的动物长期受到病痛的折磨，于是出于人道的考虑，对它们实施安乐死。对于一些老年动物或者不能再为人类提供合适服务的动物及时淘汰，特别是一些因为老年或者生活质量不高的动物继续喂养下去，对动物本身来说也是痛苦，不如尽早淘汰。

四、改善工作动物天性表达方面福利的方法

1. 工作动物应有积极的情绪状态 工作动物消极情绪产生的主要原因在于工作动物在工作中受挫，如工作过度或者休息不足、身体疼痛或者生病没有受到正确的处置，不人道的处置等产生。解决时，就要根据引起动物消极情绪的原因采取相应的处理办法。如果工作过度或者休息不足，我们就应该重新安排动物工作与休息的时间，使工作动物能够得到充分的休息，有充分的精力去对待将要从事的工作。如果是生病或者不正确的辅助工具导致动物身体疼痛，动物将无力承担起相关工作，如果使用者不加重视，动物将表现为消极的情绪，如马、牛等动物在拖曳工作中，身体疼痛时将对使用者的命令不听从或者需要使用者反复命令才有所动作，一旦发现这些现象时，使用者不应该鞭打或者惩罚工作动物，而是应该停下来寻找原因。如果有生病或者外伤的表现，应该及时停止让其继续工作，给予动物相关的治疗，或者改良工作动物相关的辅助工作用具。

2. 工作动物应该能够表达正常的社交行为　所有的工作动物都是社会性动物，当工作动物在不得已的情况下被单独饲养的时候，可以选择在圈舍中另外养一只小型动物作为陪伴，但与此同时又要保证不会造成对彼此的伤害。如马在野外属于群居性生活的动物，它们彼此互相照应，让马觉得更有安全感。用于工作的马，有的虽然一匹马住一个马厩，但是马也非常需要同伴。通常，在马场内养一些其他的动物，如犬、山羊甚至于驴等，也可以作为马的同伴。

3. 工作动物应该能够表达特有的物种行为　每个物种都有自己独特的行为表达，如一群生活在一起的马之间，是非常有阶级意识的。通常一群野马之中，会有一匹公马为首领。豢养的马匹之中，也会有一匹骟马或母马为首领。两匹马为了争首领的地位，或是新来的马要挑战首领，常会通过打架来解决。当然，两匹公马要争一匹母马，也是要打架的。年轻的马在一起，常常会互相追逐、踢、咬，这并不是真正的打架，而是在玩乐。从玩乐中学习沟通与相处的技巧，这对小马的成长是非常重要的。反刍类工作动物采食完后，需要大量时间进行反刍的习性，水牛喜欢在天热时进入水中进行水浴以降低体温，其他工作动物也有自己独特的物种习性。我们首先在使用工作动物之前了解其独特的生物学特性，并应该给予足够的时间或者空间表达这些习性，这样有利于工作动物更健康的成长，同时，也使这些工作动物经常处于比较积极的心态参加工作。

4. 促进工作动物与人类良好的关系　培养工作动物与人类之间良好的亲和关系，是工作动物享受良好福利待遇的基础。通过人与工作动物亲密的接触和友善的对待，工作动物对人的依赖性或依恋性会越来越强烈，不管是在工作过程中还是在休息时间，工作动物与人的配合性也会变得越来越强，不再会出现对立的情绪，动物所有者会更理性地对待动物。

要促进人类与工作动物的亲和关系，首先，要了解工作动物的各种习性，根据不同工作动物的习性采取不同的对待方式。其次，在平常饲养或者使用工作动物过程中，使用者态度要尽可能温和，不要做出让工作动物对饲养者有抵触的行为。最后，工作动物的所有者要多接触动物，通过加强接触，人与工作动物之间的亲和关系就会进一步加强，工作动物相关福利也就会得到保证。

五、改善工作动物精神方面福利的方法

对所有工作动物的饲养，应该尽可能避免让它们承受不必要的恐惧和痛苦。这可以通过下列方式达成。

1. 加强工作动物所有者的培训　工作动物所有者必须非常熟悉自己所拥有的工作动物的生物学特性，照料和处置动物的人必须是经过充分的培训，而且对于处置工作动物的各种处置方法很熟练或者具有丰富的工作经验。

2. 采用最合理的处置、训练工作动物的方法　处置、训练工作动物的工作方法，必须避免导致不必要的不舒适、痛苦或伤害。例如，训练动物应该使用奖励为基础的训练方法，而不是"传统"的使用惩罚的训练方式（如击打、敲打等）。如果惩罚过多，就会对动物造成一种恐惧心理。

3. 对工作动物提供合适的休息场所　动物应该安置在适合该物种生活的环境中。例如，在工作动物晚上休息时尽可能保持安静，尽可能地让工作动物休息时同类能聚在一起，增强

动物自信心，给动物提供当它们感觉害怕或痛苦（如占有主导地位动物出现或人类出现）时需要的躲避处；避免将存在未解决矛盾的动物置于同一圈舍，可以将有矛盾的动物分隔开，也可以将引起矛盾的动物带离（如在繁殖季节，将某些物种性成熟的雄性动物单独饲养，或在圈舍内不同位置提供食物以避免竞争）。

4. 对动物进行选育，改良动物的品种 改良品种，有助于改善动物的身体构造等因素，进而使动物能够更好地工作而免于受伤或跛足，如改善原本源于背部而受到的伤害问题。改良品种，也可以帮助选择脾气性格最适合工作且抗病能力更强的动物。

思考题

1. 简述工作动物的概念及其常见的种类。
2. 工作动物最普遍的福利问题主要有哪些？
3. 以役用牛和马为例，说明役用动物最普遍的五种福利问题。
4. 导致役用动物跛足率高的主要原因有哪些？
5. 从营养、圈舍、健康和行为角度讲，工作大象面临的最普遍福利问题是什么？

第十一章
马 的 福 利

马的福利是指马属动物在饲养、运输、屠宰过程中所需享受的最基本的待遇。马匹一生中所应享有的动物福利待遇包括马匹饲养、运输和屠宰过程中的福利，匹配的马福利保障制度和具备专业素养的从业人员。合理的制度与合格的人员是马匹福利得到保障的重要条件。

第一节 马的福利原则

马有别于其他动物的特殊福利要求：福利总原则应时刻考虑马的天性（如群居、奔跑）和其独特的生理特点。

一、保障马福利的基本条件

1. 制度保障 马所有者或马场应制订供全体马匹饲养人员关于马匹饲养管理和疫病诊疗等方面的作业规范。马匹运输时，应制订马匹运输计划和运输工具等方面的作业规范。马匹屠宰时，应制订马匹屠宰计划和屠宰方式等方面的操作规范。

2. 人员保障 所有参与马匹饲养、运输、屠宰的工作人员，包括马所有者、饲养员、驯养员、马场负责人、兽医、运输人员、屠宰人员及相关活动组织者，均有保障其动物福利的职责。马所有者应在马匹饲养、运输、屠宰过程中，提供合格的、充足的人员，以保障其动物福利。所有人员在参与马匹饲养、运输、屠宰过程和相关活动时，均应接受适当的培训，具备一定的知识技能，以保证人道地、有效地完成相关工作，履行其职责。

3. 相关工作人员的资质和职责 马兽医应取得农业部颁发的执业兽医师资格证书，具有专业技能和良好道德素养，能从专业角度关注和保护马匹福利。马匹饲养员和驯养员应具备识别马匹行为需求的相关知识，了解马匹生理和生活习性，具有相应的从业经验，能够专业负责地饲养马匹，为马匹提供有效的管理和良好的福利。马匹运输的组织者和参与者，应保证运输工具的使用和维护避免引起马匹损伤，确保动物的安全。马匹屠宰的组织和参与者，应具备识别有效致昏和马匹死亡的知识，具有相应的从业经验，能熟练使用屠宰器械和限制类药品，有能力使用和维护相关设备，能够在紧急情况下人道处置马匹。

4. 记录要求 应保存所有参与马匹饲养、运输、屠宰人员的培训记录和确认文件。应保存马匹在饲养、运输、屠宰过程中产生的相关文件、日志、记录等。相关记录至少应保存3年。

二、饲养过程中的福利原则

马可以被饲养在各种条件下，从野外放牧到集中马厩饲养，但马的基本待遇需求应得到满足（图11-1）。基本饲养福利待遇包括：便利的饲料和饮水设施，以便于其保持健康和活力；行动自由，能站立、伸展和躺卧；定期的、有规律的运动；与其他马匹或人交际联系；安全、舒适的厩舍和活动场地；定期检查和疾病预防，以控制马匹蹄病、牙病和寄生虫病，并能快速鉴别、治疗其损伤和疾病。饲养过程中的福利原则是尽量满足马匹的基本需求，提高马匹所需产品和服务的质量。

图11-1 马的福利

1. 水和饲料

（1）水：饲养马匹必须有充足、优质的饮水供应。应定期检查供水设施，检测水质，确保水质、水量、水温符合马匹需要。马对水的需求差异很大，取决于马的品种、年龄、体重、空气温湿度、工作水平、健康状况及饲料类型等。马匹基本水需求量可见表11-1。

表11-1 马的日需水量

体重（kg）	日需水量（kg）
200～300	10～15
300～450	15～25
450～500	25～30

注：马每天最低需水量，按体重计算约为52mL/kg。如果饲喂干物质则每千克干物质需增加2～4L水的摄入量。

（2）饲料：马匹饲料应充足且符合基本的营养需要，包括糖类、蛋白质、脂肪、维生素、矿物质、电解质和粗纤维等。马匹能适应多种谷物和干草，饲料中粗饲料和精饲料应根据马匹的需要进行平衡，饲料配制应有较好适口性且是经济的。马匹饲喂过程中，应有适当的谷物和干草按一定比例进行混合的饲料。马匹的正常采食量和最佳精粗料配比可见表11-2。

表11-2 马每天采食量和最佳精、粗料配比

马匹活动类型	饲料总量（%）	所需的精粗料配比（%）	
		粗饲料（干草类）	精饲料（谷物类）
闲散或休息马匹 非配种期种马	每100kg体重1.5～2.0	80～100	最多0～20
轻度工作	每100kg体重2.0	65～75（平均70）	25～35（平均30）

(续)

马匹活动类型	饲料总量（%）	所需的精粗料配比（%）	
		粗饲料（干草类）	精饲料（谷物类）
中度工作	每100kg体重2.5	45~55（平均50）	45~55（平均50）
重度工作	每100kg体重2.5~3.0	35~45（平均40）	55~65（平均50）

2. 饲喂原则 应制订饲喂计划，保证马匹每天能得到充足、多样、均衡的饲料，饲喂计划应适合不同马匹的需要。按照少喂勤添的原则，每天必须饲喂2~3次，保证足够的干草，防止马匹谷物类精料摄入过多。更换饲料要逐渐进行，加入新饲料成分应在4~5d内逐步完成，更换饲料应在7~10d内逐步完成。饲料和饮水中不能含有对马匹健康造成危害的物质，如霉变饲草、有毒植物、不洁饮水等。采取适当的措施，防止马匹撕咬和争抢。

3. 饲养环境

（1）马房：运动马以舍饲为主，马房的设计应能抵御风、雨、雪及太阳辐射等影响，确保马匹安全。马房的空间应足够大，能满足马匹的起卧、饲喂等行为，马房的厩舍建设标准可参见表11-3。马房的建筑材料，需对马匹无害且易于清洁、消毒。墙壁和地面应保持光滑、平坦，可有效防止马匹啃咬，减少马匹受伤的风险。马厩应有良好的自然通风或设置人工通风设备，保证厩舍内空气的流通和清洁，保持适宜的温、湿度，为马匹提供适宜的生活环境。厩舍内应提供适宜的照明设施，以便于马匹的饲喂、护理和疾病防治。水槽、料槽应分设，避免污染。料槽应大而浅，深度为20~30cm，利于马匹缓慢采食。

表11-3 不同马厩的建设标准

马厩类别	宽度（m）	深度（m）	面积（m²）
役用马厩	1.5~1.7	2.8~3.0	4.2~5.1
产房	3.0~3.5	2.8~3.0	8.4~10.5
种马和运动马厩	3.0~3.5	2.8~3.5	8.4~12.5
断乳至1岁半的幼马厩			4.0~4.5

注：厩舍内部高度，因各地区气候条件及马匹品种而异。

（2）运动场及围栏：马匹运动场围栏及入口，应提供高度适宜、方便安全的马匹通道，以防止马跳出和损伤。根据不同马匹的大小、公母和工作情况，确定围栏的大小。运动马必须在合适和安全地面上进行训练、行走和比赛，场地的设计和维护应确保马匹安全。参与国际比赛的运动马应提供独立的隔离场，隔离场必须安全、卫生、设施齐全。应及时清理马房和运动场内的杂物、粪便等。

4. 饲养管理 马匹的饲养管理和健康护理，是马匹福利的基本要求。定期给马匹接种疫苗，是确保马匹健康、避免传染性疾病的基本保障。基本管理要求包括：制订日常护理日程，制订定期驱虫计划，制订常规免疫程序，制订定期牙齿保健计划，制订定期蹄部护理程序，制订日常检查程序。

兽医人员应定期使用驱虫药物，防治马匹体内、体外寄生虫病。

应定期修蹄和护蹄，防止蹄病发生，保证马匹的正常运动机能。对经常在硬地面上活动的马匹要修装,并定期检查和更换蹄铁。对马的蹄部护理,要由专业人员进行。

兽医人员应定期进行马匹的牙齿检查及搓牙,以保证马的咀嚼功能。

在饲养过程中经常对马匹进行刷拭和保护,必要时可添加马衣。

饲养员或驯养员应具备识别不健康马的能力,必要时由兽医来诊断和治疗马匹疾病。对经过检查和治疗不能康复的马匹,应进行人道屠宰。

运动马必须经兽医人员诊疗,不得使用兴奋剂、抑制剂和滥用药物。对一般性疾病,兽医要及时进行处理,防止疾病扩散。在疾病治疗后,马应有足够的时间进行赛前康复。运动马的训练和比赛要符合马匹的身体能力和熟练水平,不得使用导致马匹害怕或无准备的训练方法。

5. 马运输过程的福利 运输过程中的福利原则是尽量缩短运输的时间和距离,满足马匹运输期间的基本需求。

(1) 运输计划:马匹运输前应制订详细的运输计划,包括马匹的来源和所有权,出发地和目的地,出发日期和运输时间,装卸设施和人员,运输工具、运输路线、沿途停靠点等信息。

(2) 运输工具:运输工具的设计、制造、维护和使用,应避免引起马匹的应激和损伤,确保马匹安全。涉及跨国的运输工具,应获得输出国官方颁发的批准证书。运输工具各部分构造应易于清洁和消毒,能提供足够的照明,便于运输期间观察和护理马匹。运输工具能保证马匹在运输过程中不受到伤害,不受恶劣天气、极端温度变化的影响,同时,能防止马匹的逃、漏、跑。同时,运输工具能够为马匹提供适宜的通风和活动空间(图11-2)。不同运输工具应提供的最低空间要求可参见表11-4、表11-5。运载笼具应适合马匹的体

图 11-2 马的运输

型和体重,使用防滑地板或铺设物,尽量减少尿液或粪便的渗漏。运输工具必须有明确而清楚地标识,表明装载有活体动物并保持竖直向上。在铁路或公路运输中,必须采取措施,防范车辆的颠簸和紧急刹车。

表 11-4 公路或铁路运输

马匹分类	马匹所占面积(m^2)
成年马	1.75(0.7m×2.5m)
青年马(6~24月龄)(长途运输在48h以内)	1.2(0.6m×2.0m)
青年马(6~24月龄)(长途运输在48h以上)	2.4(1.2m×2.0m)
小型马(高度不超过144cm)	1.08(0.6m×1.8m)

注:长途运输中,马驹和青年马必须能够躺卧。这些指标可以有所变动,对于成年马和小型马,最多可有10%的变动;对幼年马和马驹,可有20%的变动。变动取决于马的重量、大小、身体状况、气候条件和运输时间等因素。

表 11-5 航空和海洋运输

航空运输		海洋运输	
动物体重（kg）	动物所占面积（m²）	动物体重（kg）	动物所占面积（m²）
0~100	0.42	200~300	0.99~1.175
100~200	0.66	300~400	1.175~1.45
200~300	0.87	400~500	1.45~1.725
300~400	1.04	500~600	1.725~2.0
400~500	1.19	600~700	2.0~2.25
500~600	1.34		
600~700	1.51		
700~800	1.73		

（3）装卸：兽医应监管整个装卸过程，对马匹的运输适应性进行检查。对涉及跨国的长途运输，检查工作应在输出地由当地主管部门兽医人员完成。装卸设施的设计、制造、维护和使用应避免马匹损伤，地板应有防滑设施，易清洁、消毒。马匹装卸的斜坡坡度不能超过20°，斜坡面上应设置合适的装置，防止上、下坡过程中马匹受伤。装卸的升降台应配有栅栏，能够承受和满足马匹的体重和体型，防止马匹装卸过程中的逃、漏、跑。装卸期间要有适当的照明，便于观察和处理马匹。成年种公马、妊娠母马应单独运输；未驯服的马不能在4头以上的笼箱中一起运输；运输8月龄以上马匹应佩戴缰绳；妊娠超过10个月和分娩后14d内的母马，运输时间不得超过8h。

（4）运输：马匹在运输期间至少8h必须供应一次饮水，并根据需要提供饲料。在运输过程中保证每匹马都能被观察到，定期检查马匹的状况，以保证它们的安全和福利。在预定停靠点，完成喂食、饮水，处理病弱马匹，清除粪便和补充给养等工作。为避免传染病的传播，来自不同地区的马匹避免同一批运送。在运输途中休息时，避免不同来源地的马匹相互接触；建议在运输前给马匹接种相应的疫苗，以预防到达目的地可能传染的疾病。

6. 马屠宰过程的福利 屠宰过程中的福利原则是快速有效地致昏和处死马匹，尽量缩短屠宰时间，减少屠宰过程中的痛苦。

（1）屠宰方法：选择合适的屠宰方法能使马匹尽快地失去知觉、死亡，尽可能降低屠宰过程中产生的疼痛、痛苦、焦虑和恐惧的程度，以确保马匹屠宰过程中的福利。

马匹屠宰方法的选择和屠宰计划的制订应考虑以下因素：屠宰马匹的大小、数量、年龄、类型（运动马还是使役马）和屠宰顺序；马匹的饲养环境，如放牧场、饲养场、野外等；屠宰过程需要使用的专用设备，如枪械、药品等；马匹屠宰的目的，如肉用、革用或疫病屠宰；疫病控制过程中的屠宰，应考虑病原体可能传播的风险；马匹屠宰过程及尸体对周围环境的影响；马匹屠宰工作人员的素质和数量；马匹屠宰地点的选择，尽量避开同类动物或健康动物。

（2）宰前准备：为尽可能减少摔倒或滑倒造成的伤害，避免逼迫马匹以大于正常频率的速度行走，尽量减少马匹的处置和移动。采取适当措施，避免马匹受到伤害、悲痛或损伤。在任何情况下，都不能使用暴力方式或有伤害性的器具驱赶马匹。确保马匹屠宰时有足够器械和药品的供给,以顺利完成屠宰工作。马匹屠宰时,建议马主或其家庭成员中与屠宰马匹关系密切的人避免出现在屠宰现场,或者由专业人员提供满意和完整的屠宰解释。马匹屠宰前采取适当的保定措施,以便安全地靠近马匹,减少人员和马匹的损伤。保定方式包括机械方式或镇静药物注射。马匹的腿不能被绑住,不能在致昏或处死前悬挂马匹。

(3) 屠宰:国际上推荐的马匹人道屠宰方法有三种:机械致昏后放血法、枪击法和药物注射法。

①机械致昏后放血法:马匹屠宰的致昏点为双侧眼耳连线的交叉点,使用致昏器械对准马的枕骨大孔垂直打击。致昏后的马匹应有如下表现:马立即倒下,并不再试图重新站立;马背部和腿部肌肉痉挛,后腿曲于腹下;呼吸节奏停止;眼睛停止转动,直视前方。

在马匹屠宰过程中,马的保定、致昏和放血,要按照先后次序连续进行,只有做好后一道工序的准备工作,才能实施屠宰操作。致昏后的马匹,尽快切断颈动脉或开胸放血,以确保马快速死亡。

②枪击法:枪击法在国外比较常见。枪击法必须由具有相关技能、受过专业培训和有经验的工作人员来执行。在使用枪械时,枪击点的确定方法如图 11-3、图 11-4 所示。枪击法使用枪的类型和子弹种类,可见表 11-6。

图 11-3 枪击位置(正面观)

图 11-4 枪击位置(侧面观)

表 11-6 马匹枪击时枪和子弹的使用

枪类型	射击距离	子弹类型	子弹口径
手枪	<10cm	软/中空	
步枪	<10cm	软/中空	>1.0cm
	<40cm	软	
	>40cm	软	

③药物注射法(安乐死):药物注射法应由接触过马的兽医或与马亲近的人员执行,在注射过程中,马匹必须得到有效的控制,针头应固定在静脉中,保护操作人员的安全。药物注射法使用的致死液应该是被认可、有效且人道的致死剂。应尽快完成药物的注射,方便时可在左右颈静脉同时注射。此外,应确保药物注射后马匹的尸体得到有效的处理,防止致死药物对环境的二次污染。药物注射法应该先使用镇静剂,而后采用致死剂。

第二节　竞技马的福利问题与改善

一、饲养过程中的福利问题与改善

良好的饲养管理是竞技马匹发挥其速度、力量和耐力的基础。具有良好性能的马匹，在适宜的饲养管理条件下，经过系统的调教，再加上骑手高超的骑术，能充分表现其工作能力。马对营养物质的需要量受其体况、运动量、品种、年龄、环境、温度等因素影响。马匹个体之间对饲料的采食、消化特征存在较大差异，每匹马在采食量、采食速度、对饲料成分和某种饲料的偏爱等方面都不相同。因此，饲养人员具体饲喂时要全面准确地掌握每匹马的特点，在营养师设计的平均日粮供应基础上，根据每匹马的特点加以调整。

（一）竞技用马的日粮

马是草食家畜，因而要求饲草中优质牧草要占85%，配合饲料的基本成分为麸皮、紫花苜蓿、燕麦、玉米、谷壳（或切细稻草）、大麦、亚麻子、胡萝卜、水萝卜、食用油、石灰石粉、大蒜粉、矿物质、苹果、糖浆和盐等。竞技用马日粮组成应是多种多样，各龄马饲养标准依性别、活重、完成工作和其他条件分别拟定，还应根据马匹膘度经常酌情调整。

（二）竞技用马的饲养

遵循"少给勤添"原则，每次饲喂的量要考虑到马匹白天训练的负担，做到训练前的一次要少喂，如主要训练在上半天进行，则早上喂25%的饲料，中午40%，而下午35%。当训练在下半天进行，早上喂给40%的日粮，中午25%，晚上35%。白天比赛，要减少粗饲料的份额，而增加高能量易消化饲料数量。运动用马的饮水和季节、空气温湿度、饲料含水量、工作的性质和完成的多少及个体特点有关。一般冬季25kg，夏季30kg，负重工作时饮水可达50kg。要适时给予马匹清洁饮水，在剧烈运动后不要着急饮水，稍事休息后给予适量水。竞赛期间供给糖（葡萄糖），可以促进马匹机体里能量的储积，提高工作能力。推荐竞技用马每天饲喂300～500g糖（或葡萄糖）。

（三）竞技用马的管理

要经常刷拭马匹，马若十分干净，可以只在每天早晨刷拭1次，晚上或训练后仅刷拭有污垢的地方。有汗或马身上潮湿，应在工作结束后马上刷拭，刷拭时对待马的态度要温和谨慎。护蹄对运动用马有特殊的重要性。要保持蹄的清洁，维持它的正常湿度和蹄质的弹性，适时地修削和钉蹄铁，以维持它的良好形态。

（四）竞技用马的训练

骑乘运动对马有相当复杂和高难度的要求，各种障碍类型式样、尺寸、越野赛复杂的地貌、多变的环境及各式各样声音、颜色对马都有刺激，训练的主要任务是练出马匹必需的运动反射，尽可能地发展和完善机体动作，使马匹能表现出最高的工作能力。实践证明，马匹的训练由于性情、气质和悍威上的差异，不可能有一个统一的模式，因此，每匹马都要区别对待。

（五）竞技用马的日常健康管理

马是否有病最有效的办法是由兽医进行诊断,但在实践中骑手或饲养人员也可以通过接近、熟悉马匹,详细观察马的日常行为,以便在早期发现病马。

通常,可以通过三看一摸发现病马。

一看精神状态:主要注意其面部表情,观察眼、耳及尾的活动和对周围的活动。健康的马匹对外界的刺激可发生相应的反映。马有病后大多精神不好,表现为低头闭眼,站立不动或行动缓慢,有的弓腰,有的全身发抖,四肢无力,走路不稳,流口水或鼻涕。

二看饮食情况:马有病后食欲明显减退,有的吃几口就退槽,有的边吃边吐草团,饮水少甚至不饮水。

三看粪尿变化:对粪便的肉眼观察,主要注意颜色、数量、气味、硬度及混合物,但粪便又因饲料种类、消化吸收等不同而有差异。正常的马粪呈球形,落地后部分碎裂。马有病后粪尿有明显变化,有的粪球干小发硬或稀软成堆,甚至排稀便,粪中常混有未消化的料粒或附有黏液并有腥臭味,有的尿液黏稠如油状或排红尿,或有排尿动作而无尿排出。

一摸:用手触摸有的病马的耳端或鼻尖,可感受其温度的升高或降低,触摸皮肤和肌肉出现局部肿胀热痛。

二、竞技过程中的福利问题与改善

参加国际马术比赛的所有马匹,都要求遵守并执行国际马术运动联合会(FEI)关于马福利的规定。在任何时候马的福利必须是至高无上的,绝不能服从竞争或商业的影响。

（一）在筹备期间和竞争训练马匹的各个阶段,福利必须优先于所有其他要求

1. 马良好管理 隔离、饲养、训练过程中,必须尽可能地做好马的管理,绝不能对福利做出让步,要避免任何可能造成身体或精神痛苦的做法。

2. 训练方法 马匹只能接受符合它们的身体能力和成熟水平的培训,不能使用任何可能会导致马匹痛苦的训练方法。

3. 修装蹄及蹄部护理 足部护理及脚蹄必须保证高标准,蹄铁必须专门设计,避免出现疼痛和受伤的危险。

4. 运输 在运输过程中,马匹必须得到充分保护,免受伤害和其他健康风险。车辆必须保证安全、通风良好、定期消毒,并由主管工作人员驾驶。运输者必须有能力始终管理好马匹。

5. 交通 按照FEI的要求,所有行程必须经过周密计划,马可定期休息,保证提供足够的食品和水。

（二）马和参赛者必须是适合、胜任和身体健康才允许参赛

1. 参赛能力 参与比赛的马匹和骑手,必须都有健康证明。

2. 健康状况 有显示疾病症状、跛行或其他明显疾病或原有临床病情,将不能参加比

赛或继续进行比赛。因为这样做会损害其福利，建议兽医必须对此认真检查并负责。

3. 兴奋剂、抑制剂和药物治疗　使用兴奋剂、抑制剂和滥用药物是一个严重的福利问题，是不能容忍的。经过兽医治疗后，马匹必须有足够的时间休息，以保证在赛前完全康复。

4. 妊娠/最近产驹的母马　在妊娠第 4 个月后或刚刚产驹的母马不能参加比赛。

5. 滥用辅助物　不允许对马匹滥用天然或人工辅助驾驶辅助物（如鞭子）。

（三）赛事不能妨碍马福利

1. 比赛场所　马匹必须在合适和安全的地面上进行训练和比赛，所有的障碍设计必须考虑马的安全。

2. 场地表面　马匹行走、训练和比赛的场地表面在设计和维护的时候，必须考虑减少导致马匹受伤的因素，特别要注意表面的材料和保养。

3. 极端天气　如果极端天气条件影响马匹的福利或安全，那么马匹不能参加比赛。在过热或潮湿的环境下比赛后，必须迅速让马匹降温。

4. 比赛隔离场　隔离场必须安全、卫生、舒适、通风良好并有足够的空间和处置场地。必须有清洁、优质、适当的饲料，休息用品，新鲜的饮用水和冲洗水。

5. 赛后休整　按照 FEI 的要求，马匹经过比赛后必须做适当休整。

（四）所有的马匹必须确保在比赛中得到适当的照顾，已经退役的马匹必须得到人道的待遇

1. 赛事检查　马非常愿意服从他们的乘客，因此，很容易导致过度劳累。为防止这种情况的发生，许多这样的体育运动在整个赛事过程中需要执行一系列的检查。兽医检查后确认马匹的健康状况是否允许比赛，如果不具备继续参加比赛的能力，马的兽医可以要求取消竞争。特别是在耐力赛中，应分段对马匹进行健康检查，对规定时间内心跳不能恢复到规定指标的马匹，应该立即中止比赛。

2. 兽医治疗　在比赛的过程中，必须有专业兽医一直在场。如果马在比赛中受伤或疲惫，选手必须要下马，让马匹接受兽医检查。

3. 中转场所　必要情况下，马匹应集中在救护车后才运送到最近的治疗中心就近地进一步评估和治疗。受伤的马匹，在运输前必须给予充分治疗。

4. 比赛受伤　在比赛过程中，监测马匹意外受伤的事故率。我们必须仔细研究比赛地面的环境、马匹比赛的频率以及其他风险因素等方面，进而减少马匹伤害。例如，耐力赛赛段修停检查，如果马匹在规定的 20min 内，心率不能降到 64 次/min 以下，将取消继续比赛的资格。

5. 安乐死　如果马匹受到严重的伤害且不能保证今后的生活质量，兽医应该尽快从人道主义方面对马匹进行安乐死，以减少马匹痛苦。

6. 退役　对于退役的马匹，确保马匹应该被人道地对待。

第三节　宠物马的福利问题与改善

宠物马是区别于因经济或生产原因而饲养的役用马或者用在竞技比赛中的马，是用于为

人类提供陪伴和愉悦的马（图11-5）。

图11-5　宠物马

一、宠物马的福利问题

（一）忽视宠物马的需要

如果主人没有给他照顾的马喂食，或者当马匹生病时没有请兽医看病，使马匹遭受痛苦，这通常是由于不了解马匹的需要而疏忽造成的。有时，马主人尝试赋予马匹人性。虽然有人争论说人类和马有很多共同的特点，但是宠物马和我们人类一样有它们自己独特的需要。宠物马日益的肥胖也越来越受到关注，这也是由于主人疏于照顾造成的。而在马匹患有传染性疾病，尤其是人畜共患传染病的情况下，不对疾病进行治疗，会构成潜在的隐患。

（二）虐待宠物马

故意对马匹施加造成其痛苦的行为，如故意打、踢或烧伤动物，使得马匹遭受痛苦，这就是虐待行为。除此之外，要关注在各种娱乐活动中使用的宠物马、在影视剧作品及马戏表演中出现的马匹。在世界的一些地方，宠物马甚至也被用在毛皮贸易、肉食产品以及传统医药中。

二、宠物马的福利改善

（1）宠物马主人应该负责其一生的照料和福利，在无法继续照顾宠物马的时候，将它们安排给更可靠的人。

（2）宠物马主人禁止以不人道的及不加选择的方法处死宠物马，包括毒杀、枪杀、击打致死、溺死和随意屠杀。

第四节　工作马的福利问题与改善

工作马是指用于耕作、牵引和其他沉重的劳动，而不是竞技比赛或骑乘的马匹。工作马是发展中国家城乡重要的农业动力和运输工具（图11-6）。

图 11-6 工作马

一、饲养过程中的福利问题与改善

(一) 饲料要求

1. 能量需求　优质青草干物质（绿色饲料）、干草或窖藏半干草料的采食量达到体重的 1.5%～2.0%，便足以满足马日常能量需求。根据动物的特定基础代谢率和不同能量消耗的活动，需要量可能会略有不同。随着工作量的不断增加，能量需求也随之增加。没吃饱的一匹马几乎不会工作得很好，进而不能充分发挥其潜力。因此，日常采食的能量需求显得极为重要。

2. 蛋白质需求　蛋白质是一切生命现象的物质基础，它对马匹的健康非常重要，是其他营养物质不可替代的。蛋白质是工作马饲料中需要量较大的营养物质，运动用马由于机能代谢旺盛，蛋白质周转快，消耗也大，故需要量也多。成年马无论休息还是轻、中、重度工作，日粮中可消化蛋白质含量以 8.5%，不超过 10% 为宜。如果给予过量的蛋白质会导致马匹出汗增多，工作使役后容易脱水，长期蛋白质过量会造成肾脏损伤，蛋白质过剩的特殊标志是汗液黏稠、多泡沫。

3. 矿物质需求　工作马因大量运动并大量出汗，矿物质的代谢消耗大大增加。因此，对普通马矿物质足够的日粮，对工作马则不够，需要适当补充。首要的矿物质是钙、磷和盐。钙和磷决定了骨骼的坚固性和肌肉紧张度。体重 500kg 的马每天约需钙 23g、磷 15g，钙与磷的比例 (1.2～2) : 1。而过多地喂其中一种，会妨碍另一种的吸收，对马来说，也是非常有害的。马匹运动出汗和疲劳虚弱，需要补充足够的盐分，运动量越大，出汗越多，盐分损失也越多。对工作马来说，特别在高温炎热出汗情况下，每天有 60～100g 的盐分损失。缺盐可导致马匹肌肉僵硬、脱水，长期缺乏，可导致食欲减退、被毛粗糙、生长停滞等。

4. 维生素需求　虽然维生素不是能量来源，也不是构成体组织的成分，但它是维持正常生命活动必不可少的物质。维生素存在于各种植物中，特别是青绿饲料中。品质好的青干草中维生素的含量丰富，可保存 1 年。但干草中维生素由于风吹日晒、保存不当而损失严重，保存 2～3 年的干草中维生素含量已经很少。因此，在以干草为马匹粗饲料的日粮中补加维生素是必需的，如适当喂些青绿饲料。维生素有维生素 A、维生素 C、维生素 D、维生素 E、维生素 K 和 B 族维生素等许多种，各有其特殊作用。如维生素 D，能促进机体对钙磷的吸收，缺乏时，幼驹骨骼发育不良，容易得佝偻病，成年马则会导致骨营养不良等。

（二）饲养方法

工作马普遍实行舍饲，舍饲马需要人工饲养来保持健康，马的健康和运动能力在很大程度上取决于科学的饲养。对于工作马来说，要求不能过瘦也不能过胖，否则都会影响马的工作能力。因此，在饲养实践中主要注意以下几个方面。

1. 饲喂品质良好的饲料 霉变和满是灰尘的饲料对马的健康有害，特别是被寄生虫或有害物质等污染的饲料。因此，切忌饲喂发霉变质和被寄生虫或有害物质等污染的饲料。粉状饲料饲喂时，要拌入适量的水。

2. 定时定量少喂勤添 因为马不能呕吐，采食过多的饲料易造成胃扩张，严重者有胃破裂的危险。因此，马最适于定时定量少喂。关于饲喂次数通常以日喂 3~4 次（包括喂夜草 1 次）比较合理，关键在于每次喂量不要过多。要定量饲喂，各次饲喂的间隔时间要均匀。而且，间隔时间不宜过长，一匹马不能超过 8h 呆在厩内没有东西吃。因此，晚上在厩舍内的马必须有足够的干草吃，每天干草量的一半可在晚上饲喂，这样马有充足的时间去消化吸收。每天的精饲料在白天分 2~3 次喂给，每次饲喂时应尽可能在短时间内把精饲料分发到每匹马，勿使马烦躁等待。每天要固定在同一时间喂马，即定时饲喂，不得随意更改饲喂时间，以免破坏马的饮食规律而导致消化紊乱。

3. 依据马匹个体特点进行饲喂 马匹对营养物质的需要量受马的体格大小、体况、运动量、品种、年龄、环境、温度等因素的影响。马匹个体之间对饲料的采食，消化特性存在较大差异。每匹马在采食量、采食快慢、对饲料成分和对某种饲料的偏爱等方面都不相同。因此，饲养人员要全面准确地掌握每匹马的特点，在营养师所设计的平均日供应的基础上，具体饲喂时应依据每匹马的特点加以调整。经常检查采食情况，了解马对饲料的偏好和习惯，从而满足每匹马的特殊需要，这就是在饲养中常说的所谓个体饲养。对于工作马来说，要依据每匹马的特性和运动强度等采取个体饲养。如工作强度加大了，日粮也必须随之调整以满足所需能量，饲喂高能量饲料以促进其活动；如果马太瘦，需多给营养丰富的饲料；太胖则需较少的营养；老马消化功能减弱，身体状况容易下降，需要增加容易消化的饲料；如果在寒冷、潮湿的季节，需要增加食物来维持身体所需能量。

二、工作过程中的福利问题与改善

（一）工作过程中的福利问题

超负荷工作导致休息不足，特别是租用人员对租用马匹缺乏责任感；超载或者是装载技术不足；工作装备差，主要指马车和挽具；人为操控不人道；工作马年幼或者体弱多病；缺乏日常健康管理；营养不良。

（二）工作过程中的福利改善

1. 合理使用挽具 合适类型的挽具和合理使用挽具，可以改善工作马福利，提高其工作能力和效率。挽具类型必须与工作马的生理特性相匹配，挽具设计应确保有效地利用其肌肉特点，使工作马更好地投入工作；为了避免由于挽具的不适而使工作马受伤，挽具必须要充分和马接触，有大量填充，安全地固定在马上，并且还可以根据马匹大小或身体状况的变化做出适当调整，以防挽具摩擦马匹而引起不要的损伤。牵拉力量应该均匀适中，方向尽可能水平。

为充分发挥挽具的作用，挽具附属装置设计应更加合理，附属装置与挽具匹配，使马匹在工作中灵活自如，但应防止马匹过度活动，保持必要的自动力。附属装置的设计使动物向下加载有效，下腹部没有向上的负载，使两轮马车不能向后牵拉，允许马在凹凸不平的地面有一定垂直的灵活性。

2. 健康管理 检查四肢、头部和躯干是否有刮伤、切口、擦伤和穿刺伤，如有上述损伤尽快处理。定期进行蹄部护理及修蹄，清洁蹄部，同时，检查蹄部是否有挫伤、蹄裂及蹄铁丢失。

定期检查马匹的身体状况和对其工作能力进行评估，避免过度使役，幼龄及身体状况不适合进行劳动的马匹禁止工作。

思考题

1. 简述马的福利原则。
2. 如何改善工作马工作过程的福利问题？
3. 如何改善竞技马在竞技比赛过程的福利问题？

参考文献

Biffa D, Woldemeskel M, 2006. Causes and Factors Associated With Occurrence of External Injuries in Working Equines in Ethiopia [J]. International Journal of Applied Research in Veterinary Medicine, 4: 1-7.

Pearson R A, Krecek R C, 2006. Delivery of health and husbandry improvements to working animals in Africa [J]. Tropical Animal Health and Production, 38: 93-101.

Pritchard J C, Barr A R S, Whay H R, 2006. Validity of a behavioural measure of heat stress and a skin tent test for dehydration in working horses and donkeys [J]. Equine Veterinary Journal, 38: 433-438.

Pritchard J C, Lindberg A C, Main D C J, et al., 2005. Assessment of the welfare of working horses, mules and donkeys, using health and behaviour parameters [J]. Preventive Veterinary Medicine, 69: 265-283.

Swann W J, 2006. Improving the welfare of working equine animals in developing countries [J]. Applied Animal Behaviour Science, 100: 148-151.

第十二章
犬、猫的福利

全世界各类宠物中与人类关系最密切的是犬和猫，它们通常被视为家庭成员。当今社会，人类饲养犬、猫的目的主要是为了获得快乐、情感交融以及社会交往等。但是在饲养过程中却存在很多福利问题，主要包括以下几方面：饲主忽视宠物需求、随意饲喂人吃食物等不当的饲养方式，不按时免疫接种疫苗和户外乱跑等；繁育者仅重视外表，忽视基因缺陷等繁殖行为；动物诊疗机构设施不完善，缺乏相关福利意识等不正确的做法等。同时，还指出了流浪犬、猫的福利问题及其给社会带来的负面效应，如传播疾病、造成人身伤害以及污染环境等问题。改善犬、猫福利的任务，需要兽医、饲主及流浪动物收容所共同努力来完成，这对于保持良好的公共卫生环境、维护整洁的市容市貌，以及建设和谐社会等意义深远。

全世界范围内犬、猫的数量大致相等，分别达到了77亿只。由于猫乖巧、比较安静、易于饲养和照顾，因此，在发达国家，家养猫的数量已超过了犬的数量。而在中国的一线城市，养猫家庭的数量也呈现快速增长的趋势。据北京小动物诊疗行业协会统计，在中国的一些一线城市中，去宠物医院就诊的猫的数量已接近于犬的数量，这与世界发达国家的统计结果相符。犬、猫除了能够陪伴人类生活，还可以辅助人类疾病的治疗，如养猫能够降低人的血压，金毛寻回犬等犬种可以参与儿童自闭症的治疗。在中国，虽然犬、猫的饲养已深入千家万户，但它们的福利问题却始终没有得到足够的关注。即使有些主人对自己饲养的犬、猫关怀备至，也由于缺乏相关饲养知识，不可避免地将一些错误观念、不当行为体现在犬、猫饲养过程中，使它们的福利受到不同程度的影响。

第一节　犬、猫常见的福利问题

一、饲主忽视引发的福利问题

当前，由于经济的高速发展、社会竞争压力大、生活节奏快，所有的家庭成员可能每天都需要外出工作，而将饲养的宠物犬、猫单独留在家中。这些宠物除了要忍受整日的寂寞外，有的可能还无法及时获取新鲜食物和水源，还有的甚至一连几天都会忍饥挨饿。虽然相对于犬来说，猫性格较为独立，更适合被养在饲主工作繁忙、居住面积较小的家庭中，但是饲主长期的忽视或虐待，会给它们的生理和心理带来伤害，有些情况下甚至会导致相关疾病的发生。还有些猫也有可能因为饲主照顾不周而离家出走，成为流浪动物，使其失去生活保障，也给公共卫生安全带来隐患。常见的饲主照顾不周，表现在以下几个方面。

(一) 不了解宠物需求

大多数福利问题的产生都与饲主在护理或沟通过程中遗漏、误解宠物的需求有关。如犬大声吠叫，可能代表着饥饿、寂寞、胆怯、需要排便等需求，有些饲主可能无法理解其具体含义，甚至会因其叫声过大而采取惩罚措施。再如，有些犬会在主人下班回家时扑向主人表示友好，但有些饲主误认为此是攻击行为，极力反对或大声斥责。这些都会在一定程度上给宠物犬、猫身心带来伤害。

(二) 忽视疾病的初期表现

在中国很多地区包括某些一线城市，绝大多数的饲主由于知识欠缺，对宠物关注度不够，在犬、猫出现很多疾病的初期表现时都没有及时察觉，直到出现明显症状才去就医，而导致治疗的时机错过或使得治疗的时间延长，甚至还有些宠物因没有及时救治而死亡，这些都使得患病动物承受了更多的痛苦。例如，如果犬、猫最近在家中随处小便，可能由于泌尿道或肾脏发生了结石等病变，但有些饲主会误认为宠物出现了行为上的问题，从而采取体罚措施纠正其行为。另如，宠物突然间精神萎靡、食欲废绝，有的饲主会忽视这些异常情况，认为过两天即可自愈，从而耽误了很多疾病的最佳治疗期。再如，宠物患有某些慢性疾病，如肿瘤会导致腹围不断增大，很多饲主对此视而不见，直至宠物疾病达到晚期后才去就诊。所有这些饲主的行为，都会对宠物福利造成很大的损害。这也是宠物临床经常发生医疗纠纷的原因，饲主认为宠物只是刚刚发病，但是治疗时间或治疗结果却大大超出了他们的预想。究其根本原因是由于饲主的忽视，已经在家里延误了很长时间，所以更应该感到内疚的是饲主而不是兽医。

(三) 不重视疾病的预防

在中国，宠物犬、猫饲养历史很短，饲主饲养和防疫知识欠缺，很多都没有按时为犬、猫注射疫苗，甚至认为不出门就不会生病，可以不进行免疫。还有的饲主在还未给幼年犬、猫完成免疫的情况下就去接触陌生动物，或者由于喜欢其他动物去任意触摸患病动物，而导致宠物传染性疾病相互传播的发生。

(四) 忽视犬、猫安全

很多饲主由于无知或过于相信自己的判断，忽视了宠物活动空间的安全，出门遛犬不拴犬链导致犬走失、车祸或被其他动物咬伤，有时也会发生猫从高楼坠落的现象。在中国很多大城市，每年都有犬、猫因其主人的疏忽而导致悲剧的发生。在宠物临床，宠物的急诊也大多是源于饲主没有给犬拴链导致的咬伤、撞伤等。还有就是由于猫的主人外出没有关好窗户，而导致猫咪的高楼摔伤。

二、选择育种带来的福利问题

多年来，繁育者都会选择具有某些特征的犬和猫进行繁殖，于是产生了今天看到的各种各样的品种和类型。为了保持品种类型的稳定，他们也制定了严格的繁殖标准，即用来评判展览、选美比赛动物的准绳。然而，为了某些特性而人为进行繁殖，可能会明显地减少潜在的基因库，使得遗传缺陷在某些品种身上显现出来。在许多国家，犬和猫的繁殖以及各种选美比赛、展览非常流行。动物个体因外表而非健康状况入选，因此，繁育者根本不会考虑品种遗传带来的健康问题。有时还可能会选择性格不适合作为伴侣动物的品种用于繁殖，如容易感觉恐惧的品种。恐惧会带给动物非常负面的生活经历，同时，导致它们很难同其主人建立良好的关系，而饲主则有可能因此而遗弃它们。

在国外要想成为一个繁育者要有一定的资质和准入门槛，而且动物的繁殖还需要兽医参与意见，特别是遗传疾病的判定。如果没有兽医签署的意见，一旦所销售的犬只出现遗传性疾病，动物繁育者将承受法律的制裁。在我国，对繁育者没有明文规定，甚至只要有一只雌性的、可生育的动物就可以成为一个家庭繁育者。由于缺乏对繁育者的法律法规约束，销售渠道又多种多样且缺乏监管，使得繁育成为一个非常轻而易举的事情。很多繁育者都缺乏基本的血统常识，一些人不了解品种带来的遗传缺陷，为了节约成本并让幼崽好看，近亲繁殖、随意繁殖"生产"出很多具有潜在疾病危险的幼崽。而这些幼崽发病时往往已经是几年以后，这给它们的主人带来了极大的伤害。更有很多带有遗传病的幼崽，被知情或不知情的饲主用于繁殖。因此，遗传病都是源于人类为了自己的需求和审美而过分追求犬只的外貌及利益造成的近亲繁殖和过度繁殖，这些都会极大损害犬、猫福利。

犬、猫繁育引发的遗传性的健康问题，对犬来说尤为明显。目前，世界几个犬种血统认证组织认证的犬品种多达百种。这些大小不同、外貌相异的犬只，导致了很多品种都有患遗传性疾病的可能。动物福利大学联合会（Universities Federation for Animal Welfare, UFAW）网站等其他权威机构列出了多种常见的犬、猫遗传疾病。英国最近的一些研究也显示，英国犬类俱乐部（UK Kennel Club）注册的 50 种最流行的品种全部具有遗传性疾病。如果饲主不了解自己所饲养宠物的易发疾病，也没有采取相关的预防措施，那么动物很容易患上易发疾病。如果犬、猫繁育者能够了解这些内容，就会在繁殖中引起足够的重视，从而减少和避免遗传性疾病的发生。

三、行为问题带来的福利问题

犬、猫出现不良行为的现象非常普遍，如随意破坏家中物品、主动攻击其他动物和人类，以及公猫到处喷尿等。伊朗 85.6% 的犬曾表现出具体的行为问题。而在西方国家，饲主将动物抛弃到收容所的主要原因也是因为它们的不良行为。在中国，大多数的犬咬伤案例都发生在家中，并非由于犬原本的性格问题或行为障碍，而是因为饲主对犬的行为一无所知，并且也没有做好充分准备就把它们带回家，之后也没有通过正规的训练方式让宠物知道主人的想法，因此，这些犬、猫就不可避免地出现了行为问题。由于饲主在犬、猫行为学知识方面的缺乏，不能很好地对待和管理它们表现出的异常行为，譬如当犬、猫出现焦虑而产生吠叫、撕咬物品等状况发生时，它们有可能就遭受主人的虐待，甚至遗弃。因行为造成的遗弃大大损害了动物的福利。近几年，随着宠物诊疗行业的发展，有更多的兽医去研究动物异常的行为，通过正向的诱导或辅助药物的使用，来改变异常行为的动物被抛弃的命运。但我们也应正视如果异常行为无法矫正，这些宠物犬、猫也可能会面临人道安乐死的境地。

四、错误的饲养方式伴发的福利问题

(一) 肥胖问题

评价犬、猫是否肥胖，主要是看它们肋部脂肪层的厚度，以及是否能够摸到肋骨。如果很难摸到，则显示该动物患有不同程度的肥胖。从外形来看，如果已经无法看到动物的腰身，也说明动物已经出现了肥胖。发达国家和发展中国家患肥胖症的人越来越多，肥胖问题在宠物犬、猫中也日益普遍。国内很多饲主都有一种错误观念，即宠物胖乎乎的才可爱，说明营养好而且心情愉快。但他们并不知犬、猫肥胖症会给健康带来很大威胁，很容易诱发代谢性疾病，如糖尿病、高血压等。同时，超重的身体还会给关节带来极大负担，不仅造成行动不便，还容易患上骨关节炎。而且肥胖的动物大多数不耐运动，精神状态不佳，缺乏活力。与人的感受一样，动物过厚的脂肪层也谈不上舒适，尤其是在炎热的天气，肥胖的犬、猫很难凉快下来，而且还伴随着许多其他不利的影响。肥胖症的发生，更多是由于饲主对营养知识的缺乏，单凭自己的想象给动物提供高脂肪和高蛋白的食物，特别是人的食品。饲主看到宠物狼吞虎咽的状态时，才会认为自己付出了爱，但这种爱所带来的后果是对宠物健康的损害。

(二) 营养不良问题

很多饲主都认为犬、猫可以吃人类的食物，犬、猫食物可以互相替代，或为了它们的健康只给它们吃素食，这些都是错误的观念。人吃的食物高盐、高油脂，会给犬、猫的健康带来很大威胁，而且也无法满足它们特有的食物营养需求，导致宠物出现相关的营养方面的疾病。如猫是纯食肉动物，有特殊的营养需要，如果给其使用素食或蛋白质含量低的饮食其就无法存活。还有些饲主认为限制幼犬的饮食量，可以限制它们不至于长得太大，看起来更可爱。或者他们干脆认为，幼犬不能多吃，吃多了会生病，导致动物出现低糖血症以及严重的营养不良，对疾病的抵抗力也大大降低。

五、虐待

由于犬、猫存在不良行为，很多饲主都认为只有通过"惩罚"才能有效解决，轻则踢打，重则虐待，给宠物身心带来不可恢复的创伤。有些因为家庭矛盾，以及家庭对儿童的惩罚，都可能通过逐级传递，将怨恨施暴到毫无自保能力的犬、猫身上。因此，温馨的家庭会创造和谐的环境，有助于培养儿童对动物的关爱，培养孩子健康友善的心灵。善待动物，不光只是对待动物的态度，更重要的是我们可以通过善待动物而善待人类。

六、诊疗过程中的福利问题

犬、猫去动物医院就诊、免疫或美容时，会承受各种外在的压力，如本身疾病的痛苦、陌生人和其他动物的声音、其他动物排泄物或医院内部的气味、荧光灯等视觉压力。此外，它们的福利还会受以下因素的影响。

(一) 诊疗设施不完善

中国各地宠物诊疗水平参差不齐，很多动物医院设施设置不够完善。有些住院部存在犬、猫同屋的现象，或者将住院部设置在诊疗大厅里。前者会给猫带来极大的应激，也会刺激犬不安分的神经；而后者环境嘈杂，无法给住院动物提供良好的休息、康复环境。以上这些诊疗条件都非常不利于住院动物疾病的恢复。还有的住院部虽然犬、猫不同屋，但犬、猫在笼中的活动空间极小，动物无法自由活动，也会在一定程度上损害动物福利。

(二) 管理不到位

很多动物医院的经营者，都会把注意力放在提高医疗水平及各种诊疗硬件设施上，针对犬、猫福利的相关政策和管理规范几乎没有。还有些医院管理者出于成本和利益等方面的考虑，将动物福利的概念完全置之脑后，导致粗暴保定、恐吓、打骂动物等状况出现。同时住院条件差，如不及时清理排泄物、不按时饲喂、空气质量差、传染病住院不分区等，这些都会损害就诊犬、猫的福利。

(三) 从业人员的专业素质

很多宠物医疗人员临床经验缺乏，相关知识不完备，在医疗护理过程中会损害动物的福利。如缺乏保定方面的知识，犬、猫惊吓时会表现出攻击人和不配合医疗的情况，保定人员有时会采取粗暴的手法进行保定，这给已经十分紧张的动物造成了更大的应激。而且动物在兽医人员操作过程中挣扎时，也极容易造成意外损伤，如注射疫苗时注射器误扎入其他部位；美容剪毛时误剪掉动物的舌头或其他皮肤。再如，手术过程中不注意动物的止痛，滥用药物导致动物耐药性增加等。这些都会极大地侵害动物福利。

另外一些情况是因为医疗护理人员没有将护理工作做到位导致的，如犬、猫住院后，笼中没有任何的垫料，而是直接卧在冰冷的笼中；动物有时无法及时喝到新鲜的水；动物排泄物不能及时清理；住院部温度过高或过低；忽视动物表达的情感等。这些也随时对动物福利产生不利影响。

(四) 整形手术伴发的福利问题

为了满足繁育的标准，繁育者有时会实施一些整形手术，如断尾、剪耳、去爪、拔牙及牙齿矫正等，而这些手术都是在动物医疗机构中实施的。为了外观原因而实施的任何手术改变都是不必要的。例如，断尾。历史上，在某些品种身上实施断尾，是为了避免它们在工作期间伤害到尾巴。然而，这种做法现在已经基本变成了对外表的评判和人类的选择。世界各地对待这一做法的态度不太一致：美国一般接受这一做法，而欧洲则反对；一些繁育者协会支持这种做法，但是大多数国际福利组织、兽医和政府机构都支持由《欧洲宠物保护公约》提出的禁令。截至目前，没有足够的科学证据支持断尾。而且断尾手术一般是在幼犬出生后第 2~4 天，在没有止痛和麻醉情况下进行的。使用脑电图（EEG）进行的研究显示，幼犬出生后的前几天无法感受疼痛，因为它们的大脑神经系统还不成熟。然而，对新生大鼠和人类婴儿的研究显示，其他部位的疼痛通路会被断尾造成的组织损伤而激活。这可能导致幼犬将来此部位对疼痛过度敏感，或缺乏敏感度。断尾时，对这个年龄的幼犬进行止痛也是行不通的。而剪耳大多数是在幼犬的 2~4 月龄进行，这时候的幼犬对于疼痛非常敏感，很多动物在剪耳后出现的痛苦有时候甚至使用止痛药物都无法控制。因此，非生理性的整形手术会对犬、猫福利产生巨大的副作用，应该予以禁止。

七、宠物贸易引发的福利问题

在英国大概有 800 万只宠物猫，其中，92% 都通过非购买渠道获得，如来自朋友赠送、捡拾街上的流浪猫，或从收容站领养。目前，中国已经开始号召饲主通过领养渠道来获得宠物，但是很多人还是喜欢直接从宠物店或网上宠物店购买。我国网上直接销售宠物的现象更为普遍，宠物贩卖商可以与任何愿意购买的人进行交易，不提供任何饲养建议或提供错误的建议，更谈不上筛选合格的饲主。这种宠物交易的泛滥导致宠物的无序繁殖，很多遗传性疾病无法得到控制，众多动物承受着由此带来的痛苦。而且大量宠物的贩卖，还有可能导致一些不负责任的饲主在失去饲养兴趣时将动物遗弃。而大量流浪动物出现的同时，又引发了更深层次的社会问题。

犬、猫贸易带来了很多福利方面的问题。如市场上供销售的犬、猫经常被关在狭小的笼子中，过度拥挤导致它们的行动受限、饮食缺乏、排泄物堆积，生存环境十分恶劣。由于大规模、长距离运输，患有未知疾病和免疫力低下的犬可能导致狂犬病和其他传染性疾病（如旋毛虫病）迅速且大范围的暴发，给动物和人类的健康带来威胁。另外，由于犬、猫饲养成本较高，市场上大部分供食用的犬、猫肉来自于偷盗，甚至是不明原因死亡的犬、猫尸体。偷盗过程经常使用麻药或毒药，给食用者带来无穷隐患。世界各国宠物店和贸易商的标准差异非常大。无论商店或贸易商自身，还是整个行业的供应链，法律法规都很不完善，这也是产生诸多福利问题的根本原因。无论何时何地，只要供应链出现需要降低成本的压力时，首当其冲的就是被销售动物的福利。失去了法律、法规的强制束缚，大批唯利是图的经营者都能够逍遥法外。因此，亟待法规和许可制度对这一行业加以监管。

八、遗弃带来的福利问题

当饲主可支配收入减少时，就无法负担犬、猫全部的健康护理费用，有时就会出现将宠物遗弃在大街上或留在动物医院中的情况。如果犬、猫行为比较恶劣，尤其是动物发情期到处喷尿、打斗和咬伤人等行为一旦无法纠正，有的饲主也会选择将宠物直接遗弃，使其成为流浪动物。还有些饲主因为纯粹的喜新厌旧，而将动物遗弃。有些猫在发情期会外出寻找伴侣，如果饲主不主动寻找或猫无法辨认住所时，也会变成流浪动物。动物收容所中很少的猫（少于 5%）能够重新回到之前主人的身边，因为很多猫都无法被主人或收容机构辨认；只有 19% 的猫在丢失时可以被识别。重返家庭的大多数猫有的是出于自己寻找，还有的是借助邻居的帮助。猫与犬相比，更容易发生死亡、被杀、被遗弃，因此，猫更容易成为流浪动物。

近年来，随着国内城市化规模的不断扩大，很多乡镇逐渐消失。村镇居民改变了单独居住的环境而迁入楼房居住，很多人不希望把以前家养的宠物带到新家，而这些宠物则成为无家可归的流浪动物（图 12-1）。例如，北京的城乡结合部，到处都有由于乡镇的拆迁而导致的流浪动物。还有一些是来源于认识的偏差，在饲主妊娠或准备妊娠时，很多犬、猫被转送他人或直接被遗弃。通过北京小动物诊疗行业协会的统计数字来看，北京2006—2013年共为无主的流浪猫开展免费绝育手术7万多例，这还不包括动物救助组织自筹资金所做的流浪猫的绝育手术数量。这虽然在一定程度上抑制了流浪猫数量的快速增长，但也说明了北京至少应该还有近20万只的流浪猫存在。作为一个国际化的大都市，北京这样的一线城市同样也欠缺动物福利的理念。因为没有动物福利相关的法律出台，社会还只是从道义上谴责这种遗弃动物现象的存在，但是不能够从根本上改变越来越多的流浪动物的出现。要想解决这个棘手的社会问题，首先需要从法律的层面对遗弃动物的人群给予规范和惩治。另外，就是通过社会的宣传和教育，让饲主在最初饲养宠物的时候就能够清醒地意识到未来可能承担的责任。

图12-1 流浪动物

（一）常见福利问题

流浪动物，被定义为在没有人类监管的情况下随意活动的家养宠物。事实上，流浪动物仍然依靠人类来获取主要的生活来源，如食物，有时它们的食物可能仅仅来自垃圾堆，所以它们活动的范围仍离不开人类的活动范围。流浪动物中还有一部分动物属于"社区动物"，由某个特定范围内的人共同饲喂，但是它们也可以自由行动。如果宠物走失或遭饲主弃养，就会成为流浪动物。它们居无定所、食不果腹、随意繁殖。这些流浪动物发情期时到处游荡，有时主动攻击其他动物，给人们的日常生活带来了困扰。这也是近几年来导致养宠人群与非养宠人群之间产生直接冲突的原因，这些分歧给社会带来了不稳定因素。同时，这些流浪动物的出现，也有可能导致一些人畜共患疾病的传播，给公共卫生安全带来隐患。

流浪动物活动自由，比家养宠物有更强的环境适应能力，但是也不可避免地存在极大的生存压力。流浪动物的数量呈现快速增长趋势，一方面是因为各种各样的原因而遭遇饲主的遗弃；另一方面是在外的流浪动物自身无法控制繁育，而使得自然环境中流浪动物的数量快速增加。数量巨大的流浪动物因缺乏稳定的饮食来源，有些因饥饿而死，更有大量的流浪动物因相互交叉感染传染病而死亡，还有可能会造成寄生虫和传染病在其他物种中的扩散与传播。另外，发情期同性动物之间的打斗和食物的竞争导致的争斗，也通常给动物带来很多外伤和应激。同时，城镇流浪动物还面临公路交通事故伤害的风险，流浪动物容易遭到不喜欢动物的人的虐待和不人道的屠杀及电击、溺死及投毒。在气候温暖的国家里，流浪猫可以大部分时间都不受寒冷的影响；而在远离赤道的国家，冬天经常会出现流浪动物被冻死的现象。以上这些都给动物福利带来了极大的损害。流浪动物已经成为城市中不可忽视的问题，也是摆在城市管理者面前需要妥善解决的问题。这需要政府管理部门、专业动物救助组织以及兽医行业协会的共同参与。

（二）对社会的负面影响

无论是对动物的福利还是对人类自身的健康和安全，流浪犬、猫在很多国家都是一个大问题。例如，2008年，对世界动物卫生组织172个成员开展的动物福利标准的一项调查中，来自75个国家的结果显示"与任何其他问题相比，流浪犬管理的问题都被列入'重大'或'严重'问题的范畴之内"。流浪犬、猫对周围的其他物种，尤其是人类构成了以下威胁。

1. 直接伤害　2008年，危地马拉托多斯桑托斯（这里有很多自由生活的犬）472户家庭中，有78人（17%）在过去的两年中至少有一次被流浪犬咬伤。在城镇中，司机可能因转弯避让公路上的流浪犬、猫而引发交通事故，造成相关动物和人的伤害甚至死亡。在北京同样也有由于动物救助者缺乏安全意识，因为救助奔跑在四环路和五环路上的流浪犬、猫，导致交通事故发生的相关报道。

2. 传播疫病　犬、猫作为伴侣动物，与人的关系亲密，其携带的病原体很容易感染人类，对人的身体健康造成危害，其中，危害最大的是狂犬病和弓形虫病。流浪犬、猫携带病原体的概率比家养犬、猫要高许多倍，因此，流浪犬、猫的管理既是动物福利问题，也是公共卫生问题。

（1）狂犬病：是由狂犬病病毒感染引起的一种烈性的、致死性的传染病。犬是狂犬病病毒的主要携带者，发病犬出现神经症状，狂躁，乱咬人和家畜。大多数人狂犬病的案例，都是因为被患病犬只咬伤所致。猫被患狂犬病的犬或野生动物撕咬，就有可能感染狂犬病。没有注射狂犬病疫苗的流浪犬，被其他患狂犬病的动物咬伤后体内也可能携带狂犬病毒。控制狂犬病对社区安全非常重要，主要措施包括对犬接种疫苗（图12-2）和身份识别。国际社

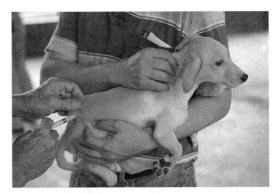

图12-2　疫苗注射

会公认的狂犬病控制的成功经验就是对犬进行普免，当犬的免疫率达到70%时，就可以很好的控制狂犬病的发生。许多国家采用立法的形式，要求居民对其养的犬进行定期的免疫接种。

（2）弓形虫病：是由弓形虫引发的疾病。弓形虫是一种寄生性原虫，易造成妊娠妇女流产、死胎，或引起婴儿先天性弓形虫病。对免疫功能正常的人，一般临床表现比较轻微；对婴幼儿、老人、妊娠妇女和免疫抑制的人群危害较大。

猫科动物是弓形虫的唯一终末宿主，所有哺乳动物均能感染弓形虫，是弓形虫的中间宿主。猫初次感染（通常是幼猫）几天后，会在粪便中排出百万计的卵囊，排卵持续不超过14d。人类大多是通过接触猫粪污染的土壤，或食用了受污染的水果或蔬菜后出现感染；另一条感染途径为摄入了不熟的、含有组织包囊的鲜肉，而冷冻肉和熟肉风险较小。保持清洁卫生，定期对小猫进行体检化验，如对小猫采血做弓形虫血清抗体检测，或PCR基因检测，可判定小猫是否感染弓形虫，可解除对弓形虫的恐惧，避免遗弃动物；对于检测属于阳性反应的猫，应及时隔离，并送往动物医院治疗。

3. 污染环境　流浪动物的粪便和尿液会对环境造成污染。流浪动物也产生噪声扰民，如猫会在发情期间在夜间嚎叫和打斗。同时，它们四处游荡，有时会破坏环境设施，譬如电线或水管等。

第二节 犬、猫福利问题的改善

犬、猫福利应该由政府、兽医和饲主等所有相关机构和个人的共同努力来实现。以下主要从兽医、饲主、动物收容所三个方面，着重来叙述如何改善犬、猫的福利。

一、兽医

作为一名兽医，可以在很多方面直接参与到维护犬、猫福利的行动中：可以向饲主解释某个品种有遗传疾病，进而要求他们对此多加关注，或者指导繁育者不要让有遗传疾病倾向的动物进行交配，避免向饲主提供有这种问题的动物；给饲主提供饲养、行为和与犬、猫沟通的相关知识，以减少犬、猫不良行为等问题给饲主带来的困扰；对不必要的美容手术，特别是断尾和剪耳进行劝阻或拒绝执行，帮助饲主了解动物福利和动物行为学；帮助收容所修改动物福利的政策；为立法者提供相关知识，更好地让新法规体现公众的意见；也可以就宠物贸易提出兽医的看法，如法律法规如何更好地规范贸易的整个供应链，还可以教育、促进人们做负责任的饲主，特别是建议绝育和永久身份识别，并就犬、猫的行为对饲主提出建议。当然，在与饲主沟通的过程中，他们并非能做到兽医要求的所有事情。因此，兽医和饲主交谈时应该花时间了解饲主对这个问题的观点并进行交流，让饲主有置身其中的感觉，才能够提高他们对兽医的配合程度。

（一）提供咨询

1. 犬、猫行为 兽医的作用是帮助饲主成为负责任的主人，从而使他们的宠物健康快乐的生活。对于执业兽医师来说，首先要理解犬、猫行为背后的动机。比如，判断它们是在打斗还是在玩耍。对动物行为进行研究非常重要，如果没有这方面的知识，我们就有可能对患病动物的福利做出错误判断。如一只犬在医院或诊所做检查时对兽医咆哮，兽医可能把这解释为支配型攻击行为，并可能试图控制这只犬。然而，真实的情况是，兽医并不是犬社群的一员，不会与犬竞争资源，所以争夺支配权不可能是犬的动机。相反，它的动机通常是恐惧，这与社会支配权非常不同，因此需要完全不同的解决方法。兽医理解了动物行为之后，就要给饲主提供大量的信息，包括以下内容：鼓励饲主使用人道的训练方式（基于奖励的训练方法，而不是电击项圈之类的惩罚方式）。鼓励犬进行社会化最重要的时间段是3～13周。这样，它们长大后不会惧怕家里和街坊邻居的日常活动。如果幼犬没有适当地进行社会化训练，它们长大后在某些情况下会由于恐惧显示出很强的攻击性。作为一名兽医，无论你的顾客是饲主还是繁殖者，要告知他们，在幼犬3～13周的时候，尽量带它们经历各种各样的新鲜体验。这一点非常重要，因为犬可以通过训练理解其主人的交流方式，从而改变一些不良的行为和习惯，饲主也因此可以对自己的宠物进行完全控制，从而有效避免了因不良行为导致遗弃事件的发生。同时，也降低了犬伤害其他动物和人类的概率。

动物互动时，需要告知饲主它们是在玩耍还是在打斗。玩耍是积极情绪状态的一种指标，代表福利良好；打斗则可能是不良福利的征兆。如果在一群犬中重复发生打斗现象，可能反映动物社群不稳定，原因可能是群体年龄单一或过分拥挤等。

2. 犬、猫健康 犬、猫福利问题的解决方式是教育客户做负责任的主人。妨碍饲主承担全部责任的原因范围广泛（如贫困），兽医并不能在临床实践中解决所有问题。然而在向客户提供咨询时，可以确保在考虑宠物临床健康的同时也考虑宠物福利问题，从而帮助客户做负责任的动物主人。兽医可以针对宠物的不同品种，向饲主提供营养方面的建议以及其他护理和居住建议，让宠物时刻保持身心健康。对于繁育者来说，有时动物潜在的遗传问题（如髋关节发育不良），可以通过筛查方案得到确认。兽医提供相关指导，可以使繁育者更好地选择未来的种犬。

3. 给政府相关部门提合理化建议 在控制流浪动物方面，兽医在所有相关机构工作中都发挥着重要的作用，包括收容所和地方政府。可以向相关机构说明大规模捕杀不能可持续地控制流浪动物问题的原因，以及某种做法不可取的原因。也能帮助相关机构设计更好的项目，如绝育-放归项目。北京小动物诊疗行业协会与动物救助组织共同开展的捕捉-绝育-放归（Trap-Neuter-Release，TNR）项目，通过常年的实践获得了很大的成功，也得到了国际动物救助组织的认可，非常值得中国各个城市去效仿。

（二）提供高质量的兽医护理

兽医首先要给健康犬、猫提供最基本的护理，如疫苗注射和驱虫，针对患病动物还要提供高质量的兽医医疗护理。对流浪动物来说，最常见的问题就是免疫系统、寄生虫以及营养不良的问题，因此，兽医应该制定相应的方案，尽可能地提供高水平兽医护理。如果涉及手术的话，就应该严格操作，尽可能让动物恢复到之前的健康状态。去势和绝育手术对家养或流浪的犬、猫福利都有重要的影响。比如，能够通过控制流浪动物的数量大大提高其福利。以下对正确保定犬、猫的方法进行阐述，并以绝育手术为代表，对犬、猫临床相关的福利改善措施进行具体说明。

1. 保定概述

（1）保定分类：保定是指通过人力或器械控制动物，限制其"防卫活动"，以保障人和动物的安全，便于诊疗工作的进行。其宗旨是安全、迅速、简便、有效，并且最大限度地保护人员安全以及受保定的犬、猫福利。保定分为三类，即心理保定、物理保定和化学保定。

①心理保定：例如，可以与犬、猫说话，呼唤其名字跟它打招呼；说话时声音要温和、缓慢，动作要轻柔、平静；保持身体接触时，要让动物看到你的肢体活动情况；不要将脸靠其过近等。心理保定作用范围较广，但因为兽医无法预知陌生犬、猫的反应，所以通常无法单独应用，而只起辅助其他保定方法的作用。

②物理保定：是临床上最常用的一种保定方法。常用工具有防护圈、纱布绷带、牵引带、口套、毛巾和猫袋、手套、保定板和猫夹子等。防护圈常用在短头犬、猫上来有效阻止咬人等动作，要根据动物体型选择合适型号的防护圈；对于长嘴犬，则一般使用纱布绷带保定，注意调整好松紧，过松无法有效实施保定，过紧容易造成人为损伤；商业化的口套，也可以起到相同的作用；对于较为温顺猫的保定，常需要用到毛巾和猫袋，防止其用爪子挠伤保定人员；而对于攻击性较大的犬和暴躁的猫，则可以使用保定板或猫夹子等限制活动。

③化学保定：当需要严格的制动或无法采取物理保定时才采用化学保定，通常会使用一些镇静、麻醉药物，让犬、猫处于安静状态，便于实施操作。常用药物有静安舒、布托啡诺、丙泊酚等。但是使用这些药物也有一定的风险，需要在药物选择、剂量及给药方式上严

格控制，而且可能会使动物出现呼吸抑制、心动过缓等并发症，建议使用之前进行相关的评估，将风险降到最低。

（2）犬常用的物理保定方法：

①站立保定：将一只胳膊置于犬颈下，以使前臂能安全固定犬的头部；另一只胳膊置于犬腹下或胸下，保定时将犬靠近保定者的身体。

②蹲式保定：将一只胳膊置于犬颈下，以使前臂能安全固定犬的头部；将另一只胳膊绕在犬的后躯，保定时将犬靠近保定者的身体。

③卧式保定：将一只胳膊置于犬颈下，以使前臂能安全固定犬的头部；将另一只胳膊绕在犬的前肢附近，用身体压住犬躯干使犬卧下，将犬靠近保定者的身体。

④侧卧保定：在犬站立时，从其背部抓住两前肢腕关节处，另一只手抓住两后肢跗关节处，将两只手的食指夹在所抓犬两腿之间，慢慢使犬腿离开桌面或地面，并使其身体背对着保定人员，朝侧卧的方向慢慢倾斜，前臂靠近犬头部并用力压犬头部的一侧，以限制犬头部的活动。

⑤扎口保定：用纱布绷带在中间打一个活结圈，套在嘴上靠近颜面部，结要在鼻梁上方系紧，将纱布绷带两端在下颌处交叉后，在耳后收紧打结。

⑥口套保定：根据动物的大小，选用适宜的嘴套。口套较窄的部分放在患犬的鼻部，较宽的部分放在下颌下，将其带子绕过耳后扣牢。调整带子的长度以使患犬舒适，但调整后必须保证足够紧，以防犬将口套从头上抓落。

⑦防护圈保定：选择种类及大小合适的防护圈（防护圈的边缘伸展超过鼻部）。双手应在动物的后方，将防护圈戴在犬的颈部。戴圈时要注意避开嘴部，松紧要合适。

⑧门角保定：把拴有牵引绳的犬带至门角处，将牵引绳从门角的边缘拉出，拉紧牵引绳使患犬尽可能地靠近门角；另一助手不断向墙面方向摆动门，使患犬尽可能地固定在门角处。从患犬后方进行其他操作。

⑨凶猛犬的保定：一般情况下，由动物主人协助保定或者采取多种保定方式合并使用。确实无法保定的犬，可考虑使用化学保定方法。

（3）猫常用的物理保定方法：

①徒手保定：方法一：一只手从背部抓住两前肢腕关节处，另一只手抓住两后肢跗关节处，将两只手的食指夹在所抓猫两腿之间，慢慢使猫腿离开桌面或地面，并使其身体背对着保定人员，朝侧卧的方向慢慢倾斜，前臂靠近猫头部并用力压猫头部的一侧，以限制猫头部的活动。方法二：一只手抓住猫的颈背部皮肤，另一只手抓住两后肢跗关节处，食指夹在所抓猫两腿之间，使猫身体伸展开。

②防护圈保定：选择合适的防护圈（防护圈的边缘伸展超过鼻部），佩戴防护圈时双手应在动物的后方佩戴，防止动物在佩戴时攻击到工作人员。

③毛巾保定：选择材质柔软、适宜大小及厚度的毛巾，在猫后方轻柔地放置于猫的身上，将毛巾的头侧折叠包裹猫的头部，在猫身体两侧分别折叠将猫包裹在毛巾内，从猫后方进行相关操作。心脏病或呼吸系统疾病时，禁止使用此方法。

④猫包保定：抓住猫的颈背部，将其放在桌上打开的猫包上。将尼龙粘扣带环绕猫的颈部粘好。用一只手抓住猫的双后肢，将双后肢向前方胸部弯曲。拉上猫包背面的拉锁，将猫装在猫包中。

⑤凶猛猫的保定：一般情况下，由动物主人协助保定或者采取多种保定方式合并使用。确实无法保定的猫，可考虑使用猫夹子保定后操作，必要时可采用化学保定。

注意，无论采用何种保定，都应该限制参与的人数，切忌一哄而上惊吓动物。保定前需要将所有门窗关闭，防止动物逃跑。保定者需要态度端正，随时注意动物神态，对于有心脏病史的动物需要更为严格地观察口色、呼吸等生理指标，严禁动作粗暴对动物造成损伤。

2. 绝育手术

（1）绝育的原因：大多数国家绝育的主要原因是没有绝育的宠物繁殖，会造成动物数量过剩。以猫这种季节性发情动物为例，繁殖力极强，一年中可以生产2次，每次产1~10只幼猫。美国的一项调查显示，猫平均每窝产仔数为5.3只。如果不进行繁殖干预，1只公猫、母猫及其后代，6年之后产生的猫总数可达42万只，这可以间接导致流浪动物数量的增加，从而给收容所容纳动物的能力带来极大压力。然而，宠物犬、猫的绝育在北欧国家非常少见，这些国家也没有出现宠物数量过剩和流浪动物引发的重大问题，可能是因为这些国家文化上对无控制繁殖有反感。然而，世界上大多数国家对犬没有这么强的道德责任感。因此，兽医，作为直接参与者应鼓励所有饲主给他们的宠物实施绝育。政府机构和动物保护组织，也可以给乐于让宠物接受绝育手术的饲主提供适当的奖励。

绝育手术除了能有效控制种群数量，还可以避免很多因没有绝育而出现的健康问题。例如，母犬容易出现子宫蓄脓（子宫内感染），公犬容易出现前列腺增生和感染。兽医应该深入地理解临床病理学的相关知识，因为可以用这些信息来教育固执的饲主，让其乐意接受兽医提出的绝育手术的建议。

总而言之，兽医应在实践中建议对犬、猫进行常规绝育，这不仅是在帮助动物，也是防止饲主将动物遗弃的一个好方法。

（2）手术操作过程：常规绝育手术操作有严格的标准，如果违反了这些标准，就会给动物带来不必要的痛苦。这些标准即无菌操作、止痛、麻醉和精湛的操作技术，这些不仅是成功实施绝育手术项目的关键所在，也是所有临床手术程序的普遍要求。主要有五点需要注意的内容。

①正确地和动物接触：当与动物接触时，声音要轻柔、温和。在动物医院或诊所里，不应摔门，不应有叮当的笼子撞击声，不能大声喧哗或产生其他任何大的响动。医院或诊所里的所有人说话必须轻柔，任何时候都要让动物避免受到惊吓而产生应激。如果动物已经受到惊吓或具有攻击性，必须温和地跟它讲话，动作缓慢轻柔，不能使用暴力。保定方法要根据操作的种类、操作时间长短、操作人员数量等做相应的调整。

②正确的麻醉：在手术和任何疼痛步骤中，都要妥善对动物进行麻醉。动物在手术中，必须维持在安全、稳定、适合手术的麻醉状态下。手术过程中，动物不应出现眨眼、发出声音或是自主活动。同时，在麻醉期间，必须密切监测动物的重要生命体征（脉搏、呼吸和体温）和麻醉深度。由于麻醉会降低体温，所以保证动物温暖很重要。同时，动物的胳膊、腿或头都不能在动物麻醉之前绑在桌上，因为捆绑动物肢体会造成动物很大的心理压力和损伤。动物从麻醉中苏醒的恢复室或康复室必须是一个安静、光线较暗、干净和温暖的地方，禁止噪声及强光。即使在暖和的天气，在麻醉和苏醒期间，也要用毛巾、毯子和加温垫给动物保暖。

③手术中的无菌操作技术：无菌操作至关重要，因为大部分感染都是在手术操作过程中

造成的。手术前应准备无菌的创巾、手术手套、手术衣、器械及敷料（如止血纱布），手术动物要清洁，术部应该剃毛、消毒，同时，要保证操作环境的清洁。有些兽医人员可能无菌操作意识不是很到位，如术部消毒不彻底，周围不覆盖创巾、不带手术手套等，有些偏远地区甚至在户外实施绝育手术，这些都应该最大限度地避免。然而，对于流浪动物的绝育手术来说，在实施过程中使用昂贵的手术设施并不实际，所以手术操作时尽可能留意细节，可以在一定程度上实现无菌操作。因为手术过程中任何微小的污染，都有可能导致动物术后感染，使动物承受很大的痛苦，包括清创或二次手术，同时，也会带来动物心理上的伤害。

④在手术、处理伤口或治疗其他疼痛性疾病的过程中，要注意充分止痛：很多兽医认为麻醉就可以使动物失去痛觉，这是错误的观念，麻醉不等同于止痛（疼痛缓解），很多麻醉药并不能缓解疼痛。如果只是单纯地使用麻醉药，那么一旦动物术后恢复知觉，疼痛就不可避免。

为了合理选用麻醉和止痛药物，兽医对疼痛通路的正确理解十分重要。而且疼痛的控制和管理的方式，通常还与兽医性别、年龄、从事临床时间、成长背景以及兽医所在区域有关。以犬为例，疼痛通路包括四个部分：一是信号传导，即组织破坏后的炎性物质被释放后，周围神经对其进行识别产生神经冲动，使用非甾体类抗炎药可以减轻这一过程；二是冲动传导，即将神经冲动传导到脊髓中，局麻药可以阻止该传导；三是传输和调节，脊髓中信号被修改并传输到大脑，阿片类药物能够干扰这个过程；四是知痛觉，大脑感知痛觉。全麻能够阻止这种感知，但对以上三个通路无效，所以应该使用阿片类药物来减少痛觉。因此，很多国外的兽医现在都开始使用组合药物，在疼痛通路的不同结点发挥作用，称为多模式镇痛。

当然，不同国家所用的止痛药不同，费用也不统一，因此，费用也是影响镇痛效果的主要因素之一。兽医人员无论使用何种止痛药，都要考虑这种药是否能达到适当的麻醉和止痛效果。目前，中国在兽医用药方面还受到很大的局限，有些药物由于属于管制药品或人用药品，使得兽医很难获得一些特殊止痛药。

⑤手术技术问题：这主要是针对流浪动物来说的，很多绝育项目都需要给大量动物实施手术，要在最短时间内完成最多的数量，给术者带来了巨大压力。而且接受手术的犬、猫，也变成了纯粹的统计数据而非单独的个体。当然，兽医也不会花更多精力，来考虑手术对象能否在没有并发症的情况下最快地恢复健康。作为一名兽医，应该拥有麻醉、并发症、无菌处理等各方面的知识。如果参与数量控制项目，就必须做一名好的外科医生，不仅要全面掌握外科技术的原理，还要在实施绝育手术中严格遵守操作规程，不能只注意手术数量，而不了解手术和麻醉等更大范围的各种问题。在印度斋浦尔进行的一项有限调查显示，对手术技术（已经是在高标准下实施）的任何微小改进，都可以缩短动物的复原时间，这样可以更快地将流浪犬、猫放归街头。

（3）术后护理：对于确保顺利康复十分重要。对于家养宠物，兽医人员可以详细告知饲主回家后应如何进行护理，是否需要饲喂处方粮，以及何时来拆线或复查等。如果饲主没有按时复查，兽医还可以主动打电话回访。因此，家养宠物的绝育手术术后恢复一般会比较成功。而对于绝育的流浪动物，如果术后恢复不理想或出现感染、伤口破裂等现象，又没有及时被发现，那么就会给生命带来很大威胁。因此，在可能的情况下，兽医应该采取一些跟踪措施，如某些形式的监控。当然，这不可避免地会增加人力和物力的投入。同时，还要保证手术的价格合理、风险最低，这样才能被大多数饲主和流浪动物救助者所接受。

对于住院动物来说，确保笼子要放置在安静、干净和远离人流的地方。确保它躺在柔软的休憩物上，不会被迫坐在它自己的大小便里，并且它有新鲜的水和食物。每个猫的笼子都要有便盆。每天至少3次把犬带到户外散步、大小便。如果不能经常带到户外，许多犬会强憋住大小便，会损害膀胱或结肠。相邻的动物之间要确保有坚固的隔断隔开，使它们看不到彼此。每天的清扫和喂食必须同时进行。清楚每天固定生活规律，有助于降低压力和无序感。在动物周边打扫时要轻手轻脚。根据需要，保证动物的温暖或凉爽。

（三）犬、猫身份识别及登记

通常情况下，登记、所有权证明或兽医证书（为了输出到其他国家或遗传性疾病项目）要求犬、猫拥有永久身份识别的唯一编码或数字，这个编码或数字与一个相对应的保存它们相关重要信息的数据库相连。如果犬、猫走失，收容所或其他政府有关机构可以根据身份识别的相关信息，能将动物归还给其主人。

虽然永久身份识别很有帮助，但在执行上没有完美的系统。在美国，狂犬病是地方流行病。在美国一些大城市，猫、犬只有30%有主犬和4%有主猫有某种形式的身份识别。识别的形式通常是标牌而非芯片。而且，只有36%的犬和4%的猫带有狂犬病（疫苗接种）防疫的标签。美国大部分主人都对各种形式的身份识别持积极态度，而且也愿意与兽医配合完成此事，但永久身份识别实行的比率也不高。

在中国，进行这种宠物身份识别和登记的机构或动物医院更少。相信随着宠物行业的不断发展，兽医可以在绝育时或绝育前为犬、猫提供永久的身份识别，使我国的宠物身份识别和登记不断完善。但前提是兽医首先要给饲主讲解识别宠物的重要性和价值，同时，也离不开政府相关主管部门和机构的大力支持。因为电子芯片数据的唯一性使得在辨别动物防疫落实情况时具有非常重要的意义，所以目前很多兽医行业协会都在积极推动动物注册登记或者宠物在宠物店销售的时候植入电子芯片。

除了永久身份识别，项圈标牌也很有用，但缺点是容易脱落，尤其对于猫而言。不过，标牌是识别走失宠物的一种简单方式，特别是灾难时如果电话线中断或电力中断就无法进入中央数据库，此时只能依靠标牌来识别动物。2005年，美国卡特里娜飓风后，被救助的犬中只有不到1%的有身份识别标牌或芯片，有身份识别的猫更少。

以上两种方法的不足之处是动物主人必须随时将最新的联系方式告知数据库，如搬家后的信息，这会给数据库的更新带来较大的工作量。如果相关信息没有及时更新，就仍然无法成功进行身份识别。尤其是在灾难过后，由于没有正确的联系方式，很多宠物都没能再次回到其主人身边。因此，兽医在临床咨询和工作中要及时提醒饲主更新联系方式。

（四）人道控制流浪犬、猫的数量

1. 参与救治　作为一名兽医师，要积极参与流浪动物的治疗并参与控制流浪犬的数量，包括街上或收容所的流浪犬、猫；可以提供重要的临床和科学建议，以确保流浪动物的管理和控制最大限度地做到人道和高效，同时，尽可能地治疗生病的流浪动物，但是兽医也要了解一些局限性因素，比如，尽管兽医应该提供最高水平的医疗护理，但有时流浪动物所患疾病比较复杂，治疗起来费时费力费钱。如果无法治疗，就应该考虑实施安乐死。救治动物是兽医的天职，但作为专业人士，兽医应该区别于普通的动物救助人员，兽医应该更有理性，更能够控制自己个人的情感，在确保流浪动物无痛苦的状态下实施安乐死。

2. 提供建议　动物收容所与流浪动物的关系最为密切，但是其工作人员并非都是专业兽医人员，有时会缺乏相关的知识和经验。因此，作为一名兽医，应该帮助他们做出明智的决定，这样他们的工作才能对动物有益，而不是最终损害了动物的福利。

二、饲主

作为饲主，应该尊重动物、照顾动物，在保证动物有地方居住、有足够并且健康饮食的前提下，同时提高动物的生活质量，并满足动物交流等精神需求。

（一）保证动物居住环境的清洁

犬、猫排泄物中可能会有寄生虫虫卵，如果不及时清扫、消毒，对动物本身和饲主来说都是一个隐患。

（二）做好犬、猫日常护理工作

1. 口腔清洁　人每天刷牙来保持口腔的清洁和卫生，对宠物来说也是必要的。如果不采取任何保护性措施，以犬为例，其一般到3岁后就会出现牙龈炎或牙周炎等疾病，轻则影响进食，重则引发口鼻瘘、颜面瘘，甚至全身性的感染。所以，推荐给宠物专用的牙刷和牙膏来刷牙，也可以使用一些护齿产品，如洁齿棒等，对于预防牙菌斑和牙结石都有帮助。最重要的是饲主要有耐心和恒心，将这一措施持续进行下去。因为当动物出现口腔问题的时候，由于动物不会讲话，那么它们就会承受比人的牙疼更严重的痛苦。因此，动物的口腔维护体现了饲主的责任，也是动物福利的一种体现。

2. 清洁耳道　垂耳、耳毛多的品种，如可卡犬、贵宾犬及比熊犬等，因耳垂、耳毛较长较多会影响耳道通风，引发耳垢蓄积，从而容易引发犬耳道出现感染。平时，要关注动物是否出现挠头、甩头等现象，因为有可能预示动物耳部出现了问题。

3. 皮毛护理　长毛动物要经常剪毛，可以有效防止相关皮肤疾病的发生。洗澡时要用宠物专用的浴液，如果有皮肤病，还应在兽医指导下使用专用药用浴液，可以有助于皮肤病更快、更好地恢复。同时，洗澡的频率也要根据动物种类、被毛长短、皮肤分泌情况、平时活动区域和范围以及年龄等来决定。

（三）做负责任的饲主

国外针对宠物有很多相关的法律规定，这些法规的内容除了包括对具体品种的规定，也有对犬主人的严格规定。首先，规定了犬主人必须证明自己将会成为负责任的饲主，还需要证明他们养犬的心理倾向，他们也不能有任何犯罪记录。针对伴侣动物福利问题的相关法规固然重要，但更有效的解决方案首先在于饲主的身体力行，所以饲主的责任心至关重要（图12-3）。有些犬主人喜欢让宠物自己出门玩耍，他们认为自己的动物会主动回家，但这会增加动物走失的风险。还有些饲主出门遛犬时不带牵引绳，动物自由行动很有可能会遭遇交通事故，或者受到大犬等动物的伤害，也有可能咬伤路人，所以饲主要加强对动物外出时的控制。同时，饲主还需要请求兽医提供相关的咨询或其他医疗服务，并与政府相配合来共同贯彻宠物犬、猫的福利。

三、动物收容所

（一）收容所的建立

建立收容所之前，要确定收容所的实际收容能力有多大，如面积、建筑结构、周围环境的保护、食物和水及药品资源、工作人员数量、消毒和清洁设备等。此时，可以询问相关兽医和主管部门，并听取他们的建议。

图 12-3　做负责任的饲主

（二）收容所的作用

人们可能对收容所作用的认识存在非常理想的想法。事实上，收容所有三项主要功能。

1. 收留　暂时收留走失或丢失的宠物，等待饲主来认领。一般而言，流浪动物会被收留一段时间，时间长短可以有所变化，大约为15d。迅速识别宠物身份并与饲主取得联系能够加快这一找寻过程，还能腾出空间让收容所收纳更多的流浪动物。同时，可以向饲主收取适当的收容费用为收容所增加经济来源。收留的动物主要有以下几类（图12-4）。

（1）受伤严重、虽然能够治愈但治疗成本很高的动物：譬如多处骨折和损伤可以被治愈的动物。收容所的工作人员很容

图 12-4　犬猫收容

易和受伤的动物建立情感联系。如果资源有限，是为一只动物治愈这样的伤害好，还是为收容所所有的动物注射疫苗好？这些都需要综合多方面的情况加以考虑。

（2）有轻伤或小病的收容动物：治疗仍旧是对资源的消耗，但是大部分的收容所还是会尽力应对这种情况。

（3）有行为问题的动物：这是一个更困难的课题，因为很多"问题"的出现，是因为动物早期的社会化教育不足所导致的。尽管犬心理学家和行为学家可以为调整和改善这些行为特征提供有用的建议，但是对于穷困地区的收容所并非能及时获得这样的建议。收容所的目标是成功地领养动物，而有已知行为问题的动物被领养的可能性不高。例如，对英国4 500名从收容所领养犬的犬主人进行的研究显示，如果犬对其他人表现出攻击性而领养人没有寻求帮助或参加犬的行为训练课程，他们很有可能将犬退回收容所。而那些参加了行为训练课程的所有者，将犬退回的可能性要小得多。

（4）看似健康没有明显问题的动物：即使这类动物也并非完全没有问题，因为一些动物

可能处于传染病潜伏期,并不表现临床症状,但是日后可能发病(如细小病毒病和狂犬病)。一些疾病只能通过实验室检测才能诊断,而这对于很多收容所来说很不现实。同理,一些行为问题可能一开始也不明显。

2. 领养 这是许多收容所的主要功能。收容所的长期目标是为行为良好且社会化的犬或猫找到有爱心并负责任的家庭。如果不能做到这一点,则有可能导致动物将来被遗弃。如果领养是收容所的主要目标,而实际领养率较低,那么可以考虑在市区中心位置建立小型的收容所来收留少量动物,这样可能比城外设立更大规模的收容所的效果更好。

3. 绝育 除了身份识别和领养,收容所另一项重大任务是绝育,可以有效帮助控制流浪动物数量过剩的问题。因此,进入收容所的所有犬和猫在领养之前都应该被绝育。笼舍设施、工作人员数量等一般都是收容所能管理、容纳动物数量的限制因素。如果管理不善,特别是在动物收容所繁忙的绝育项目中,绝育有可能会给动物带来伤害。

但是绝育也有一些主要的潜在问题,如阻止动物表达自然行为是否合适。但综合来讲,动物失去这一自然行为是必要的,既是为了它自己的利益,也是为了其他动物和人类的更大利益。

所有的无主犬、猫在从收容所领养前都应该被绝育。如果一味地由新主人承担绝育动物的责任,他们中的很多人不会这么做。在美国,当幼犬、幼猫从慈善收容所被领养时,饲主会得到一张免费绝育的赠券,虽然手术不用饲主花费,但也仅有50%的新主人主动带领养的动物去做绝育手术。

不使用外科手术绝育动物,可能更廉价、更快捷、更容易。对此的研究正在继续,而且有很多科研成果。如避孕疫苗。

(1)促性腺激素释放激素(gonadotrophin-releasing hormone)疫苗:促进雄性和雌性性腺发育与功能的垂体激素。这种方法有希望达到长期控制繁殖的目的,可控制与性相关的打扰人类的麻烦行为。这种方法仍在研究中。

(2)透明带(zona pellucida)疫苗:在受精过程中,调节与精液相互作用的卵细胞膜层。透明带疫苗已经成功用于控制一些野生动物种群,但很难生产一种对犬、猫都有效的成功疫苗。而且,即使疫苗成功,也不能控制与性相关的打扰人类的发情行为。

但是,疫苗避孕的重要问题是它应提供永久性的避孕。如有一种商品为犬、猫防发情针,其主要成分为聚乙二醇、安宫黄酮和多聚山梨醇,通过公猫、公犬睾丸注射或母猫、母犬的肌内注射,可以达到化学去势以及停止发情的目的。但是对雌性动物来说,需要每3个月注射一次。

(三)收容所遇到的问题

(1)流浪犬、猫的数量、规模巨大,而且会随数量增长而不断恶化,给收容所的收容能力带来极大挑战。因此,这也是收容所遇到问题的根源。

(2)许多收容所都遇到了资金有限的问题。这也就意味着所设施从最初设立开始,构建就很拙劣,设施设备会存在问题。因此,从某种程度上来说,给清洁和消毒带来很大难度。

(3)传染病也会对收容所的动物产生影响。传染病由一系列致病因子所引起,包括细菌、病毒和寄生虫。许多微生物会导致致命性疾病,如细小病毒引起的细小病毒病、犬瘟热病毒引起的犬瘟热、猫冠状病毒引起的传染性腹膜炎等。感染性微生物会通过不同途径传播

（空气传染、经口传染、叮咬传染等）。病毒引起的肠道疾病会导致呕吐和腹泻，而当病毒被患病动物排泄后又会再次传播，经口感染易感动物。特别是对于那些因流浪已经处于健康状况不佳的动物来说，威胁更大。

（4）过度拥挤增加了易感动物的饲养密度，会导致疾病传播可能性增加，也会使疾病暴发的严重程度大大增加。在某些特殊情况下，通过事先注射疫苗的方式，可以减少易感动物的数量。然而，成本过高可能导致这一方式操作起来不切实际。

过度拥挤还会影响卫生消毒情况。许多收容所饲养了大量的犬，清洁方式就是用胶皮管冲洗地面，但清洗的时候犬仍在原处。清洗时溅起的排泄物落在犬的身上，增加了犬将其吸入口中的危险。而病毒可以在混凝土或围栏的裂缝中生存或长或短的时间，构建拙劣的设施又无法实现充分消毒。因此，传染性致病因子不断累积，增加了传染病的风险。

（5）营养不良和并发症。由于营养不良或其他已经感染的疾病（如寄生虫感染），动物变得很虚弱。这些临床因素抑制了它们的免疫系统，导致它们更容易被疾病感染。如果资金减少，预防性用药很可能成为收容所首先无法提供的资源，其次是充足的食物。许多组织依赖面包店等将剩余食物捐赠给他们，而这种食物无法为动物提供营养均衡的饮食，对动物福利也是另一种损害。

（6）收容所面临的一个重要的问题，就是如何应对大量的动物。"非安乐死"政策一般来说不现实也不人道，选择性淘汰动物，工作人员又难于接受。对于参与动物救助的人来说，对此问题的理解也各有不同。现实情况是收容所没能满足五项基本原则中的任意一项自由：动物们吃不饱；因为过度拥挤引起争斗，犬会被咬伤，它们需要承受由此带来的伤害和压力；承受疾病的困扰；它们承受因为过度拥挤导致的不舒适；它们不能展现自己的天性。

（四）收容所采取的政策

1. "非安乐死"政策 某些国家的一些大型慈善机构推行"非安乐死"政策，进入到这些收容所的动物不会被处死。动物即便一生不被领养，它们仍可以在收容所有很好的生活。但前提是这些机构有足够空间、人力和财力，否则一切都是理想化的。

然而在世界上大部分地方，收容所只有有限的空间、财力和人力，实行"非安乐死"政策是不现实的，会给动物带来更多的痛苦。收容所收留的动物数量严重过剩。如果该收容所实行"非安乐死"政策，在这种条件下，犬也许可以活很长时间，但如此恶劣的条件无法满足动物五项基本原则。即使是在一家运行良好的"非安乐死"的收容所，犬还是可能会承受某些形式的犬舍压力，有些人认为这些是"不必要的痛苦"。甚至在一些司法辖区，实施"非安乐死"政策是违法的，因为这一政策会带给动物不必要的痛苦。

2. "选择性淘汰"政策

（1）原因：由于"非安乐死"政策带来的弊端，很多收容所不采用此政策，而是提出"选择性淘汰"的观点，可以在一定程度上避免上述痛苦。这种情况下，会人道处死一些在既定时限内没有被领养的犬和猫。安乐死的实施是出于仁慈之心，为了帮助个体动物解脱痛苦。如有些犬因为车祸撞伤脊柱而承受痛苦，诊断时X光片显示出它的损伤很严重并且其成功恢复健康的可能性极小，所以为了让动物的痛苦最小，就需要实施安乐死。

收容所处死一些犬和猫，是为了给更多的流浪动物提供空间，人道地处死这部分动物，是为了剩余种群的整体福利或是为了人类的利益。这是一种形式的扑杀，也是一种仁慈的杀戮。因为如果不处死这些动物，收容所最终会变得过度拥挤，进而无力承担对犬的照顾，每一只犬的生活质量都将变得非常恶劣。

（2）方法：遵循安乐死实施准则，被淘汰的动物使用安乐死方法来结束生命。美国兽医协会（AVMA）制定了安乐死的实施准则，其中对各种动物的安乐死药物、操作方法及注意事项等方面进行了详细的说明，旨在最大限度地保护动物的利益，并且最大限度地减少动物的痛苦。所有实施安乐死操作的人员，都应该认真阅读这些实施准则。

（3）安乐死适用范围：

①给人类健康带来危险的犬：例如，一般而言，患有狂犬病或对人极具攻击性的犬会被马上人道处死。

②给收容所其他犬只健康带来危险的犬：如果有足够的隔离设施和适当的药物，也许这些犬可以被留下。然而，现实中留下可能是对有限资源的消耗，所以也许这类犬也应该被处死。

③受伤严重或病重无法治愈的犬：这样的动物可能考虑被安乐死。如果不安乐死，被领养的可能性很小，它们可能会在收容所终其一生。这是一项持续的成本，会大大消耗资源，而这些资源可以更好地用于等待寻找领养健康的犬。

（4）安乐死遇到的问题：有些情况对于是否实施安乐死存在争议，比如，如果一只动物承受痛苦或生活质量非常恶劣，将它安乐死是否合理？一只动物生活在五项基本原则都不能得到满足的过度拥挤的收容所，它承受的痛苦是否多到需要被安乐死？是否能够接受（人道方式）选择性淘汰一只健康的动物，以使剩余的动物能够享有更好的生活质量？决定哪只动物应该被处死、哪只动物应该被救助，这应该是收容所管理人员的决定。如果他们接受有必要实施选择性淘汰这样的观点，考虑到有限的资源，他们认为选择哪类动物最适合，这不是一个容易的选择，但回避这个问题可能导致不必要的痛苦。作为一名兽医，你可以帮助他们，为他们提供建议。

思考题

1. 目前我国犬、猫的福利受到了哪些方面的损害？
2. 流浪犬、猫给社会带来哪些负面影响？
3. 你如何看待犬、猫整形和绝育手术？是否侵犯了动物福利？
4. 兽医可以从哪些方面改善犬、猫的福利？
5. 动物收容所能够为流浪动物提供哪些服务？
6. 如果你是犬、猫主人，你应该为你的宠物做些什么？

参考文献

Asher L, Diesel G, Summers J F, et al., 2009. Inherited defects in pedigree dogs. Part 1: Disorders related to breed standards [J]. The Veterinary Journal, 182: 402-411.

Breton A N, 2010. Disaster lessons learned. Proceedings, Atlantic Coast Veterinary Conference [J]. Atlantic City, New Jersey, Oct, 10-14.

Deag J M, Manning A, Lawrence C E, 2000. Factors influencing the mother-kitten relationship [J]. The domestic cat: the biology of its behaviour, 23-45.

Diesel G, Pfeiffer D U, Brodbelt D, 2008. Factors affecting the success of rehoming dogs in the UK during 2005 [J]. Preventive Veterinary Medicine, 84: 228-241.

Khoshnegah J, Azizzadeh M, Gharaie A M, 2011. Risk factors for the development of behavior problems in a population of Iranian domestic dogs: Results of a pilot survey [J]. Applied Animal Behaviour Science, 131: 123-130.

Knobel D, Kaare M, Fèvre E, et al., 2007. Dog rabies and its control. In A. C. Jackson & W. H. Hunner (Eds.), Rabies: Scientific basis of the disease and its management [J]. Academic Press/Elsevier, 2: 573-594.

Levy J, 2011. Contraceptive vaccines for the humane control of community cat populations [J]. American Journal of Reproduction and Immunology, 66: 63-70.

Lindsay S R, 2000. Handbook of applied dog behavior and training, vol. 1: Adaptation and learning [M]. Ames: Blackwell.

Lord L K, Wittum T E, Ferketich A K, et al., 2007. Search and identification methods that owners use to find a lost cat [J]. J Am Vet Assoc, 230 (2): 217-220.

Lunney M, Jones A, Stiles E, et al., 2011. Assessing human-dog conflicts in Todos Santos, Guatemala: Bite incidences and public perception [J]. Preventative Veterinary Medicine, 102: 315-320.

Mellor D J, Patterson-Kane E, Stafford K J, 2009. The sciences of animal welfare (UFAW Animal Welfare Series) [M]. Chichester: Wiley-Blackwell.

New J C Jr Kelch, W J Hutchison, J M. Salman, et al., 2004. Birth and death rate estimates of cats and dogs in US households and related factors [J]. Journal of Applied Animal Welfare Science, 7 (4): 229-241.

Rochlitz I, 2000. Feline welfare issues [J]. The domestic cat: the biology of its behaviour, 207-226.

Salman M D, Hutchison J, Ruch-Gallie R, et al., 2000. Behavioral reasons for relinquishment of dogs and cats to 12 shelters. Journal of Applied [J]. Animal Welfare Science, 3: 93-106.

Slater M R, Weiss E, Lord L K, 2012. Current use of attitudes to wards identification in cats and dogs in veterinary clinics inOklahoma City [J]. USA. Animal Welfare, 21: 51-57.

Summers J F, Diesel G, Asher L, et al., 2010. Inherited defects in pedigree dogs. Part 2: Disorders that are not related to breed standards [J]. The Veterinary Journal, 183: 39-45.

Villalbi J R, Cleries M, Bouis S, et al., 2010. Decline in hospitalisations due to dog bite injuries in Catalonia, 1997—2008. An effect of government regulation? [J]. Injury Prevention, 16: 408-410.

Zawistowski S. Morris, J Salman, et al., 1998. Population dynamics, overpopulation, and the welfare of companion animals: new insights on old and new data [J]. Journal of Applied Animal Welfare Science, 1 (3): 193-206.

第十三章
圈养野生动物的福利

与家畜和家禽不同，大部分野生动物尚未驯化，所以难以适应人工圈养条件，因此，无论是来自野外的个体还是人工繁殖的后代，圈养野生动物均存在不同程度的福利问题，并且比圈养的家禽和家畜的福利问题更突出。动物福利五项基本原则也适用于圈养野生动物，可以参考这些原则对圈养野生动物的福利进行评估和加以改善。

第一节 圈养野生动物的概念与分类

圈养野生动物（captive wildlife）是相对于野外自由生活的野生动物（free-ranging wildlife）而言的，泛指人类从野外捕获或在人工条件下饲养繁殖的野生动物。人类饲养野生动物的时间相对较短，与长期驯化已经较好适应圈养生活的家禽和家畜相比，大多数圈养野生动物在遗传上还未发生显著变化，对人工饲养环境也缺乏适应性（图13-1）。

圈养野生动物，主要包括动物园的野生动物，救助、康复和收容所的野生动物，野生动物宠物（exotic pets）（如鹦鹉、小型灵长类动物），商业化养殖的野生动物（如鸵鸟、狐狸、鹿、熊等），以及协助人类工作的野生动物（如运输木材的大象）。

图13-1 被非法贸易的灵长类

第二节 圈养野生动物的福利问题与改善

一、圈养野生动物的福利问题

野生动物是自然生态系统的重要组成部分，对维持生态系统的稳定和平衡发挥着重要作用。但野生动物也会被视为资源被大规模开发和利用，导致它们在捕捉、运输、养殖以及屠宰等环节出现大量福利问题（图13-2）。野生动物是自然界长期进化的产物，自由生活的野生动物虽然也存在福利问题，如经受自然界的极端天气或忍饥挨饿。但野生动物的福利问题主要来自人类的影响，如对它们实施抓捕、狩猎或在其栖息地内开展各种生产活动。相比于自由活动的野生动物，圈养野生动物的福利问题更加突出，也更需要关注，原因是人工饲养环境很难满足野生动物对食物、行为以及栖息环境的特殊需求。以活动空间为例，一只成年雌性东北虎需要约 400 km² 的林地才能保证其生存所需食物和日常活动，显然圈养的老虎很难满足这一需求。与其他圈养动物相似，圈养野生动物的福利也可以用动物福利五项基本原则加以评估。但与已经被人类成功驯化的家畜和家禽相比，圈养野生动物在遗传、生理以及行为等方面尚未适应人工养殖环境，所以它们往往承受更大压力和福利问题（图 13-3）。例如：

图 13-2 工作人员为大象解除腿部的猎套　　　图 13-3 密集饲养的鹦鹉缺乏活动空间

①缺乏物种在长期进化适应过程中形成的特殊感官刺激源，如昼夜节律、声音、气味以及某些环境特质等。如饲养环境温度过高，一些有冬眠习性的动物就很难进入冬眠状态。

②活动受到限制，无法表达正常的觅食及其他典型适应性行为。如动物园饲养的大型猛禽，往往没有足够的空间自由飞行。

③与群体隔离，缺乏可以躲避和逃避的空间和设施。如将群居性的动物单独隔离饲养，或饲养环境没有遮挡公众视线和动物逃避的场所。

④被迫与人类接近，特别是那些动物园、马戏团和作为宠物饲养的异域野生动物。如训练大象站立，命令老虎钻火圈，招揽游客与虎、豹等野生动物近距离合影等。

⑤缺乏对环境的控制力。野生动物在长期进化和适应过程中已经形成了对特定环境的认知及必要刺激的反应。但圈养野生动物的生活环境往往比较狭小，导致野生动物无法表达所需的适应性行为。如在圈养条件下，具有季节性迁徙或洄游习性的候鸟和鱼类，就不得不放弃迁徙和洄游的习性。

下面分别阐述不同类型圈养野生动物的福利问题及其解决对策。

1. 商业化养殖的野生动物（commercial wildlife farming）　　根据《濒危野生动植物种国际贸易公约》（CITES）的相关定义，商业化养殖的野生动物是指以商业目的饲养的直接来自野外或人工饲养和繁殖的野生动物。商业化养殖的野生动物有两大来源：从野外直接捕捉的野生动物个体或卵孵化出来的个体，以及人工饲养的野生动物繁殖的后代。目前，商业化养殖规模较大的野生动物有鹿类、毛皮动物（如水貂、狐、貉）、鸵鸟、鳄类等。亚洲传统医药保留了使用野生动物入药的传统，因此在东南亚和中国，还饲养了大量亚洲黑熊（图13-4）、林麝、林蛙、蛇类等药用野生动物。近年来，印度尼西亚、中国、菲律宾等国饲养的椰子狸的数量呈上升趋势，主要原因是"猫屎咖啡"供不应求。为了得到更多"猫屎咖啡"，饲养者通常将椰子狸饲养在狭小的笼舍里，并强迫它们每天进食大量的新鲜咖啡豆（图13-5）。

圈养野生动物尚未完全驯化，在捕捉、运输、养殖以及屠宰等环节会使它们承受更大的压力和痛苦，难以满足动物福利五项原则的基本要求。另外，由于缺乏技术和养殖经验，不少野生动物养殖场常常简单照搬农场动物养殖的做法，没有考虑野生动物对环境及行为的特殊需求。例如，不合理的圈舍结构和光照强度，缺乏遮蔽物，无法满足社群行为和觅食习惯等。此外，为家禽和家畜研制的屠宰设备及技术，也无法直接用于圈养野生动物。因此，屠宰圈养野生动物会带给动物额外的痛苦。家禽和家畜的祖先虽然都来自野生动物，但人类对它们的驯化是历史和自然共同选择的结果，而且要经历漫长的时间。另外，不是所有的野生动物都能够被人类驯化和开发利用，并且当今人类对野生动物的开发利用活动还要受各种国际和国内公约、法规的限制，如CITES公约、《中华人民共和国野生动物保护法》等。如何减少野生动物的痛苦，改善和保障野生动物的福利，是以商业开发为目的野生动物养殖业面临的最大挑战。随着全球生态环境恶化、物种灭绝速度加快、物种濒危程度加深，国际社会对野生动物的商业开发和利用活动势必受到更多限制（图13-6，表13-1）。

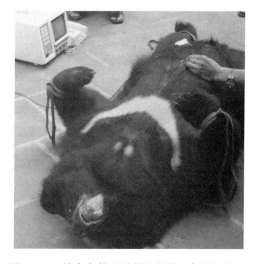

图13-4 越南在禁止活熊取胆前，每隔一段时间就会抽取一次养殖黑熊的胆汁

图13-5 饲养在狭小笼舍里的椰子狸

图13-6 海龟壳制作各种物品

表 13-1　野生动物商业养殖机构转型的动物福利标准

（引自世界动物保护协会，野生动物商业养殖政策，2014）

1. 野生动物商业养殖机构放弃商业运作，或决定转变成野生动物救护、康复以及放归机构。在改造过程中有效解决了关键动物福利问题，如动物密度过高、过度拥挤等。
2. 野生动物商业养殖机构采用了完善的动物安乐死相关决策程序，必要时可为其照看的野生动物妥善实施人道处死。如果条件允许，会按正规流程将相关动物放归野外并实施监控。
3. 野生动物商业养殖机构和相关政府部门同意销毁在野生动物养殖运营过程中生产的野生动物衍生品剩余库存，并不再把它们作为潜在收入的来源。
4. 现有和潜在的消费者了解到野生动物养殖过程中存在的动物福利问题，并且认识到存在更人道的替代品，因此不再购买野生动物及其衍生品。
5. 消费者了解到野生动物商业养殖对动物福利造成的影响，并能确保他们的消费行为不会无意助长野生动物商业性生产活动，从而有助于终止对野生动物制品的需求。
6. 现有和未来潜在消费者不购买来源于野生动物商业养殖机构的异域宠物，而主动选择家养宠物并参与人道可持续生态旅游活动，不因个人利益购买异域宠物。
7. 现有和未来潜在消费者不购买源自野生动物商业养殖机构的传统药物，而是选择草本、合成品以及现代药物等人道替代品解决他们的健康问题。
8. 发展中国家现有和未来潜在消费者不购买野生动物商业养殖机构生产的所谓"野味"，而是寻求人道和家养动物制品来满足他们的饮食需求。
9. 现有和未来潜在消费者不购买野生动物商业养殖机构开发的动物试验相关产品，而是选择人道测试的方式和产品，如体外试验和硅胶替代模具。
10. CITES 和政府部门采取政策性措施，反对野生动物商业养殖机构生产供人类消费的产品，并提供资源以及政治意愿确保这些措施得到有效执行。
11. CITES 和政府部门认识到存在增加经济收入的人道替代方式，并放弃将商业养殖野生动物作为增加经济收入的有效途径。
12. CITES 和政府部门认识到存在保护现存濒危物种种群的人道替代方式，并放弃将野生动物商业养殖作为物种保护的有效方式。
13. 为依赖养殖野生动物维持收入的发展中国家的从业者提供人道可持续替代谋生手段。
14. 不从野外捕捉野生动物用于商业养殖，不断改善野生动物运输及饲养条件。

2. 动物园的野生动物　动物园的野生动物有些直接来自野外，有些是人工饲养繁殖的后代。在对它们的捕捉、运输、饲养、繁育、训练以及供游客观赏过程中，都存在动物福利问题。从动物福利的角度，动物园应尽量饲养相对适应人工圈养环境的野生动物，如个体较小的草食性动物和植食性鸟类，不宜饲养鲸类、大象、高等灵长类，以及虎、豹等大型食肉动物。这些动物对生存环境条件要求很高，一般圈养环境很难满足它们的这些需求。

国际上，不少优秀的动物园已经把工作重心转移到濒危物种野外保护上。例如，借助动物园饲养的个体，通过各种保育措施和野外适应性训练，帮助人工繁殖的个体适应野外生活环境，逐步扩大和重建极度濒危的野外种群。但是，只有极度濒危且必须依赖人工辅助繁殖的少数物种才建议使用这种手段。保护野生动物的栖息地、防止野生动物濒危，才是保护野生动物最有效的手段。而少数野生动物养殖企业冠以"保护野生动物"名义开展的各种商业化驯养繁殖活动不在此列，这些企业的最终目的是为了牟利而非真正的保护。

在改善动物福利方面，动物园可以加大对圈养野生动物医学、行为学和生殖生物学的研究力度，以便加深我们对圈养野生动物需求的了解，改进动物园的圈舍设计，改善动物营养以及圈舍环境。动物园开展的科研活动还有助于帮助公众了解野生动物的需求，提高他们的野生动物保护意识。未来，动物园还将继续承担公众休闲娱乐及游客教育等作用。但是动物园在展示动物时，应首先考虑动物的各种需求，尽量减少游客对它们的负面影响。例如，为动物提供尽量自然的生活环境，为动物提供可以躲避公众视线的躲藏空间，尝试多样化的笼舍丰容措施，变换饲喂方式等，鼓励动物尽可能多地表达自然天性。动物园还应充分展示动物的自然天性，以此引导游客树立善待生命、尊重自然的正确理念（表13-2）。

表13-2 野生动物收容机构（动物园）的良好动物福利操作标准
［引自世界动物保护协会，野生动物收容机构（动物园）政策，2014］

1. 动物收容机构仅饲养濒临灭绝的野生动物或非法野生动物贸易罚没未能放生的非濒危物种。
2. 动物收容机构不应仅出于教育的目标饲养非濒危物种，而应使用创新的现代科技寻找代替方式。
3. 动物收容机构的迁地保护与就地保护项目紧密结合，旨在积极应对物种数量减少的根本威胁，如野生动物贸易、栖息地丧失、气候变化等。
4. 动物收容机构饲养的物种仅作为正式圈养繁殖和野外放归计划的一部分，此计划还包括官方支持的放归监测，表明放归的物种可以在自然界很好的存活。
5. 动物收容机构应优先考虑动物福利问题，并尽最大努力满足其照看的所有动物的心理及生理需求。
6. 动物收容机构不应训练或利用野生动物从事任何形式的公众表演，也不允许游客以任何方式与它们直接接触。
7. 动物收容机构拥有透明且健全的安乐死相关决策程序，必要时可为其照看的野生动物实施人道死亡。
8. 动物收容机构在必要时可按照规定使用最人道的方式从野外捕捉濒危物种，为其提供必要的保护。
9. 动物收容机构应确保使用最人道可行的方法在不同设施间运输其照看的野生动物。
10. 动物收容机构不应使用活体动物喂养食肉动物。
11. 动物收容机构不应参与商业性生产或野生动物贸易，如野生动物商业养殖。
12. 动物收容机构从事的研究工作不应对其照看的野生动物造成不必要的痛苦。

3. 野生动物宠物（exotic pets） 种类繁杂，包括昆虫、鱼类、两栖爬行类、鸟类和兽类。它们大部分是一些不常见的或本国没有分布的野生动物，通过合法或非法（如走私）渠道进入其他国家和地区，常被人们作为宠物饲养和观赏。无论是合法还是非法，野生动物贸易对动物福利都影响巨大。例如，在捕捉、运输和销售等环节，经常造成大量动物受伤甚至死亡。数据显示，野生动物在贸易过程中会大量死亡。例如，小型鸟类的死亡率约为1/20，黑猩猩约为1/6，某些应激性较强的物种死亡率甚至更高。作为宠物饲养后，它们的福利还将受到饲养环境、饲养方式以及饲养者的处置方法的影响。异域宠物的福利问题，概括起来主要表现在以下几方面。

（1）饲养的空间狭小且环境非常单调，使动物感到痛苦和恐惧。如常见的作为宠物饲养的鹦鹉，如果笼舍很小，它们就无法自由活动或飞行；若笼舍内没有栖木、玩具和同伴，它们也会感到无聊和厌烦。

（2）动物的交往需求常常得不到满足。例如，群居性动物可能被单独饲养，而独居性动物又经常与同类或其他动物混合饲养。这样做不仅增大了动物的压力，也会增加动物患病和感染寄生虫的风险。例如，野生猩猩一般跟家族成员一起活动，而作为宠物饲养的黑猩猩通常都是单独饲养的。

（3）野生动物不习惯与人类接触，人类的近距离接触以及日常的饲养管理，可能会给它们带来巨大的痛苦。例如，倭蜂猴属于夜行性动物，喜欢昼伏夜出。如果饲养者对动物的习性和需求不了解，就可能把它们置于不利的环境中。

（4）饲喂不合适的食物。野生动物宠物对营养、食物多样化和觅食行为都有特殊需求，如果无法满足，就可能致使动物出现营养不良。很多饲养者为了贪图方便，只饲喂合成的颗粒饲料，而在野生状态下，动物的食谱要复杂得多。

（5）野生动物宠物可能会传播未知疾病，威胁人类和其他家养动物的健康，导致它们被虐待、伤害甚至抛弃。人类与野生动物的密切接触，就可能增加人畜共患病的传播风险。野生动物是自然疫源地和病原体的储藏库，历史上许多重大疫病均来源于野生动物。例如，埃博拉病毒来自灵长类；亨德拉病毒、尼帕病毒来自于狐蝠；疯牛病、口蹄疫等也与野生动物有关。

（6）兽医通常缺乏有关野生动物宠物健康的知识，导致这些动物在患病时得不到充分有效的治疗和护理。人类对异域宠物了解有限，在医疗上也缺乏有效的治疗手段，所以一旦宠物患病，常常得不到有效救治。

基于上述原因，饲养野生动物宠物的做法不值得提倡。

4. 救助和康复机构的动物 全球各地每年都有大量野生动物因受伤、罚没、遗弃或闯入人类居住区等原因，被送到野生动物救护机构。在城市里，人们有时也会误将年幼的动物从其巢穴和父母身边带走。

（1）救助和康复野生动物的标准：救助和照料野生动物远比家养动物要困难，即便短期内饲养，也会影响它们的福利。不是所有野生动物都需要救助和康复，只有满足下述标准，对野生动物救助和康复才有意义。

①动物的伤病可以治愈且康复之后野外生存的能力没有减弱。

②动物能够被放归到原来或条件相近的栖息地，即它们能够适应被圈养前曾生活过的野外环境。

③有足够的资金、专门的技能和合适的设施来照料这些动物。

在救助和康复过程中，应努力改善动物的福利，同时，尽可能增加它们放归后生存的机会。若某些濒危物种因为各种原因无法放归野外，则应考虑能否将它们用于保育或教育项目。对于无法满足上述标准且不能保证生活质量的个体，实施安乐死是值得考虑的做法。

（2）放归野生动物的要求：人工养殖或救护康复的野生动物在放归野外时，必须保证它们有能力在野外存活。因此，在放归前，需要保证动物具备以下基本技能。

①方向感：具备在野外环境中成功找寻方向并在环境中活动的能力。

②进食和觅食：为自己寻觅足够的食物，同时，还须确保这些食物不会存在使自己受伤生病甚至死亡的风险。

③具备能够找到合适的休息区，甚至营造躲避危险的安全区的能力。

④具备正常的种间互动的能力：了解哪些动物可以接近，哪些动物需要躲避，比如掠食者。

⑤具备正常的种内互动的能力，如进行繁殖、抚慰、威胁等行为。

世界自然保护联盟（IUCN）的《野外放归的指南》明确指出，放归野生动物的福利是所有环节首要考虑的因素。该指南还强调，圈养繁殖的野生动物应通过训练，使其获取野外生存必须具备的能力。此外，该指南还建议对每个动物制定放归策略，鼓励有条件的野生动物救助机构应直接或间接支持放归后的监控活动。如为部分个体佩戴无线电发射器进行电子跟踪监测，了解放归个体在野外的生存情况以及放归的成效，帮助评估这些放归动物的福利状况。

5. 役用野生动物（working wild animals）　指少数被用于协助人类工作的野生动物。主要有以下几类。

（1）帮助人类从事重体力劳动的野生动物：如在东南亚，亚洲象经常被训练用于帮助人类拖拽伐倒的树木。

（2）协助残障人士日常活动的野生动物：如经过训练的卷尾猴（capuchin monkeys），可以协助残疾人的日常起居。

（3）代替人类从事相对困难或危险工作的野生动物：如使用海豚和鼠类寻找矿藏，扫除鱼雷、地雷等。

（4）用于娱乐和表演的野生动物：如马戏团用于表演的野生动物和用于影视拍摄的野生动物。

在使用上述野生动物时，要特别注意人类近距离频繁接触给动物造成的恐惧和压力。因此，要杜绝使用惩罚性和伤害性的训练方式，提倡在动物不工作时给它们活动的自由。另外，不是所有的役用野生动物都能够人工繁殖，所以在选择役用野生动物时，要慎重考虑从野外捕捉替换个体的做法对野外种群可能造成的负面影响。

此外，人类的观光、旅游、摄影等户外活动也可能影响到自由生活和圈养野生动物的福利。例如，近距离接触会让动物恐惧和不安，妨碍动物的正常活动；与动物合影或骑乘动物（如大象）还会让动物遭受不必要的痛苦等。

二、圈养野生动物福利的改善

动物福利五项基本原则也适用于圈养的野生动物，因此，可以根据五项基本原则不断改进圈养野生动物的福利。

1. 食物和饮水　提供动物所需的食物和饮水，并选择与物种特性相适应的饲喂方式、饲喂频率以及营养配比。例如，对在野外需要花大量时间觅食的动物，可将饲喂的食物分散到圈养环境的不同角落，以满足它们觅食行为的需求。另外，不固定饲喂方式对某些圈养野生动物是有益的。研究显示，变换饲喂方式和饲喂时间，可有效增加圈养黑猩猩的活动量以及表达自然行为的频率。

2. 饲养环境　提供给圈养野生动物适宜的温度和湿度，以及必要的通风及光照条件。例如，将夜行性动物饲养在强光下会影响它们的健康，改变它们的活动节律。要为动物提供室内或室外的遮蔽设施，保证它们能躲避极端天气。另外，不应长时间在公众面前展示动物，否则会增加动物的紧张和焦虑。对雪豹、爪哇犀牛等喜欢单独活动的物种，动物园应为它们提供避开公众视野的场所。此外，动物的圈舍应足够大，允许它们在恐惧时（如受到其他动物攻击或圈舍外有人出现时）能做出防御和逃跑等正常反应。圈舍和围栏的设计要确保不给动物造成伤害，如避免留有锋利的边角，避免缠绕或绊倒动物，避免使用有害的植物或原材料等。围栏的设计既要满足卫生防疫要求,也要满足动物多样化生理活动的需求。水泥圈舍虽然有助于保持清洁且易于防疫,但长此以往,动物会感到无聊和沮丧。

3. 健康护理 相关措施包括对每只动物的疾病、行为等健康状况做好日常观察、监控和记录,以便及时解决发现的问题;为动物提供足够的空间,使处于从属地位的动物可以躲避强势个体的困扰;保证每只动物都有自己的空间,可以自由移动和展示自然的社群行为;保证动物不会为有限的食物、饮水和休息区域发生争斗等。

此外,还必须保护圈养的野生动物不受天敌和掠食动物的侵袭,如避免它们看到和嗅到附近圈舍中饲养的掠食动物及气味。

在设计上,圈舍要有助于保护动物免受疾病和寄生虫的困扰,并且易于清洁和维护。对于受伤和患病的动物应具备单独饲养的条件,并提供它们所需的治疗和照料。此外,负责圈养野生动物的兽医应接受相应的培训,保证他们随时为动物提供所需的治疗及技术支持。

人类虽然累积了一些有关野生动物的临床护理知识,但我们对很多物种的了解依然有限。因此,不是所有野生动物都可以被人类圈养,特别是被许多人作为宠物饲养的很多爬行动物和稀有鸟类。

4. 天性表达 表达天性对野生动物的生理和心理健康都十分重要,因此,管理者需要从生态、行为、生境需求以及管理等方面充分了解所饲养的野生动物。

(1) 动物的生理需求:根据物种的特点,为它们提供相应的环境条件、食物和饮水需求。

(2) 动物的心理需求:饲养方式应该满足和促进它们的心理健康,并允许动物以其自然方式适应圈养生活。如允许动物以该物种特有的方式,对环境刺激做出逃跑、威胁等反应。群居动物不应被单独饲养(如狼),而独居的动物则不应成群饲养(如年长公象)。

(3) 动物的体能需求:即满足动物身体特有的要求和能力。例如,给飞翔类动物提供足够的飞行空间;为灵长类等喜欢攀爬的动物提供树枝、绳索、攀爬架等可供攀爬的设备和环境。

通过对野外自然环境的模拟,可以部分改善圈养野生动物对天性表达的需求。而当圈养野生动物这种天性表达需求得不到满足时,它们就会出现各种行为方面的问题。例如,不少动物园饲养的野生动物,会表现出它们在野外根本没有的异常行为(如刻板行为)或比较少见的行为(如攻击性行为)。即使是条件较好的动物园,也可能饲养了一些他们根本无力应对的野生动物。随着人们对动物福利认识的不断加深,一些动物园已明确决定不再饲养诸如大象、北极熊等很难适应圈养生活的野生动物。

5. 避免恐惧和痛苦 圈养野生动物还没有被人类完全驯化,应尽量避免让其承受不必要的恐惧和痛苦。具体措施如下。

(1) 对动物饲养者和管理者进行培训,使其具备对所圈养物种的知识和经验。

(2) 避免在处置、训练以及操作时,给动物造成不必要的不适、痛苦或伤害。例如,训练动物时应使用正向激励的训练方法,而不是"传统"的惩罚方式(如击打、敲打等)。

(3) 将动物饲养在适合该物种的环境中。例如,避免将群居动物单独饲养;给动物提供可以躲避的空间;将好争斗的动物分开饲养。例如,在繁殖季节,可以将某些成年雄性动物单独饲养,或在圈舍内不同位置提供食物,以减少雄性动物之间不必要的争斗。

第三节 环境丰容

一、环境丰容的重要性

环境丰容（environment enrichment）是目前常用的改善圈养野生动物生活环境的措施，目的是改善和满足圈养动物对环境多样性的需求。换言之，环境丰容的原理是通过改变圈养动物的环境丰富度而给其生活带来益处。环境丰容的目标主要包括以下几点。

（1）增加动物积极表达自然行为的频率和种类。例如，将食物分散放置在饲养区域，而不是固定投放在某一位置，如此可以促进动物更多地表达其觅食的自然行为。

（2）通过鼓励各种自然行为的表达，减少异常行为的发生，并减少动物的无聊感和沮丧感。例如，为大象提供除主食外的多样化食物，刺激其正常的摄食行为，减少刻板行为的发生。

（3）最大限度地利用笼舍环境。例如，为喜欢攀爬的动物提供树木或攀爬架，鼓励它们利用环境三维空间，模仿野外环境（图13-7）。

（4）增强动物应对圈养环境挑战的能力，以及放归后迅速适应野外环境的能力。例如，为动物园的动物提供避开游客视野的设施及场所，或为即将放归野外的鸟类和小型灵长类动物提供模仿野外活动的枝条以及栖木等。

图13-7 动物园圈养灵长类取食的丰容设计

虽然环境丰容主要用于动物园饲养的动物和异域宠物，但其他类型的圈养野生动物也可从中受益。例如，让伐木役用的大象在非工作时间到林中觅食，就有助于改善它们的生活质量。

二、环境丰容的操作原则

环境丰容没有固定的套路，要根据物种的特点以及它们圈养的时间进行灵活调整。例如，动物园、人工养殖以及用于研究或娱乐表演等长期或终生圈养的野生动物与旨在放归野外而进行短期圈养的野生动物，在进行环境丰容时就要采取不同的措施。对于长期圈养的野生动物来说，环境丰容的目的是复制或模仿那些在自然环境中能改善福利的积极方面，如环境的复杂性和多样性，鼓励动物表达自然行为，提供必要的环境刺激，或是避免将群居动物分开饲养等。需要指出的是，环境丰容举措不是一定要模仿自然条件，只要采取的措施能让动物产生相同的行为反应就起到了成效。例如，装满了食物供黑猩猩掏取食用的"假"蚁窝，就无须从形态上模仿真正的白蚁窝。另外，虽然许多生活在野外的物种会面临饥饿、伤病甚至被捕食的风险，但为长期圈养野生动物开展环境丰容工作时，却要避免使用这些有损害动物福利的措施。例如，不给动物提供足够的食物，或动物患病后不及时治疗等。对于短期圈养的野生动物，丰容措施则应尽量复制自然环境的所有特性，包括正面的和负面的，目的是增强它们放归野外后的生存和适应能力。值得注意的是，一些负面特性可能会影响动物的福利，如忍受极端天气、不适宜的温度、取食难度加大、食物腐败变质、寄生虫、病原体感染风险增加等，所有这些做法不适用于那些受伤或受伤后正在接受康复治疗的野生动物。

思考题

1. 濒危野生动物的商业养殖和物种保育两者有哪些异同点？
2. 笼舍丰容的基本原则是什么？适用于哪些圈养的野生动物？
3. 圈养和自然环境中的野生动物分别存在哪些福利问题？
4. 圈养野生动物与家养动物（牲畜、伴侣动物等）的福利问题有哪些差别？

参考文献

常纪文，2011. 动物保护法学 [M]. 北京：高等教育出版社.
国家林业局野生动植物保护与自然保护区管理司，2008. 国家级自然保护区工作手册[M]. 北京：中国林业出版社.
张恩全，2011. 动物园设计 [M]. 北京：中国建筑工业出版社.
Appleby M C, 2012. What Should We Do about Animal Welfare [M]. Oxford：Blaekwell Science.
Appleby M C, Mench J A, Olsson I A, et al., 2013. Animal Welfare[M]. UK：CABI International.